“十四五”时期水利类专业重点建设教材(职业教育)

湖南省示范性(骨干)高等职业院校建设项目规划教材

湖南水利水电职业技术学院课程改革系列教材

“互联网+”融媒体新形态教材

水利工程概预算

(修订本)

主　编　蒋买勇　周召梅

副主编　郭晓静　谢　竞　马　冀

蒋　岑　肖　丹　陈　婕

杨晓雅　徐运明　李小娟

李　躲

主　审　曾更才　吴科平

黄河水利出版社

·郑　州·

内 容 提 要

本书是"十四五"时期水利类专业重点建设教材、湖南省示范性(骨干)高等职业院校建设项目规划教材、湖南水利水电职业技术学院课程改革系列教材之一,根据高职高专教育水利工程概预算课程标准及理实一体化教学要求编写完成的。全书依据国家最新规程规范,以典型的水利工程项目为载体,以水利工程造价员(水利工程造价工程师)职业工作岗位所确定的工作任务与职业能力为内容(章节)编写,极具操作性。

本书可作为高等职业技术学院、高等专科学校等水利工程造价、水利工程施工、水利工程、水利水电建筑工程、水利工程监理等专业的教材,也可供水利类专业教师和从事水利水电行业造价咨询、设计、施工、监理等工作的工程技术人员参考。

图书在版编目(CIP)数据

水利工程概预算/蒋买勇,周召梅主编. —郑州:黄河水利出版社,2017.8 (2025.8 修订本重印)
湖南省示范性(骨干)高等职业院校建设项目规划教材
ISBN 978-7-5509-1630-2

Ⅰ.①水… Ⅱ.①蒋… ②周… Ⅲ.①水利工程-概算编制-高等职业教育-教材②水利工程-预算编制-高等职业教育-教材 Ⅳ.①TV512

中国版本图书馆 CIP 数据核字(2016)第 317934 号

组稿编辑:田丽萍 电话:0371-66025553 E-mail:912810592@qq.com
韩莹莹 66025553 1025524002@qq.com

出 版 社:黄河水利出版社 网址:www.yrcp.com
地址:河南省郑州市顺河路黄委会综合楼 14 层 邮政编码:450003
发行单位:黄河水利出版社
发行部电话:0371-66026940、66020550、66028024、66022620(传真)
E-mail:hhslcbs@126.com
承印单位:河南承创印务有限公司
开本:787 mm×1 092 mm 1/16
印张:19
字数:450 千字 印数:6 001—7 000
版次:2017 年 8 月第 1 版 印次:2025 年 8 月第 5 次印刷
2025 年 8 月修订本

定价:45.00 元

前言

党的二十大报告明确提出“加快发展数字经济，促进数字经济和实体经济深度融合”，为新时代职业教育改革和人才培养锚定了方向。水利工程造价作为水利工程建设管理的核心环节，既是保障工程效益的关键抓手，也是推动行业数字化转型的重要领域。本书立足国家“十四五”水利高质量发展战略，紧密对接新时代水利行业新需求、新规范、新技术，以“岗课赛证”融通为路径，以产教融合、校企合作为支撑，着力打造一本适应现代职业教育高质量发展的新形态教材。

本书2017年8月第1版第1次印刷，2019年、2021年、2022年等多次修订重印，于2023年3月由中国水利教育协会推荐为“十四五”时期水利类专业重点建设教材，是湖南省楚怡高水平高职专业群水利工程专业群核心课程建设成果，同时依托国家精品在线开放课程资源，由水利行业企业专家、职业院校教师“双元”团队联合开发。编写过程中，深度融入行业最新标准，以典型水利工程项目为主线，构建“项目导向、任务驱动”的教学框架，将投资估算、设计概算等核心技能贯穿于真实工作场景。深度挖掘水利工程中的思政教育元素，创新整合都江堰治水智慧、南水北调世纪工程等典型水利案例，构建具有行业特色的课程思政资源库，通过系统融入新时代劳模精神、劳动精神、工匠精神三重维度，有机嵌入全国水利职业院校技能竞赛真题及全国水利造价工程师执业能力要求，配套建设丰富的微课视频、实训资源，形成“纸质教材+数字资源+在线平台”立体化教学体系，充分满足线上线下混合式教学需求。

本书编写人员及具体分工如下：课程前导由湖南水利水电职业技术学院蒋买勇、郭晓静编写，项目1由湖南水利水电职业技术学院蒋买勇、周召梅、郭晓静、谢竞编写；项目2由湖南水利水电职业技术学院蒋岑、湖南省株洲市荷塘区审计局马冀编写；项目3由湖南水利水电职业技术学院肖丹、湖南城建职业技术学院徐运明编写；项目4由湖南水利水电职业技术学院陈婕、湖南省水利水电勘测设计规划研究总院有限公司李小娟编写；项目5由湖南水利水电职业技术学院杨晓雅、湖南百舸水利建设股份有限公司李躲编写；项目6和附录由湖南水利水电职业技术学院郭晓静编写。全书由蒋买勇、周召梅担任主编，蒋买勇负责全书内容规划和统稿；由郭晓静、谢竞、马冀、蒋岑、肖丹、陈婕、杨晓雅、徐运明、李小娟、李躲担任副主编；由湖南省水利水电勘测设计规划研究总院有限公司曾更才、湖南省水利厅吴科平主审。

本书编写得到中国水利教育协会、水利水电行业企业及院校专家的全程指导，参编团队涵盖全国水利职教名师、注册水利造价工程师及一线技术骨干，确保教学内容与行业技术发展同步、与职业岗位要求对接。在此谨向所有支持单位和参与人员致以诚挚感谢！

限于编者水平，书中不足之处恳请广大师生及行业同仁批评指正，我们将持续优化内容，为培养“懂技术、精造价、善管理、守底线”的新时代水利工匠提供有力支撑。

编　者

2024 年 12 月

本书互联网全部资源

目　录

课程前导

学习指导

知识目标：

1. 熟知水利工程基本建设程序的内容和意义；
2. 熟知水利工程的造价类型及其作用，并能将工程建设阶段及相应的造价类型一一相对应；
3. 了解工程建设定额的概念、特性、分类、制定方法，掌握定额的使用原则与方法；
4. 了解项目的基本情况，特别是工程项目的建设内容及其施工条件。

技能目标：

1. 能够根据实际工程不同建设阶段选择对应造价定额及造价类型；
2. 会分析实际工程基本情况中与造价编制密切相关的基本条件。

重　点：

1. 水利工程基本建设阶段；
2. 水利工程的造价类型；
3. 工程建设定额的制定与使用；
4. 引入的工程项目概况。

1　水利工程基本建设程序与工程造价类型

码 0-1　竞赛真题

码 0-2　微课：水利工程基本建设程序

1.1　水利工程基本建设程序

水利工程基本建设程序是指为保证工程建设顺利进行，达到预期目的，在基本建设的实践中，逐渐总结出的一套由大家共同遵守的工作顺序。

由于水利基本建设具有规模大、费用高、制约因素多、工程失事后危害性大等特点，因此水利基本建设程序较其他部门更为严格。1998年水利部颁发了《水利工程建设程序管理暂行规定》（水建〔1998〕16号），把水利基本建设程序一般分为：项目建议书、可行性研究、初步设计、施工准备（包括招标设计）、建设实施、生产准备、竣工验收、后评价等八个阶段，各阶段的具体内容如下。

为推动重大水利项目建设进程，提前开展必要可行的准备工作，水利部分别于 2014 年、2016 年颁布了《关于废止和修改部分规章的决定》的第 46 号、第 48 号令，准许项目可行性研究报告获批、年度水利投资计划下达后，即可开展施工准备工作。

1.1.1　项目建议书阶段

项目建议书阶段是在流域（或区域）规划的基础上，由主管部门（或投资者）对拟建项目做出大体轮廓性设想和建议。为确定拟建项目是否有必要建设、是否具备建设的基本条件、是否值得投入资金和人力、是否需要做进一步的研究论证工作提供依据。

项目建议书编制一般由政府委托有相应资质的设计单位承担，并按国家规定权限向上级主管部门申报审批。项目建议书被批准后由政府向社会公布，若有投资建设意向，应及时组建项目法人筹备机构，开展下一阶段建设程序工作。

1.1.2　可行性研究阶段

可行性研究阶段是对项目进行方案比较，对项目在技术上是否先进、适用、可靠，在经济上是否合理可行，在财务上是否盈利做出多方案比较，提出评价意见，推荐最佳方案。经过批准的可行性研究报告，是项目决策和进行初步设计的依据。可行性研究报告，由项目法人（或筹备机构）组织编制。

可行性研究报告是建设项目立项决策的依据，也是项目办理资金筹措、签订合作协议、进行初步设计等工作的依据和基础。

可行性研究报告，按国家现行规定的审批权限报批。申报项目可行性研究报告，必须同时提出项目法人组建方案及运行机制、资金筹措方案、资金结构及回收资金办法，并依照有关规定附具有管辖权的水行政主管部门或流域机构签署的规划同意书，对取水许可预申请的书面审查意见，审批部门要委托有项目相应资质的工程咨询机构对可行性研究报告进行评估，并综合行业归口主管部门、投资机构（公司）、项目法人（或项目法人筹备机构）等方面的意见进行审批。项目可行性研究报告批准后，应正式成立项目法人，并按项目法人责任制进行管理。

1.1.3　初步设计阶段

初步设计阶段是根据批准的可行性研究报告和必要且准确的设计资料，对设计对象进行通盘研究，阐明拟建工程在技术上的可行性和在经济上的合理性，确定项目的各项基本技术参数，编制项目的总概算。初步设计任务应择优选择有项目相应资质的设计单位承担，依照有关初步设计编制规定进行编制。

承担水利工程设计的单位在进行设计前，要认真研究可行性研究报告，全面收集建设地区的工农业生产情况、社会经济条件、自然条件，包括水文、地质、气象等资料；要对坝址、库区的地形、地质进行勘测；对岩土地基进行分析试验；对建设区建筑材料的分布、储量、运输方式、单价等进行调查、勘测。初步设计要提出设计报告、设计图纸和概算书三项资料。

初步设计报批前，一般由项目法人委托有相应资质的工程咨询机构或组织专家，对初步设计中的重大问题进行咨询论证。设计单位根据咨询论证意见，对初步设计文件进行补充、修改和优化。初步设计由项目法人组织审查后，按国家现行规定权限向主管部门申报审批。

1.1.4　施工准备阶段

项目可行性研究报告已经批准、年度水利投资计划下达后，项目法人即可开展施工准备工作。其主要内容包括：施工现场的征地、拆迁；完成施工用水、电、通信、路和场地平整等工程;完成必须的生产、生活临时建筑工程;组织招标设计、咨询、设备和物资采购等服务;组织相关监理招标和主体工程招标准备工作。

水利工程具备开工条件后,主体工程方可开工建设。主体工程开工必须具备以下条件:项目法人或者建设单位已经设立;初步设计已经批准,施工详图设计满足主体工程施工需要;建设资金已经落实;主体工程施工单位和监理单位已经确定,并分别订立了合同;质量安全监督单位已经确定,并办理了质量安全监督手续;主要设备和材料已经落实来源;施工准备和征地移民等工作满足主体工程开工需要。

工程建设项目施工,除某些不适应招标的特殊工程项目外(须经水行政主管部门批准),均须实行招标投标。水利工程建设项目的招标投标,按有关法律、行政法规和《水利工程建设项目招标投标管理规定》等规章规定执行。

1.1.5 建设实施阶段

建设实施阶段是指主体工程的建设实施,项目法人按照批准的建设文件,组织工程建设,保证项目建设目标的实现。项目法人或其代理机构必须按审批权限,向主管部门提出主体工程开工申请报告,经批准后,主体工程方能正式开工。

主体工程开工须具备如下条件:前期工程各阶段文件已按规定批准,施工详图设计可以满足初期主体工程施工需要;建设项目已列入国家或地方水利建设投资年度计划,年度建设资金已落实;主体工程招标已经决标,工程承包合同已经签订,并得到主管部门同意;现场施工准备和征地移民等建设外部条件能够满足主体工程开工需要;建设管理模式已经确定,投资主体与项目主体的管理关系已经理顺;项目建设所需全部投资来源已经明确,且投资结构合理;项目产品的销售,已有用户承诺,并确定了定价原则。

施工是把设计变为具有使用价值的工程实体,且必须严格按照设计图纸进行,如有修改变动,要征得设计单位的同意。施工单位要严格履行合同,要与建设、设计单位和监理工程师密切配合。在施工过程中,各个环节要相互协调,要加强科学管理,确保工程质量,全面按期完成施工任务。要按设计和施工验收规范验收,对地下工程,特别是基础和结构的关键部位,一定要在验收合格后,才能进行下一道工序施工,并做好原始记录。

1.1.6 生产准备阶段

生产准备阶段是建设阶段转入生产经营的必要条件。项目法人应按照建管结合和项目法人责任制的要求,适时做好有关生产准备工作。生产准备应根据不同类型的工程要求确定,一般应包括以下主要内容:

(1)生产组织准备。建立生产经营的管理机构及相应的管理制度。

(2)招收和培训人员。按照生产运营的要求,配备生产管理人员,并通过多种形式的培训,提高人员素质,使之能满足运营要求。生产管理人员要尽早介入工程的施工建设,参加设备的安装调试,熟悉情况,掌握生产技术和工艺流程,为顺利衔接基本建设和生产经营阶段做好准备。

(3)生产技术准备。主要包括技术资料的汇总、运行技术方案和岗位操作规程的制定、新技术准备。

(4)生产物资准备。主要是落实投产运行所需要的原材料、协作产品、工器具、备品备件和其他协作配合条件的准备。

(5)正常的生活福利设施准备。

1.1.7 竣工验收阶段

竣工验收是工程完成建设目标的标志,是全面考核基本建设成果、检验设计和工程质量的重要步骤。竣工验收合格的项目即从基本建设转入生产或使用。建设项目的建设内容全部完成,并经过单项工程验收,符合设计要求并按有关规定的要求完成了档案资料的整理工作;完成竣工报告、竣工决算等必须文件的编制后,项目法人按规定向验收主管部门提出申请,根据国家和部颁验收规程,组织验收。竣工决算编制完成,并由审计机关组织竣工审计,其审计报告作为竣工验收的基本资料。工程规模较大、技术较复杂的建设项目可先进行初步验收;不合格的工程不予验收;有遗留问题的项目,对遗留问题必须有具体处理意见,且有限期处理的明确要求并落实责任人。

水利工程按照设计文件所规定的内容建成以后,在办理竣工验收以前,必须进行试运行。例如,对灌溉渠道来说,要进行放水试验;对水电站、抽水站来说,要进行试运转和试生产,检查考核是否达到设计标准和施工验收的质量要求。如工程质量不合格,应返工或加固。

竣工验收程序,一般分两个阶段:单项工程验收和整个工程项目的全部验收。对于大型工程,因建设时间长或建设过程中逐步投产,应分批组织验收。验收之前,项目法人要组织设计、施工等单位进行初验并向主管部门提交验收申请,根据国家和部颁验收规程组织验收。

水利工程把上述验收程序分为阶段验收和竣工验收,凡能独立发挥作用的单项工程均应进行阶段验收,如截流、下闸蓄水、机组启动、通水等。

1.1.8 项目后评价阶段

项目后评价阶段是工程交付生产运行 1~2 年后,对项目的立项决策、设计、施工、竣工验收、生产运行等全过程进行系统评价的一种技术经济活动,是基本建设程序的最后一环。通过后评价达到肯定成绩、总结经验、研究问题、提高项目决策水平和投资效果的目的。评价的内容主要包括:

(1)影响评价。通过项目建成投入生产后对社会、经济、政治、技术和环境等方面所产生的影响来评价项目决策的正确性。

(2)经济效益评价。通过对项目建成投产后所产生的实际效益的分析,来评价项目投资是否合理,经营管理是否得当,并与可行性研究阶段的评价结果进行比较,找出二者之间的差异及原因,提出改进措施。

(3)过程评价。前述两种评价是从项目投产后运行结果来分析评价的。过程评价则是从项目的立项决策、设计、施工、竣工投产等全过程进行系统分析的。

上述八项内容反映了水利工程基本建设工作的全过程。

1.2 水利工程的造价类型

水利工程造价,是指各类水利建设项目从筹建到竣工验收交付使用全过程所需的全部费用,需根据不同工程建设阶段的具体内容和有关定额、指标分阶段进行编制的。根据《水利工程造价管理暂行规定》(水建管〔1999〕488 号),水利建设项目在工程建设过程的各阶段,由于工作深度不同、要求不同,其工程造价文件类型也不同,且与建设阶段一一对应。一般可分为投资估算、设计概算、项目管理预算、标底与报价、竣工结算、竣工决算等。

1.2.1 投资估算

投资估算是指在项目建议书阶段、可行性研究阶段对建设工程造价的预测,应充分考虑各种可能的需要、风险、价格上涨等因素，合理投资，不留缺口，适当留有余地，同时也要防止高估冒算。

投资估算是设计文件的重要组成部分，是编制基本建设计划，实行基本建设投资大包干，控制建设拨款、贷款的依据；也是考核设计方案和建设成本是否合理的依据。它是可行性研究报告的重要组成部分，是业主为选定近期开发项目做出科学决策和进行初步设计的重要依据。投资估算是工程造价全过程管理的"龙头"，抓好这个"龙头"具有十分重要的意义。

投资估算是建设单位向国家或主管部门申请基本建设投资时，为确定建设项目投资总额而编制的技术经济文件，它是国家或主管部门确定基本建设投资计划的重要文件。投资估算主要根据估算指标、概算指标或类似工程的预（决）算资料进行编制。投资估算控制初设概算，它是工程投资的最高限额。

编制投资估算使用的定额是"估算定额（指标）"或"概算定额"乘扩大系数 1.10。

1.2.2 设计概算

设计概算是指在初步设计阶段，设计单位为确定拟建基本建设项目所需的投资额或费用而编制的工程造价文件。它的内容包括一个水电建设项目从筹建开始到竣工验收发生的全部费用。由于初步设计阶段对建筑物的布置、结构形式、主要尺寸以及机电设备型号、规格等均已确定，所以设计概算是带有定位性质的造价测算，设计概算不得突破投资估算。设计概算是编制基本建设计划、实行基本建设投资大包干、控制建设拨款和贷款的依据；也是考核设计方案和建设成本是否合理的依据。设计单位在报批设计文件的同时，要报批设计概算，设计概算是设计文件的重要组成部分。设计概算经过审批后，就成为国家控制该建设项目总投资的主要依据，不得任意突破。

初步设计的准确程度，直接影响着工程建设的进展。概算编制得准确，基本建设投资规模就容易控制，有利于工程项目的顺利进行；反之，如果总概算偏低，在实施中一再突破，就会导致基本建设规模失控，资金筹措困难，从而使资金和物资得不到保证，或延误工期，或影响工程质量，降低投资效果。

编制设计概算采用概算定额，或用预算定额乘扩大系数 1.03 进行补充。

当工程开工时间与设计概算所采用的价格水平不在同一年份时，按规定由设计单位根据开工年的价格水平和有关政策重新编制设计概算，这时编制的概算一般称为调整概算。调整概算仅仅是在价格水平和有关政策方面进行调整，工程规模、工程量及初步设计均保持不变。

1.2.3 项目管理预算

项目管理预算又称为业主预算或执行概算。在招标设计阶段，项目法人（或建设单位）委托具备相应资质的水利工程造价咨询单位，按照批准的初步设计概算、项目招标方案和项目管理预算编制的有关规定，编制建设项目管理预算。在编制项目管理预算时，执行"总量控制、合理调整"的原则，根据工程建设情况、分标项目，对初步设计概算中单项、单位、分部工程的量和价进行合理调整，以利于在工程建设中对工程造价进行管理和控制。项目管理预算静态总投资不得突破批准的项目初设概算静态总投资。

编制项目管理预算使用概算定额。

1.2.4 标底与报价

标底是招标工程的预期价格，它主要是根据招标文件和图纸，按有关规定，结合工程的具体情况,计算出合理的工程价格。它是由业主委托具有相应资质的设计单位、社会咨询单位编制完成的,包括发包造价、与造价相适应的质量保证措施及主要施工方案、为了缩短工期所需的措施费等,其中主要是合理的发包造价。标底应在编制完成后报送招标投标管理部门审定。标底的主要作用是使招标单位在一定浮动范围内合理控制工程造价,明确自己在发包工程上应承担的财务义务。标底也是投资单位考核发包工程造价的主要尺度。

按照现行水利工程建设项目施工招标投标管理规定,若招标人设有标底,其标底可以由招标单位或委托具备相应资质的单位依据《水利工程工程量清单计价规范》(GB 50501—2007)进行编制,在编制标底时应当严格执行主管部门发布的现行水利工程造价编制规定和相应的定额,一般参照预算定额(乘小于1.0的系数)。标底总造价应当控制在批准的初步设计概算或项目管理预算相应部分的范围内。

投标报价即报价,是施工企业(或厂家)对建筑工程施工产品(或机电、金属结构设备)的自主定价。它反映的是市场价格,体现了企业的经营管理、技术和装备水平。投标报价应当按照招标文件的要求,依据投标人编制的施工组织设计,采用企业定额或参考现行有关定额进行编制。

通过评标或谈判的合同价格是基本建设产品的成交价格。实行招标投标的工程,以中标价及工程单价为依据,按照招标文件有关合同条款,由承发包双方依约确定合同价;非招标工程以施工图设计文件、项目管理预算为依据,依照现行的有关法规,由承发包双方协商确定合同条款及合同价。

1.2.5 施工图预算

施工图预算也称设计预算,是由设计单位在施工图设计阶段,根据施工图纸、施工组织设计、国家颁布的预算定额和工程量计算规则、地区材料预算价格、施工管理费标准、企业利润率、税率等,计算每项工程所需人力、物力和投资额的文件。它是施工前组织物资、机具、劳动力,编制施工计划,统计完成工作量,办理工程价款结算,实行经济核算,考核工程成本,实行建筑工程包干和建设银行拨(贷)工程款的依据。

施工图预算是施工图设计的组成部分,由设计单位负责编制,控制在已批准的设计概算范围内。它是确定单位工程项目造价,考核施工图设计经济合理性的依据。有时,为了满足施工进度要求,施工图设计是单项设计逐次出图的,施工图预算随单项工程设计逐次做出,最后汇总成总预算。一般建筑工程以施工图预算作为编制施工招标标底的依据。

1.2.6 施工预算

施工预算是指施工单位在施工过程中根据施工图的工程量、施工组织设计或施工方案等资料用施工定额进行编制的预算;是在施工图预算的控制下,通过工料分析,计算拟建工程工、料和机具等需要量,并直接用于生产的技术经济文件。它用于施工过程的成本控制、经济核算和施工任务单的签发与结算。

1.2.7 竣工结算

工程结算是施工单位与建设单位对承建工程清算工程款的一项经常性管理工作,按工程施工阶段的不同分为中间结算和竣工结算。中间结算是施工单位按月进度工程统计报表列明的当期已完成的实物工程量(一般须经建设单位核定认可)和合同中的相应价格向建设单位办理工程价款结算的一种过渡性结算,它是整个工程竣工后全面竣工结算的基础;竣工结算是施工单位与建设单位对承建工程项目价款的最终清算。竣工结算由施工单位负责编制。

1.2.8　竣工决算

竣工决算是指建设项目全部完工后，在工程竣工验收阶段，由建设单位编制的从项目筹建到建成投产所需全部费用的技术经济文件，它反映了工程的实际造价。竣工决算是竣工验收报告的重要组成部分，它是建设投资管理的重要环节，是工程竣工验收、交付使用的重要依据，也是进行建设项目财务总结，银行对其实行监督的必要手段。竣工决算由建设单位负责编制。

竣工结算与竣工决算是完全不同的两个概念，其主要区别在于：一是范围不同，竣工结算的范围只是承建工程项目，是基本建设的局部，而竣工决算的范围是基本建设的整体；二是成本不同，竣工结算只是承包合同范围内的预算成本，而竣工决算是完整的预算成本，它还要计入工程建设的其他费用、临时费用、建设期融资利息等工程成本和费用。由此可见，竣工结算是竣工决算的基础，只有先进行竣工结算才有条件编制竣工决算。

综上所述，从投资估算、设计概算、项目管理预算到最后的竣工结算和竣工决算，整个计划是一个由粗到细、由浅到深，最后确定工程实际造价的过程。工程造价管理由粗到细，允许误差由大到小。

1.3　水利工程基本建设程序及对应的造价类型

水利工程基本建设程序与各阶段的工程造价之间的关系如图0-1所示。

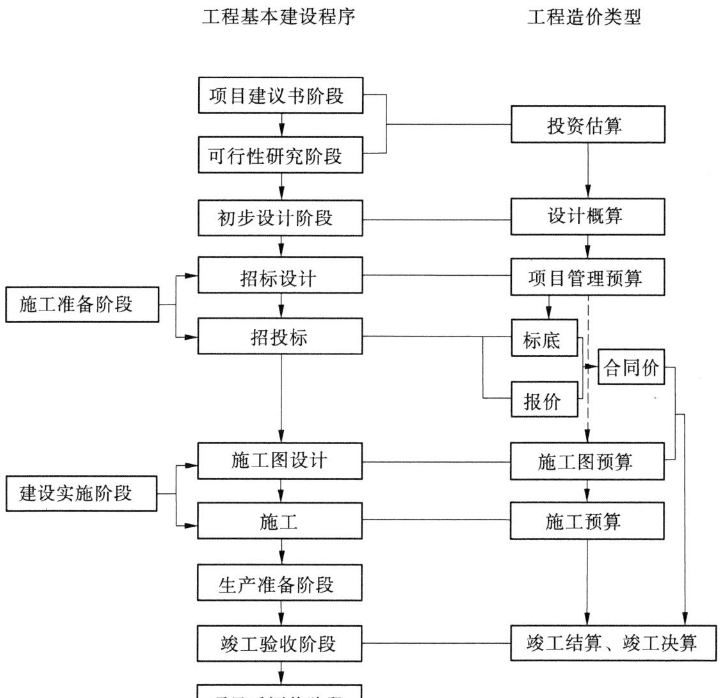

图0-1　水利工程基本建设程序与各阶段的工程造价之间的关系

2　工程建设定额

码 0-3　微课：工程建设定额

码 0-4　竞赛真题

2.1　工程建设定额的概念、特性及分类

2.1.1　工程建设定额的概念

定额，是指在一定的外部条件下，预先规定完成某项合格产品所需的要素（人力、物力、财力、时间等）的标准额度。它反映一定时期的社会生产力水平。

在社会生产中，为了生产出合格的产品，就必须消耗一定数量的人力、材料、机具、资金等。由于受各种因素的影响，生产一定数量的同类产品，这种消耗量并不相同，消耗量越大，产品的成本就越高，在产品价格一定的情况下，企业的盈利就会降低，对社会的贡献也就较低，这对国家和企业本身都是不利的，因此降低产品生产过程中的消耗具有十分重要的意义。但是，产品生产过程中的消耗不可能无限降低，在一定的技术与组织条件下，必然有一个合理的数额。根据一定时期的生产力水平和对产品的质量要求，规定在产品生产中人力、物力或资金消耗的数量标准，这种标准就是定额。

定额水平是指规定消耗在单位合格产品上的劳动、机械和材料数量的多寡，也可以说，它是按照一定程序规定的施工生产中活劳动和物化劳动的消耗水平。定额水平是一定时期社会生产力水平的反映，它与操作人员的技术水平、机械化程度及新材料、新工艺、新技术的发展和应用有关。同时，它也与企业的管理组织水平和全体技术人员的劳动积极性有关。因此，定额不是一成不变的，而是随着生产力水平的变化而变化的。一定时期的定额水平，必须坚持“平均先进”的原则。所谓平均先进水平，就是在一定的生产条件下，大多数企业、班组和个人经过努力可以达到或超过的标准。

工程建设定额是指在一定的技术组织条件下，预先规定消耗在单位合格建筑产品上的人工、材料、机械、资金和工期的标准额度，是建筑安装工程预算定额、概算定额、概算指标、投资估算指标、施工定额和工期定额等的总称。

工程建设定额规定的额度，反映的是在一定的社会生产力发展水平条件下，完成工程建设中某项产品与各种生产消费之间的特定的数量关系，体现在正常施工条件下人工、材料、机械等消耗的社会平均合理水平。工程建设定额是一种计价依据，也是投资决策依据，又是价格决策依据，能够从决策和投资方面规范市场主体的经济行为，对完善我国固定资产投资市场起到很大的作用。

2.1.2　工程建设定额的特性

2.1.2.1　科学性

工程建设定额的科学性包括两层含义。一层含义是指工程建设定额和生产力发展水平相适应，反映出工程建设中生产消费的客观规律；另一层含义是指制定定额有其科学理论基础和科学技术方法。定额的制定是在充分考虑了客观施工生产技术和管理的条件下，在分析各种影响工程施工生产消耗因素的基础上，力求定额水平与生产力发展水平相

适应，反映出工程建设中生产消费的客观规律。在制定定额的技术方法上，充分利用了现代管理科学的理论、方法和手段，通过严密的测定、统计和分析整理来制定的。工程建设定额的制定，需对工时分析、动作研究、现场布置、工具设备改革以及生产技术与组织的合理配合等方面进行综合研究。

2.1.2.2 群众性

定额是根据当时的实际生产力水平，在大量测定、综合、分析、研究实际生产中的有关数据和资料的基础上制定出来的，因此它具有广泛的群众性；定额的制定过程由定额技术管理人员（具有理论和技术的专门人员）主持，由熟练工人和技术人员参加，以科学手段和方法进行分析、测定和试验。由于新的定额是在人民群众的参与下产生的，群众易于掌握和推广；同时，定额的执行也离不开人民群众。因此，定额具有广泛的群众性。

2.1.2.3 统一性

为了使国民经济按照既定的目标发展，就需要借助于某些标准、定额、参数等，对工程建设进行规划、组织、调节、控制，而这些标准、定额、参数必须在一定的范围内是一种统一的尺度，才能实现有计划地宏观调控，才能利用它对项目的决策、设计方案、投标报价、成本控制进行比选和评价。对国民经济的影响主要表现在建设项目的投资数额及投资效益方面，需要借助于统一的工程建设定额进行社会监督。

2.1.2.4 权威性

定额是由国家或其授权机关组织编制和颁发的一种法令性指标。在规定的范围内，任何单位都必须遵照执行，不得任意调整和修改。如需进行调整、修改和补充，必须经授权编制部门批准。虽然定额是反映生产消费的客观规律，但在市场经济条件下，要涉及各有关方面的经济关系和利益关系。因定额具有经济法规的性质，又赋予定额以权威性，使其具有强制性的特点，有利于理顺工程建设有关各方的经济关系和利益关系。

2.1.2.5 时效性与稳定性

每个时期的定额都代表着这一期间的社会生产力水平，但随着施工技术的发展和管理水平的提高，定额的内容也不断地更新和充实，即定额的水平也不断提高，原定额也就不适应了；在这种情况下，授权部门应根据新的情况制定出新的定额或补充原有的定额，这就是定额的时效性。但是，社会的发展有其自身的规律，有一个量变到质变的过程，而且定额的执行也有一个时间过程，所以每一次制定的定额必须是相对稳定的，稳定的时间有长有短，一般在5年到10年之间。保持定额的稳定性是维护定额的权威性所必须的，更是有效贯彻定额所必要的。

2.1.3 工程建设定额的分类

建筑安装工程定额可按不同的标准进行划分。

2.1.3.1 按生产要素划分

建筑安装工程定额的种类很多，但不论何种定额，其包含的生产要素是共同的，即人工、材料和机械等三要素。所以按生产要素可划分为以下四类。

（1）劳动定额。劳动定额又称人工定额或工时定额。它反映了建筑安装工人劳动生产率的平均先进水平，其表示形式有时间定额和产量定额两种。时间定额是指在合理的劳动组织和施工条件下，生产质量合格的单位产品所需要的劳动量，劳动量的单位以“工日”或“工时”表示。产量定额是指同样条件下,在单位时间内所生产的质量合格的产品数量。时间定额与产量定额互为倒数。

例如,人工挖装土方每 1 m^3 自然方的劳动定额见表 0-1。表中横线上方是时间定额,横线下方是产量定额。由表可见,人工挖三类土装斗车的时间定额为 0.265 工日/m^3,产量定额为 3.77 m^3/工日。

表 0-1　人工挖装土方每 1 m^3 自然方的劳动定额

项目	土质级别			
	1	2	3	4
挖装筐、双轮车 $\left(\frac{工日/m^3}{m^3/工日}\right)$	$\frac{0.0925}{10.80}$	$\frac{0.144}{6.94}$	$\frac{0.241}{4.15}$	$\frac{0.370}{2.70}$
挖装斗车、机动翻斗车 $\left(\frac{工日/m^3}{m^3/工日}\right)$	$\frac{0.102}{9.80}$	$\frac{0.158}{6.33}$	$\frac{0.265}{3.77}$	$\frac{0.407}{2.46}$
挖装汽车 $\left(\frac{工日/m^3}{m^3/工日}\right)$	$\frac{0.122}{8.20}$	$\frac{0.190}{5.26}$	$\frac{0.318}{3.14}$	$\frac{0.490}{2.04}$

(2)材料消耗定额。材料消耗定额是指在一定的施工条件和合理使用材料的情况下,生产单位质量合格的产品所需一定规格材料的数量标准。

例如钢筋搭接电焊条消耗定额见表 0-2。由表 0-2 可见,直径为 12 mm 的钢筋搭接(平焊),焊缝长 1 m 需用电焊条 0.20 kg。

表 0-2　钢筋搭接电焊条消耗定额

项目	单位	钢筋直径(mm)								
		12	16	19	22	25	28	32	36	40
平焊	kg/m	0.20	0.30	0.38	0.48	0.60	0.70	0.95	1.20	1.50
立焊		0.24	0.36	0.46	0.57	0.72	0.84	1.14	1.34	1.78
仰焊		0.26	0.39	0.49	0.62	0.78	0.91	1.28	1.58	1.99

(3)机械使用定额。机械使用定额也称机械台班或台时定额。它反映了在先进合理的劳动组织和施工条件下,由技术熟练工人操作的机械生产率水平。其表示方法有时间定额和产量定额两种,二者互为倒数。机械时间定额是指施工机械在正常的施工组织条件下,完成单位合格产品所需的机械工作时间;机械产量定额是指施工机械在单位时间内完成合格产品的数量。

例如,油压正铲挖掘机挖土装车定额见表 0-3。由表 0-3 可见,斗容 1.0 m^3 挖掘机挖土高度 1.5 m 以上,装车时间定额为 0.217 台班/100 m^3,产量定额为 460 m^3/台班。

表 0-3 油压正铲挖掘机挖土装车定额 单位:100 m³

项目				装车$\left(\frac{台班/m^3}{\times 10^2\ m^3/台班}\right)$		
				1、2 类土	3 类土	4 类土
挖掘机斗容量(m^3)	0.5	挖土高度	1.5 m 以上	$\frac{0.264}{3.79}$	$\frac{0.33}{3.03}$	$\frac{0.37}{2.70}$
			1.5 m 以下	$\frac{0.311}{3.22}$	$\frac{0.389}{2.57}$	$\frac{0.435}{2.30}$
	1.0		1.5 m 以上	$\frac{0.181}{5.54}$	$\frac{0.217}{4.60}$	$\frac{0.249}{4.01}$
			1.5 m 以下	$\frac{0.212}{4.71}$	$\frac{0.256}{3.91}$	$\frac{0.293}{3.41}$
	1.5		2.0 m 以上	$\frac{0.139}{7.20}$	$\frac{0.170}{5.87}$	$\frac{0.192}{5.20}$
			2.0 m 以下	$\frac{0.167}{5.98}$	$\frac{0.205}{4.87}$	$\frac{0.231}{4.32}$

(4)综合定额。综合定额是指在一定的施工组织条件下,完成单位合格产品所需人工、材料、机械台时(或台班)的数量。

2.1.3.2 按定额的编制程序和用途划分

按照定额的编制程序和用途可以把工程建设定额划分为施工定额、预算定额、概算定额、投资估算指标等。

(1)施工定额。它以同一性质的施工过程为测定对象,表示完成某一计量单位合格产品所需的人工、材料和机械消耗量的标准,施工企业用来编制施工作业计划、签发工程任务单、限额领料和考核预算成本等。施工定额是企业内部经济核算的依据,也是编制预算定额的基础。

(2)预算定额。它是以工程中的分项工程为测定对象,其内容包括人工、材料和机械台时(或台班)使用量等三个部分。它是编制施工图预算(设计预算)的依据,也是编制概算定额的基础。预算定额在施工企业被广泛用于编制施工准备计划,编制工程材料预算,确定工程造价,考核企业内部各类经济指标等。因此,预算定额是用途最广泛的一种定额。

(3)概算定额。它是预算定额的合并与归纳,用于在初步设计深度条件下,编制设计概算,控制设计项目总造价,评定投资效果和优化设计方案等,是编制投资估算指标的基础。

(4)投资估算指标。它是在项目建议书和可行性研究阶段编制投资估算、计算投资需要量时使用的一种定额。它往往以独立的单项工程或整个建筑物(构筑物),甚至整个工程项目为计算对象,编制内容是所有项目费用之和。它的概略程度与可行性研究阶段相适应。投资估算指标往往根据历史的预、决算资料和价格变动等资料编制,但其编制基础仍然离不开预算定额、概算定额。

上述各种定额的相互关系可参见表 0-4。

表 0-4 各种定额的相互关系

定额分类	施工定额	预算定额	概算定额	投资估算指标
对象	工序	分部分项工程	扩大的分部分项工程	整个建筑物(构筑物)或独立的单项工程项目
用途	编制施工预算	编制施工图预算	编制初步设计概算	编制投资估算
项目划分	最细	细	较粗	粗
定额水平	平均先进	平均	平均	平均
定额性质	生产性定额	计价性定额		

2.1.3.3 按制定单位和执行范围划分

按制定单位和执行范围可划分为以下几大类。

(1)全国统一定额。它是工程建设中,各行业、部门普遍使用,需要全国统一执行的定额,一般由国家发改委(原国家计委)或授权某主管部门组织编制颁发。如全国市政工程预算定额、电气工程预算定额、送电线路工程预算定额、通信设备安装预算定额等。

(2)行业定额。它是工程建设中,部分专业工程在某一个部门或几个部门使用的专业定额,经国家发改委(原国家计委)批准由一个主管部门或几个主管部门编制颁发,具有较强的行业或专业特点。如 2002 年水利部颁发了《水利建筑工程概算定额》《水利建筑工程预算定额》《水利工程施工机械台时费定额》等。

(3)地方定额。它是由省、自治区、直辖市根据地区特点参照全国统一定额或行业定额水平做适当调整和补充编制的地方通用定额和地方专业定额,在该地区使用。

(4)企业定额。它是由企业自行编制的,只限于本企业内部使用的定额,如施工企业及附属的加工厂、车间编制的用于企业内部管理、成本核算、投标报价的定额,以及对外实行独立经济核算的单位如预制混凝土和金属结构厂、大型机械化施工公司、机械租赁站等编制的不纳入建筑安装工程定额系列之内的定额标准、出厂价格、机械台时(或台班)租赁价格等。

2.2 工程定额的编制

2.2.1 工程定额的编制原则

2.2.1.1 平均合理原则

定额的水平应反映社会平均水平,体现社会必要劳动的消耗量,也就是在正常施工条件下,大多数工人和企业能够达到和超过的水平,既不能采用少数先进生产者、先进企业所达到的水平,也不能以落后的生产者和企业的水平为依据。

2.2.1.2 基本准确原则

定额是对千差万别的个别实践进行概括、抽象出一般的数量标准。因此,定额的“准”是相对的,定额的“不准”是绝对的。我们不能要求定额编得与自己的实际完全一致,只能要求基本准确。定额项目(节目、子目)按影响定额的主要参数划分,粗细应恰当,步距要合理。定额计量单位、调整系数设置应科学。

2.2.1.3　简明适用原则

在保证基本准确的前提下，定额项目不宜过细过繁，步距不宜太小、太密，对于影响定额的次要参数可采用调整系数等方法简化定额项目，做到粗而准确，细而不繁，便于使用。为适应市场经济的发展，以利于国内、国际招投标工作，在定额表现形式、定额内容组成、定额子目设置等方面，要与国际惯例接轨。

2.2.1.4　统一性和差别性相结合原则

统一性是由中央主管部门归口，考虑国家的方针政策和经济发展要求，统一制定定额的编制原则和方法，具体组织和颁发全国统一定额，颁发有关的规章制度和条例细则，在全国范围内统一定额分项、定额名称、定额编号，统一人工、材料和机械台时消耗量的名称及计量尺度。

差别性是在统一性基础上，各部门和地区可在管辖范围内，根据各自的特点，依据国家规定的编制原则，编制各部门和地区性定额，颁发补充性的条例细则，并加强定额的经常性管理。

2.2.2　工程定额的编制方法

编制定额的方法较多，常用的基本方法有以下五种，实用中常兼收并用、互为补充。

2.2.2.1　技术测定法

技术测定法是深入施工现场，应用计时观察和材料消耗测定的方法，对各个工序进行实测、查定、取得数据，然后对这些资料进行科学的整理分析，拟定成定额。

这种方法具有充分的技术依据，合理性及科学性较强，但工作量较大，技术复杂，普遍推广应用有一定难度，但对关键性的定额项目必须采用这种方法。

2.2.2.2　调查研究法

调查研究法是根据有丰富实践经验的老工人、技术人员、定额预算人员、生产管理人员在施工实践中所积累的经验与资料，通过座谈、讨论分析和综合平衡拟定定额。这种方法虽然技术简单，工作量小，速度快，但精确性较差，往往缺乏科学的计算依据。

2.2.2.3　统计分析法

统计分析法是根据一定时期内完成的工程数量和相应的工时消耗、材料消耗、机械台时消耗的统计资料加以整理，结合当前组织技术与生产条件，分析对比后拟定定额。这种方法虽然简便，但由于统计资料不可避免地包含着施工生产和经营管理上的不合理因素和缺点，它们会在不同程度上影响定额的水平，降低定额编制工作的质量。所以，它也只适用于某些次要的定额项目以及某些无法进行技术测定的项目。

2.2.2.4　计算分析法

计算分析法是根据施工验收技术规范和操作规程，确定定额项目的施工方法和质量标准，选择典型图纸用理论计算方法拟定完成定额项目单位工程量所需的人工、材料和机械台时耗用量定额。这种方法虽然比较科学，但计算工作量大，而且人工和台时还必须根据实际资料推算而定。

2.2.2.5　比较类推法

比较类推法是根据同类型项目或相似项目的定额进行对比分析类推而制定定额。此法在用以比较的典型定额与相关定额之间呈比例关系时才适用。此法常与其他方法结合使用,用于定额编制中某项数据的确定。例如,《水利水电建筑安装工程统一劳动定额》中潜孔钻钻孔台班产量是根据单位钻孔消耗时间和辅助时间通过计算编制的。在确定单位钻孔消耗时间时就采用了比较类推法。首先,根据各地实测资料统计分析确定10类岩石的单位钻孔消耗时间,不同孔深的级差以及同一钻孔深度时不同岩石级别的级差分别为5%和15%,从而用比较类推法便可计算出各类岩石、不同孔深的单位钻孔消耗时间如表0-5所示。表中加横线的数字为测定统计分析值,其余均为比较类推计算值。

表0-5 潜孔钻单位钻孔消耗时间　　单位:台时

钻机型号	孔深(m)	岩石级别						
		5、6	7	8	9	10	11	12
80型和100型	6	3.71	4.27	4.91	5.65	6.50	7.48	8.60
	9	3.91	4.49	5.16	5.94	6.83	7.85	9.03
	13	4.10	4.71	5.40	6.23	7.17	8.25	9.48
	15	4.31	5.05	5.69	6.54	7.53	8.66	9.96

2.3 定额的使用

目前水利水电工程所用的标准与定额为:2014年水利部颁发的《水利工程设计概(估)算编制规定》,2002年水利部颁发的《水利建筑工程概算定额》《水利建筑工程预算定额》《水利工程施工机械台时费定额》,1999年水利部颁发的《水利水电设备安装工程概算定额》《水利水电设备安装工程预算定额》,2005年水利部颁发的《水利工程概预算补充定额》。

2.3.1 定额的组成内容

水利工程建设中现行的各种定额一般由总说明、章节说明、定额表和有关附录组成。其中定额表是各种定额的主要组成部分。

(1)《水利建筑工程概算定额》(2002)(以下简称《概算定额》)和《水利建筑工程预算定额》(以下简称《预算定额》)的定额表内列出了各定额项目完成不同子目的单位工程量所必须的人工、主要材料和主要机械台时消耗量。《概算定额》的部分项目和《预算定额》各定额表上方注明该定额项目的适用范围和工作内容,在定额表内对完成不同子目单位工程量所必须耗用的零星用工、材料及机具费用,定额内以"零星材料费、其他材料费、其他机械费"表示,并以百分率的形式列出。例如表0-6为人工挖一般土方胶轮车运输预算定额。

(2)现行《水利水电设备安装工程概算定额》(1999)(以下简称《安装工程概算定额》)和《水利水电设备安装工程预算定额》(以下简称《安装工程预算定额》)的定额表有以实物量或以设备原价为计算基础的安装费费率两种形式表示,其中实物量定额占97.1%。定额包括的内容为设备安装和构成工程实体的主要装置性材料安装的直接费。以实物量形式表示的定额中,人工工时、材料和机械台时都以实物量表示,其他材料费和其他机械费按占主要材料费和主要机械费的百分率计列,构成工程实体的装置性材料

(被安装的材料,如电缆、管道、母线等)安装费不包括装置性材料本身的价值;以费率形式表示的定额中,人工费、材料费、机械费及装置性材料费都以占设备原价的百分率计列,除人工费费率外,使用时均不予调整。例如表0-7为发电电压设备的安装概算定额。

表0-6 人工挖一般土方胶轮车运输预算定额

适用范围:开挖、填筑一般土方

工作内容:挖土、装车、运输、卸车、空回 单位:100 m^3

项目	单位	挖装运≤50 m			增运50 m
		土类级别			
		1~2	3	4	
工长	工时	2.7	3.8	5.2	
高级工	工时				
中级工	工时				
初级工	工时	131.7	187.3	254.5	18.2
合计	工时	134.4	191.1	259.7	18.2
零星材料费	%	2	2	2	
胶轮车	台时	56.00	65.20	74.00	10.40
编号		10014	10015	10016	10017

表0-7 发电电压设备安装概算定额

定额编号	项目 电压(kV)	单位	安装费(%)				装置性材料费(%)
			合计	人工费	材料费	机械使用费	
06001	6.3	项	12.1	7.2	3.0	1.9	5.3
06002	10.5	项	8.9	4.9	2.6	1.4	3.3
06003	>10.5	项	7.1	3.7	2.2	1.2	3.0

(3)现行《水利工程施工机械台时费定额》(2002)列出了水利工程施工中常见的施工机械每工作一个台时所花的费用。定额内容包括一类费用和二类费用两部分。其中,一类费用包括折旧费、修理及替换设备费和安装拆卸费,按2000年度价格水平计算并用金额表示,使用时根据主管部门规定的系数进行调整;二类费用包括机上人工费、动力燃料费,以实物量给出,其费用按国家规定的人工工资计算办法和工程所在地的物价水平分别计算,其中人工费按中级工计算。

2.3.2 定额的使用原则

2.3.2.1 专业对口原则

水利水电工程除水工建筑物和水利水电设备外,一般还有房屋建筑、公路、铁路、输电线路、通信线路等永久性设施。水工建筑物和水利水电设备安装应采用水利、电力主管部门颁发的定额,其他永久性工程应分别采用所属主管部门颁发的定额,如铁路工程应采用铁道部颁发的铁路工程定额,公路工程应采用交通部颁发的公路工程定额。

2.3.2.2 设计阶段对口原则

可研阶段编制投资估算应采用估算指标;初设阶段编制概算应采用概算定额;施工图设计阶段编制施工图预算应采用预算定额。如因本阶段定额缺项,须采用下一阶段定额时,应按规定乘过渡系数。

2.3.2.3 工程定额与费用定额配套使用原则

在计算各类永久性工程费用时,采用的工程定额除应执行专业对口的原则外,其费用定额也应遵照专业对口的原则,与工程定额相适应。如当采用公路工程定额计算永久性公路投资时,应相应采用交通部颁发的费用定额。对于实行招标承包制的工程,编制工程标底时,应按照主管部门批准颁发的综合定额和扩大指标,以及相应的间接费定额的规定执行。施工企业投标、报价可根据条件适当浮动。

2.3.3 定额的使用方法及注意事项

2.3.3.1 定额的使用方法

定额是编制水利工程造价的重要依据,要熟练准确地使用定额,必须做到以下几点:

(1)要认真阅读定额的总说明和章节说明。对说明中指出的编制原则、依据、适用范围、使用方法、已经考虑和没有考虑的因素以及有关问题的说明等,都要通晓和熟悉。

(2)要了解定额项目的工作内容。根据工程部位、施工方法、施工机械和其他施工条件正确地选用定额项目,做到不错项、不漏项、不重项。

(3)要学会使用定额的各种附录。例如,对建筑工程,要掌握土壤与岩石分级、砂浆与混凝土配合比用量确定等。对于安装工程,要掌握安装费调整和各种装置性材料用量的确定等。

(4)要注意定额调整的各种换算关系。当施工条件与定额项目条件不符时,应按定额说明与定额表附注中的有关规定进行换算调整。例如,各种运输定额的运距换算,各种调整系数的换算等。除特殊说明外,一般乘系数换算均按连乘计算。使用时还要区分调整系数是全面调整系数,还是对人工工时、材料消耗或机械台时的某一项或几项进行调整。

(5)要注意定额单位与定额中数字的适用范围。工程项目单价的计算单位要和定额项目的计算单位一致。要区分土石方工程的自然方和压实方,砂石备料中的成品方、自然方与堆方码方,砌石工程中的砌体方与清料方,沥青混凝土的拌和方与成品方等。定额中凡数字后用“以上”“以外”表示的都不包括数字本身;凡数字后用“以下”“以内”表示的都包括数字本身。凡用数字上下限表示的,如1 000~2 000,相当于1 000以上至2 000以下,即大于1 000,小于或等于2 000的范围。

(6)水利建筑工程概预算定额,应根据施工组织设计确定的工程项目的施工方法和施工条件,查定额项目表的相应子目,确定完成该项目单位工程量所需人工、材料与施工机械台时耗用量,供编制工程概预算单价使用。

(7)安装工程概预算定额,应根据安装设备种类、规格,查相应定额项目表中子目,确定完成该设备安装所需人工、材料与施工机械台时耗用量,供编制设备安装工程概预算单价使用。

2.3.3.2 使用定额的注意事项

1)使用水利建筑工程定额

(1)概预算的项目及工程量的计算应与定额项目的设置、定额单位相一致。

(2)现行概算定额中,已按现行施工规范和有关规定,计入了不构成建筑工程实体的各种施工操作损耗,允许的超挖及超填量,合理的施工附加量及体积变化等所需人工、材料及机械台时消耗量。编制设计概算时,工程量应按设计结构几何轮廓尺寸计算。

而现行预算定额中均未计入超挖超填量、合理施工附加量及体积变化等,使用预算定额应按有关规定进行计算。

(3)定额中其他材料费、零星材料费和其他机械费均以百分率(%)形式表示,其计算基数为:其他材料费以主要材料费之和为计算基数;零星材料费以人工费、机械费之和为计算基数;其他机械费以主要机械费之和为计算基数。

2)使用水利水电设备安装工程定额

(1)定额中人工工时、材料、机械台时等以实物量表示。其中材料和机械仅列出主要品种的型号、规格及数量,如品种、型号、规格不同,均不作调整。其他材料和一般小型机械及机具分别按占主要材料费和主要机械费的百分率计列。

(2)安装费率定额中以设备原价作为计算基础,安装工程人工费、材料费、机械使用费和装置性材料费均以费率(%)形式表示,除人工费用外,使用时均不作调整。

(3)装置性材料根据设计确定的品种、型号、规格和数量计算,并计入规定的操作损耗量。

(4)当使用电站主厂房桥式起重机进行安装工作时,桥式起重机台时费不计基本折旧费和安装拆卸费。

(5)定额中零星材料费,以人工费、机械费之和为计算基数。

3 项目简介

3.1 工程概况

某水库工程位于湘江水系洣水支流沔水河,坝址位于湖南省茶陵县舲舫乡洮水村,控制流域面积 769 km^2。水库总库容 5.15 亿 m^3,装机容量 69 MW,是一座以防洪、发电为主,兼顾灌溉和养殖等综合利用的大(2)型水库。

枢纽工程主要建筑物由主河槽混凝土面板堆石坝、左岸三级溢洪道、右岸三结合隧洞(发电、导流、放空)、河床引水式电站厂房及开关站组成。

河床布置拦河坝;左岸利用天然垭口及冲沟布置开敞式溢洪道;发电引水兼放空洞布置于右岸,采用龙抬头型式与导流洞相结合;电站厂房在下游坡脚沿原河床布置,进厂公路沿河床右岸布置;上坝公路布置在右岸山上。工程平面布置示意图见图 0-2。

大坝为混凝土面板堆石坝,坝顶高程 210.50 m,防浪墙墙顶高程 211.70 m,坝顶宽 9 m,坝顶长 290.6 m,最大坝高 102.0 m,上游坝坡 1:1.4,下游坝坡 1:1.55。

坝顶左岸采用开敞式三级溢洪道泄流消能,一、二级采用挑流消能,三级为消力池消能。

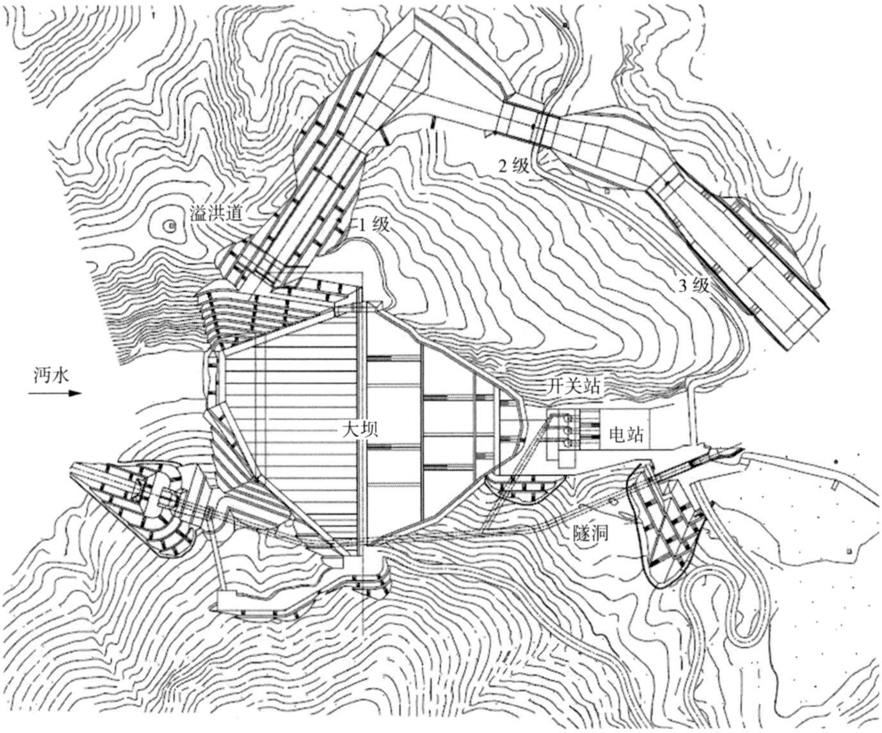

图 0-2 工程平面布置示意图

一级溢洪道位于大坝左坝肩上游约 85 m,堰型为 WES 堰标准剖面,堰顶高程 197 m,设 2 个溢流孔,孔口尺寸为 10 m×10.7 m($b×h$),一级陡槽底板坡比 1∶4,鼻坎顶高程 159.50 m,鼻坎的挑射角为 24°;二级溢洪道堰型也为 WES 堰标准剖面,堰顶高程 144 m,陡槽底板坡比 1∶5,鼻坎顶高程 135.484 m,鼻坎的挑射角为 25°;三级溢洪道尾水已与天然河道水面相接,仅作渠道排泄洪水至主河道,渠首底部高程 122 m,渠底板坡比 1∶5.6,尾坎高程 118.80 m。

右岸山体布置三结合隧洞(发电、导流、放空)。发电洞和放空洞共用一个进口,进口底板高程 140.00 m,采用龙抬头型式布置在导流洞进口上方,龙抬头闸门竖井前洞身为矩形,尺寸为 4.6 m×6.5 m($b×h$),长 40 m;龙抬头段洞径 6.5 m,长 47.6 m;龙抬头下部为导流洞,进口底板高程 119.00 m,洞身为圆形,洞径 7.5 m,长度 120 m。龙抬头后为三结合隧洞主洞,洞径 6.5 m,长 487 m。主洞洞身中部接发电支管,支管洞径 6.5 m,长 70 m,采用一洞三机布置。主洞受地质条件影响,堵头布置于发电岔洞处,堵头内埋设直径为 1.8 m 的钢管,堵头末端设置放空锥形阀。

水电站厂房布置在大坝下游坡脚,沿原河床布置,距离坝轴线下游 188.2 m,系引水式地面厂房,主厂房尺寸为 57.3 m×17.4 m($L×b$),副厂房尺寸为 51.7 m×12 m($L×b$)。电站安装 3 台混流式机组,单机容量为 23 MW。电站最大水头为 85 m,最大引水流量为 108.15 m^3/s。主厂房自上而下分为发电机层、水轮机层、蜗壳层及尾水管层。

主变开关站布置在厂坝之间,其尺寸为 57.3 m×33.5 m($L×b$),地面高程 126.30 m。

电站进厂交通采用公路水平进厂,进厂大门设于安装场右侧,正对进厂公路。进厂公路为山岭四级公路,与现有城乡公路直接连接。

上坝交通公路布置于右岸山上，为山岭四级公路，路面宽度 8.0 m，主要用于施工期场内交通及运行期永久上坝交通。

整个项目计划总工期为 3 年。

3.2 施工条件

3.2.1 施工用电、水、风

（1）施工电源：本工程施工用电全部由国家电网供应，工程开工初期用电负荷较小，可利用当地已有 10 kV 线路供电；工程全线开工后，供电电源由茶陵县城云阳变电所利用 110 kV 永久输电线路降压运行接入工地变电站，接线距离约 20 km。工地施工变电站布置在办公生活设施区（即右岸下游进场公路）附近的平地上。另设 160 kW P_9 型 400/230 V 柴油发电机组 2 台作为重要生产设备备用电源。

（2）施工用水：本工程施工用水从导流洞出口附近的下游河道内取水，在左右两岸设 4 处水池供水。水系统采用 6SA-8 型离心水泵 4 台，功率 37 kW，流量为 160 m^3/h，扬程 55 m；150S-78 型水泵 4 台，功率 55 kW，流量为 198 m^3/h，扬程 70 m。

（3）施工供风：根据各部位用风特点及用风量，拟在坝区及严家冲石料场之间设空压站 1 座，选用 5L-40/8 型空压机 2 台，4L-20/8 型空压机 1 台，对右坝肩及河床基础开挖和严家冲石料场开采供风；左岸 211 公路旁设空压站 1 座，选用 4L-20/8 和 3L-10/8 型空压机各 1 台，对左坝肩及溢洪道开挖供风；其余用风部位均采用移动式空压机供风，选用 YH-10/7 型空压机 4 台。

3.2.2 施工通信及照明

（1）施工通信：本工程施工期场内通信主要采用 HP-570 型容量为 50 门电话总机一部，在现场施工中可另配 JXC_2 型（手持式）或 JXC_2 型（口袋式）袖珍超短波调频无线电话机及移动电话。对外长途通信利用现场电话总机中继线与当地电信部门相连。

（2）施工照明：本工程三结合隧洞内照明采用 60 W 防水灯头的白炽灯，灯头间距为 5 m，电线悬挂高度为 2.0 m，用射钉临时悬挂，以方便拆卸；工作面采用 36 V 低压照明，照明线路配备触电保护器；其他工作面夜间施工时采用碘钨灯照明，要求工作面始终保持足够的照度。

3.2.3 对外交通

坝址有混凝土路面山区三级公路通往茶陵县城，全程 19 km；茶陵县城至攸县为二级公路，里程 38 km；攸县至醴陵为二级公路，里程 79 km；醴陵至株洲、株洲至长沙均为高等级公路或高速公路，里程分别为 49 km 与 54 km。坝址距茶陵火车站 33 km；茶陵距攸县、醴陵、株洲、长沙的铁路里程分别为 38 km、116 km、161 km、212 km。

3.2.4 建筑材料

本工程施工所需的主要材料包括水泥、碎石、砂料、块石、钢筋、木材等。水泥从攸县采购，汽车运输 57 km；钢筋、钢材、炸药由株洲市供应，汽车运输 185 km；木材由茶陵县木材公司供应，油料由茶陵县石油公司供应，其他如房建材料、生活物资等，均由茶陵县物资部门供应，汽车运输 19 km。永久机电设备、施工机械设备及其他重大件由铁路运至茶陵火车站，再经公路运往工地，其余外来物资均采用公路运输。

本工程大坝黏土铺盖、围堰防渗所需黏土全部从位于坝址下游左岸 1.2 km 处的滋坑Ⅱ黏土料场取土。

人工石料场位于严家冲,距坝址 1.0 km,无用层厚 0~3 m,质量满足堆石坝筑坝材料的要求,储量大,用作本工程主选石料场。

天然砂砾料场,考虑大坝垫层区需掺天然砂的实际状况和坝体次堆石区填筑砂砾石开采方便等因素,选择坝址下游河床 2.4 km 处的渡口Ⅰ区料场开采,不足的 5~20 mm 和 20~40 mm 两级骨料从 1.0 km 处的鲤鱼洲Ⅰ区补充,作为混凝土砂石骨料的主料场;选取神仙岭Ⅰ、神仙岭Ⅱ、亭子洲Ⅱ料场作大坝次堆石区砂砾料填筑用料场,各料场按由近及远的顺序进行开采。

具体施工内容均在后面的章节中按需选择介绍。

项目实训与思考

1. 绘制出水利工程建设程序与概预算关系简图(含工程建设阶段、对应的造价类型、完成单位或机构、作用)。

2. 根据工程建设定额的特点、类型、编制和使用方法,正确选用我国水利工程建设现行定额。

3. 对照工程总体布置图,表述出工程的结构部位,并按部位找出本工程的建设内容。

思政故事

造价溯源

中国古代工程计量与造价管理源远流长。春秋战国时期《考工记》记载“匠人为沟洫”制度,首创以匠人日效为基准的劳力预算方法。《左传》载孙叔敖建沂城(前 598 年),通过“物土方,议远迩”统筹土方量与运输成本,“量事期”精准规划工期;士弥牟修成周城(前 510 年)则形成“计丈数、揣高卑、度厚薄”的立体计量体系,结合“计徒庸”“虑财用”“书糇粮”,展现早期工程全流程造价管控思维。唐代《辑古算经》明确夯筑城台“功”的定额标准,北宋《书叙指南》辑录“计徒庸”“量事期”等术语,印证古代造价术语体系化发展。李诫《营造法式》(北宋)最早提出“料例”(材料定额)与“功限”(人工定额)。清代《物料价值则例》则整合全国工料价格数据,是具有法规性质的文献。

精神图谱

古代工程造价管理彰显中华民族的智慧与精细化管理精神。从《考工记》到《营造法式》,古人通过科学的计量与计价,确保工程高效、经济地完成。这种精益求精的工匠精神和对资源的合理规划,至今仍为现代水利工程与造价管理提供宝贵借鉴,激励我们传承创新,推动水利事业可持续发展。

项目 1 水利工程概算编制

学习指导

知识目标：

1. 熟悉工程量计算规定；
2. 掌握人工、材料、机械基础单价的计算；
3. 掌握砂石料、混凝土、砂浆材料单价计算；
4. 掌握土方、石方、砌筑、混凝土等建筑工程单价的计算；
5. 掌握工程概算各分部及总概算编制。

技能目标：

1. 能根据水利工程项目划分表、参阅概算定额准确划分工程项目，并根据设计图纸和工程量计算规定准确计算工程量；
2. 能读懂施工组织设计、获取造价信息，合理计算基础单价；
3. 能分析工程图纸、施工方案，准确选择定额子目，合理编制工程单价；
4. 能根据编制规定和最新指导性意见，准确计算各分部工程概算和工程总概算；
5. 会根据工程量和工程单价进行工料分析，根据实施计划制订资金流量计划。

重　点：

1. 划分工程项目、计算工程量；
2. 计算基础单价；
3. 计算建筑工程、安装工程单价；
4. 计算各分部工程概算和工程总概算。

水利工程概算由工程部分、建设征地移民补偿、环境保护工程、水土保持工程四部分构成。其中，工程部分概算由建筑工程、机电设备及安装工程、金属结构设备及安装工程、施工临时工程和独立费用五部分组成；建设征地移民补偿部分概算由农村部分补偿、城(集)镇部分补偿、工业企业补偿、专业项目补偿、防护工程、库底清理、其他费用七部分组成。

水利工程概算的组成见图 1-1。

工程部分概算和建设征地移民补偿概算分别按《水利工程设计概(估)算编制规定》工程部分和建设征地移民补偿部分执行，环境保护工程概算、水土保持工程概算分别按《水利工程环境保护设计概(估)算编制规定》和《水土保持工程概(估)算编制规定》执行，并将结果汇总到工程总概算中。

本项目从初学者的学习和操作步骤出发，对照编制规定完整、规范地介绍水利工程初

- 水利工程概算
  - 工程部分概算
    - 建筑工程
    - 机电设备及安装工程
    - 金属结构设备及安装工程
    - 施工临时工程
    - 独立费用
  - 建设征地移民补偿概算
    - 农村部分补偿
    - 城(集)镇部分补偿
    - 工业企业补偿
    - 专业项目补偿
    - 防护工程
    - 库底清理
    - 其他费用
  - 环境保护工程概算
  - 水土保持工程概算

图 1-1　水利工程概算的组成

步设计概算的编制。以水利系统的水利工程为对象进行阐述,兼顾介绍水电工程,由于水利工程和水电工程编制概预算的基本方法大同小异,因此本书介绍的基本原理和方法对两者都是适用的。

1　水利工程概算的编制依据

水利工程设计概算的编制依据主要有:

(1)国家及省、自治区、直辖市和主管部门颁发的有关法令法规、制度、规程。

(2)《水利工程设计概(估)算编制规定》(以下简称《编制规定》)。

对于大型水利项目和报送水利部、流域机构审批的中型水利项目,执行水利部水总〔2014〕429 号文颁发的《水利工程设计概(估)算编制规定》,其他项目可采用地方标准。本工程为大型水库工程,故采用水利部编规。

(3)《水利建筑工程概算定额》《水利水电设备安装工程概算定额》《水利工程施工机械台时费定额》和有关行业主管部门颁发的定额。

目前水利行业的水利工程执行水利部水总〔2002〕116 号文颁发的《水利建筑工程概算定额》《水利工程施工机械台时费定额》、水总〔2005〕389 号文颁发的《水利工程概预算补充定额》、水建管〔1999〕523 号文颁发的《水利水电设备安装工程预算定额》、水利部水建〔1993〕63 号文颁发的《中小型水利水电安装工程预算定额》。若以上定额没有能供参考的,可参照其他行业有关概算定额确定。

在使用定额编制概算的过程中,要密切注意现行定额的变化和有关费用标准、编制办法、规定的变化,做到始终采用现行定额和规定。如水利部印发的《水利工程营业税改征增值税计价依据调整办法》(办水总〔2016〕132 号)等。

(4)水利工程设计工程量计算规定。

目前最新的规定为《水利水电工程设计工程量计算规定》(SL 328—2005)。

(5)初步设计文件和图纸。

包括工程设计图纸、初步设计报告(含工程性质、工程规模、工程枢纽布置、工程地质、主要水工建筑物的结构型式和主要技术数据、施工导流、对外交通条件、砂石料开采条件、场内交通运输条件和运输方式、施工总体布置、施工进度计划及主体工程的施工方法等)。

(6)有关合同协议及资金筹措方案。

(7)其他。

从上级主管部门、工程所在地有关部门收集税务、交通运输、建筑材料、设备、人工工资、供电价格等各项基础资料。

2　水利工程概算的编制程序

水利工程概算编制的一般程序为:划分工程项目、计算工程量→编制基础单价→编制建筑工程、安装工程单价→编制工程总概算→工料分析、制订资金计划→进行项目汇报与审查。

(1)收集资料、调查工程情况。

收集并整理工程设计图纸、初步设计报告等资料;掌握施工组织设计内容;了解税务、交通运输、建筑材料、设备、人工工资、供电价格等各项基础资料等。

(2)划分工程项目、计算工程量。

根据水利工程项目划分表、参阅概算定额并结合工程实际,将工程项目进行划分,详细列出各级项目内容;根据设计图纸和工程量计算规定计算各分项工程的工程量,对应各级项目内容列出分项工程工程量清单。

(3)编制基础单价。

根据有关规定、施工组织设计,按照编制规定编制基础单价(包括人工预算单价、材料预算价格、施工机械台时费、砂石料预算单价、混凝土材料单价和风、水、电价格等)。基础单价是计算建筑工程、安装工程单价的基础。

(4)编制建筑工程、安装工程单价。

根据设计图纸和施工方案,正确选择定额子目,按照编制规定计算所有的分部分项工程单价。建筑及安装工程单价是做建筑及安装工程概算的基础,是编制概算的一个质量控制点,必须核对准确无误。设备费的计算按厂家供价和编规规定进行计算,计算后的结果单位要与安装工程单价的单位相一致。

(5)编制工程总概算。

根据分项工程的工程量、工程单价和编制规定和最新指导性意见计算并编制各分项概算表和工程总概算表。

(6)工料分析、制订资金计划。

按照分项格式,根据工程量和工程单价进行工料分析,逐级汇总出各分项的人工和主要材料用量;根据实施计划制订资金流量计划。

(7)进行项目汇报和审查。

在不超过工程估算的前提下,对项目总造价进行复核和调整,并编写概算编制说明,整理出成果,完成项目汇报和审查工作。

水利工程概算的编制程序见图1-2。

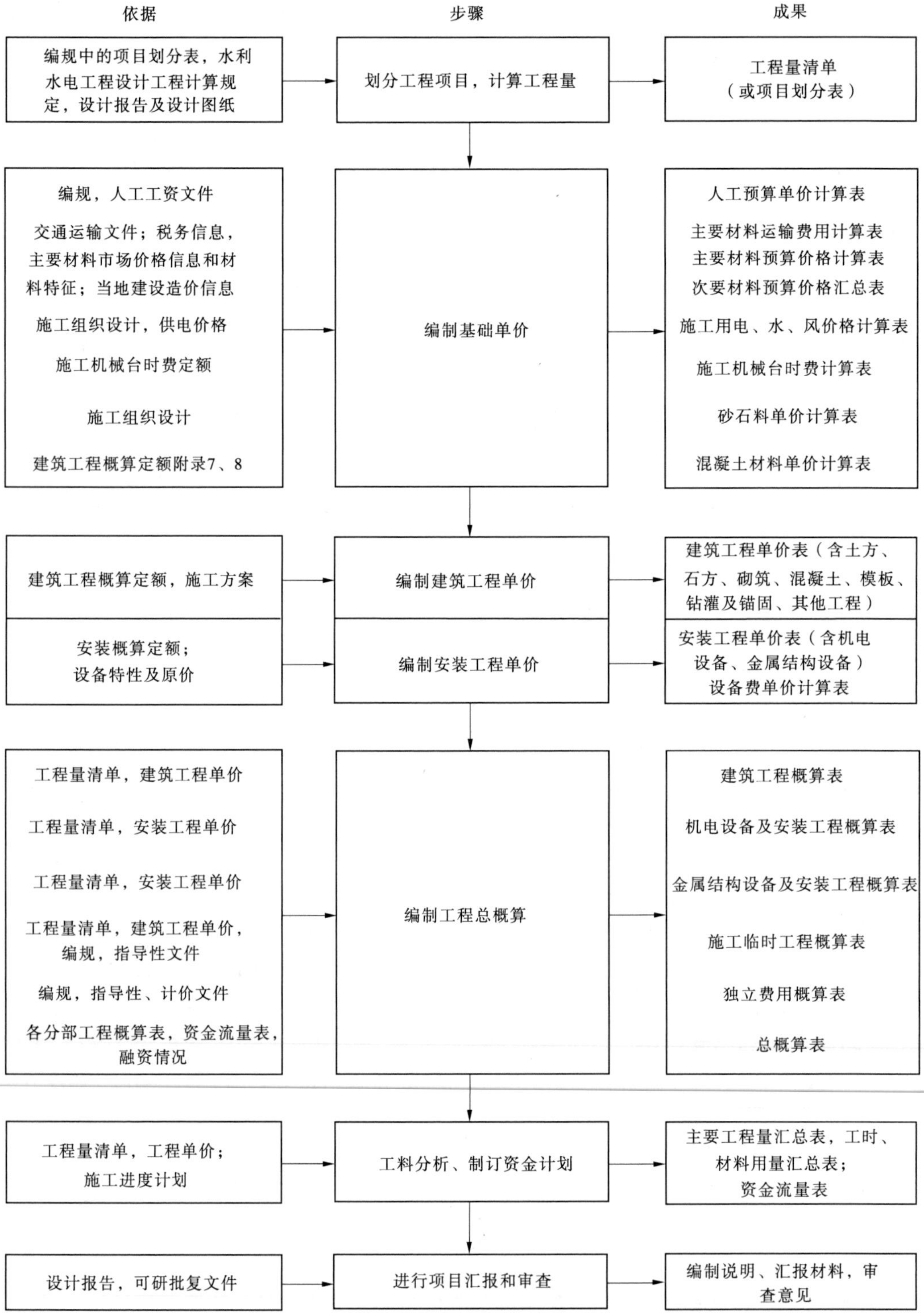

图 1-2　水利工程概算的编制程序

本项目以下各任务在编制过程中是以水利部编规及编规规定定额为依据的，与采用地方编规及编规规定定额的工程概算编制基本一致。

任务 1　工程项目划分及工程量计算

一个基本建设项目，最终的总造价到底是多少，跟工程的工程量和工程单价均有关系。为使工程量计算准确，不重复不漏项，工程单价计算合理，首要问题就是正确划分工程项目、计算工程量。

码 1-1　竞赛真题

任务 1.1　划分工程项目

学习指导

知识目标：

1. 了解水利工程项目划分的内容；
2. 掌握水利工程项目划分的原则和依据。

技能目标：

能根据水利工程项目划分表、参阅概算定额，准确划分工程项目。

重　点：

划分工程项目。

1.1.1　项目划分的概念及方法

1.1.1.1　一般基本建设工程项目划分

一个基本建设项目，往往规模大、建设周期长、影响因素复杂。因此，为了便于编制基本建设计划和工程造价，组织招标投标与施工，进行质量、工期和投资控制，拨付工程款项，实行经济核算和考核工程成本，需对一个基本建设项目进行系统的逐级划分。基本建设工程通常按项目本身的内部组成，将其划分为建设项目、单项工程、单位工程、分部工程和分项工程。

1. 建设项目

建设项目是指一个按照总体设计进行施工，经济上实行独立核算、行政上实行统一管理的基本建设工程实体。如一个独立的工业厂房、水利枢纽等。

一个建设项目中，可以有几个单项工程，也可以只有一个单项工程。不能把不属于一个设计文件内的几个项目捆在一起作为一个建设项目，也不能把总体设计内的工程按地区或施工单位划分为几个建设项目。在一个设计任务书范围内规定分期进行建设的项目，仍仅为一个建设项目。

2. 单项工程

单项工程是指一个建设项目中具有独立的设计文件,竣工后能够独立发挥生产能力和使用效益的工程。如工厂内能够独立生产的车间、办公楼等;一个水利枢纽的拦河坝、电站厂房、引水渠等。

单项工程是具有独立存在意义的一个完整工程,也是一个极为复杂的综合体,它由许多单位工程所组成。

3. 单位工程

单位工程是指不能独立发挥生产能力,但能独立组织施工的工程。一般按照建筑物建筑及安装来划分。如生产车间是一个单项工程,它又可以划分为建筑工程和设备及安装两大类单位工程。其中,建筑工程包括一般土建工程、电气照明工程、暖气通风工程、水卫工程、工业管道工程、特殊构筑物工程等单位工程;设备及安装工程包括机械设备及安装工程、电气设备及安装工程等。又如灌区工程中的进水闸、分水闸、渡槽,水电站引水工程中的进水口、引水隧洞、调压井等都是单位工程。

4. 分部工程

分部工程是单位工程的组成部分,一般是按工程部位或工种对单位工程所做的进一步划分。例如,房屋建筑工程可划分为基础工程、墙体工程、屋面工程等,也可以按照工种来划分,如土石方工程、钢筋混凝土工程、装饰工程等;隧洞工程可以分为开挖工程、衬砌工程等。

分部工程是编制工程造价、组织施工、进行质量评定、包工结算及成本核算的基本单位。但在分部工程中,影响工料消耗的因素仍然很多,如钢筋混凝土工程中的构件类型(板、梁、柱)不同,则每一单位工程量的混凝土所消耗的人工、材料差别很大。因此,还必须将分部工程按照不同的施工方法、不同的材料、不同的规格等做进一步的划分。

5. 分项工程

分项工程是分部工程的组成部分,是可以用适当计量单位计算其工程量大小、通过最简单的施工过程就能生产出来的建筑或设备安装工程产品。如水闸的闸底板混凝土、闸墩混凝土,钢闸门等。它是建筑或安装工程的最基本的构成要素。

建设项目分解如图 1-3 所示。

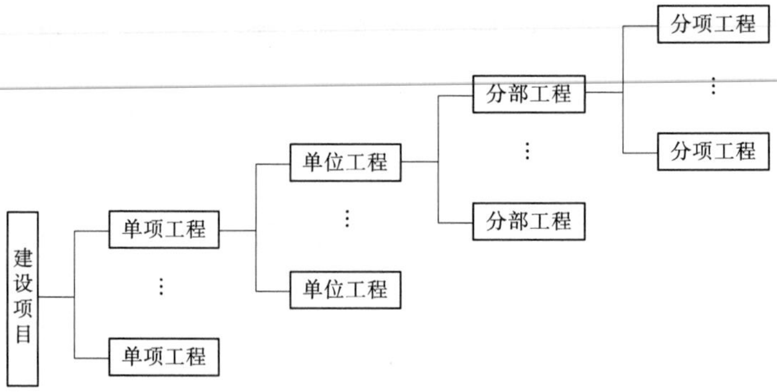

图 1-3　建设项目分解

1.1.1.2　水利工程项目划分

由于水利水电工程是个复杂的建筑群体,同其他工程相比,包含的建筑群体种类多、涉及面广,难以严格按单项工程、单位工程、分部工程和分项工程来确切划分。因此,对于水利水电基本建设项目有专门的项目划分规定。

水利系统将水利水电建设项目按照工程性质划分为枢纽工程、引水工程、河道工程三大类。枢纽工程包括水库、水电站、大型泵站、大型拦河水闸和其他大型独立建筑物;引水工程包括供水工程、灌溉工程(1);河道工程包括堤防工程、河湖整治工程、灌溉工程(2)。

大型泵站、大型拦河水闸的工程等别划分标准参见《编制规定》的附录1;灌溉工程(1)指设计流量≥5 m^3/s 的灌溉工程(工程等级标准参见附录1),灌溉工程(2)指设计流量<5 m^3/s 的灌溉工程和田间工程。

水利工程项目的性质划分如图1-4所示。

- 水利工程
  - 枢纽工程
    - 水库
    - 水电站
    - 大型泵站
    - 大型拦河水闸
    - 其他大型独立建筑物
  - 引水工程
    - 供水工程
    - 灌溉工程(1)
  - 河道工程
    - 堤防工程
    - 河湖整治工程
    - 灌溉工程(2)

图1-4　水利工程项目的性质划分

水利工程项目按照项目费用构成均可划分为建筑工程、机电设备及安装工程、金属结构设备及安装工程、施工临时工程、独立费用五个部分。

各部分从大到小下设一、二、三级项目。一般建设项目的划分与水利工程项目的划分有一个对应关系:一级项目相当于单项工程,二级项目相当于单位工程,三级项目相当于分部分项工程。

1.1.2　项目划分的依据及原则

1.1.2.1　依据

(1)项目所在省、市有关部门的指导性文件。

(2)《编制规定》中的项目划分表。

(3)设计图纸、设计报告。

1.1.2.2　原则

(1)在《编制规定》中,工程各部分下设的一级项目遵照执行;二、三级项目仅列出了代表性子目,可根据初步设计阶段的工作深度要求和工程实际情况适度增删、调整或再划分;分项工程划分时一定要与采用的定额子目相一致,划分到定额所包含的项目,即可以计量计价的项目,要求简单明了,符合实际。

如对以下三级项目,宜作必要的再划分:

①土方开挖工程,应将土方开挖与砂砾石开挖分列;

②石方开挖工程,应将明挖与暗挖,平洞与斜井、竖井分列;

③土石方回填工程,应将土方回填与石方回填分列;

④混凝土工程,应将不同工程部位、不同强度等级、不同级配的混凝土分列;

⑤模板工程,应将不同规格形状和材质的模板分列;

⑥砌石工程,应将干砌石、浆砌石、抛石、铅丝(钢筋)笼块石等分列;

⑦钻孔工程,应按使用不同钻孔机械及钻孔的不同用途分列;

⑧灌浆工程,应按不同灌浆种类分列;

⑨机电、金属结构设备及安装工程,应根据设计提供的设备清单,按分项要求在三级项目中逐一列出;

⑩钢管制作及安装工程,应将不同管径的钢管、叉管分列。

(2)金属结构设备及安装工程项目要与建筑工程项目相对应。

(3)对有关部门提供的工程量和预算资料,应按项目划分和费用构成正确处理。如施工临时工程,按其规模、性质,有的应在“第四部分　施工临时工程”一至四项中单独列项,有的包括在其他施工临时工程中,不单独列项,还有的包括在各个建筑安装工程间接费中的企业管理费内。

(4)注意设计单位的习惯与概算项目划分的差异。如施工导流用的闸门及启闭设备大多由金属结构设计人员提供,但应列在“第四部分　施工临时工程”内,而不是“第三部分　金属结构设备及安装工程”内。

(5)现行的项目划分适用于估算、概算、施工图预算。对于招标文件和项目管理预算,要根据工程分标及合同管理的需要来调整项目划分。

1.1.3　工程项目划分

根据项目划分的依据及原则,对照《编制规定》中的项目划分表,并结合工程实际情况,判定工程类别,逐部分、逐级划分工程项目。

本工程属枢纽工程,划分的结果见表 1-1～表 1-5。对于其他的枢纽工程或引水工程、河道工程,其划分方法、程序基本一致。

码 1-2　微课:工程项目划分

表 1-1　建筑工程概算

序号	工程或费用名称	单位	数量	单价(元)	合计(万元)
	第一部分　建筑工程				
一	挡水工程				
(一)	面板堆石坝工程				
1	土石方开挖工程				
	土方开挖(运距 1.8 km)	m^3	131 570		
	石方开挖(运距 1.8 km)	m^3	60 747		
	趾板石方开挖(运距 1.8 km)	m^3	106 672		

续表 1-1

序号	工程或费用名称	单位	数量	单价(元)	合计(万元)
	趾板石方开挖(运距 0.8 km)	m^3	79 000		
	趾板石方开挖(运距 0.3 km)	m^3	60 625		
2	坝体填筑工程				
	垫层区填筑	m^3	79 174		
	过渡区填筑(利用料)	m^3	22 861		
	过渡区填筑(块石料场)	m^3	98 711		
	盖重区填筑	m^3	41 149		
	黏土填筑	m^3	22 762		
	特殊垫层区填筑	m^3	7 854		
	主堆石区填筑(块石料场备料)	m^3	110 000		
	主堆石区填筑(块石料场)	m^3	794 725		
	次堆石区填筑(砂砾料场)	m^3	367 177		
	次堆石区填筑(块石料场)	m^3	124 143		
	开挖料区填筑(利用料)	m^3	116 764		
	开挖料区填筑(块石料场)	m^3	112 627		
	抛填堆石	m^3	21 544		
	干砌石护坡	m^3	15 737		
3	混凝土工程				
	C15 挤压式边墙混凝土	m^3	5 672		
	C25 面板混凝土	m^3	13 165		
	面板滑模	m^2	32 912		
	C25 趾板混凝土	m^3	2 881		
	模板	m^2	1 873		
	C15 防浪墙混凝土	m^3	3 756		
	模板	m^2	13 146		
	钢筋制安	t	1 061		
	沥青杉板	m^2	465		
	铜片止水	m	3 692		
	PVC 止水带	m	3 882		
4	基础处理工程				
	锚杆Φ 28 L=5 m	根	1 624		
	固结灌浆钻孔	m	8 309		

续表 1-1

序号	工程或费用名称	单位	数量	单价(元)	合计(万元)
	帷幕灌浆钻孔	m	10 755		
	固结灌浆	m	4 759		
	帷幕灌浆	m	7 205		
	C20 混凝土回填	m^3	877		
	C20 混凝土截渗墙	m^3	378		
5	细部结构	m^3	1 919 489		
二	泄洪工程				
(一)	一级溢洪道工程				
1	进水段				
	土方开挖(运距 0.9 km)	m^3	1 434		
	石方开挖(运距 2.3 km)	m^3	3 347		
	浆砌石	m^3	276		
	C15 底板混凝土	m^3	1 664		
	模板	m^2	499		
	钢筋制安	t	17		
2	控制段				
	土方开挖	m^3	13 838		
	石方开挖	m^3	32 289		
	石渣回填	m^3	2 668		
	C15 底板混凝土	m^3	3 317		
	模板	m^2	995		
	C20 溢洪道混凝土	m^3	5 178		
	模板	m^2	3 884		
	堰面混凝土 C50HF	m^3	403		
	模板	m^2	101		
	钢筋制安	t	213		
	锚杆Φ 25 $L=2$ m	根	624		
	固结灌浆	m	1 399		
3	泄槽段				
	土方开挖	m^3	36 729		
	石方开挖	m^3	85 701		
	石渣回填	m^3	1 524		

续表 1-1

序号	工程或费用名称	单位	数量	单价(元)	合计(万元)
	C15 泄槽混凝土	m^3	6 117		
	模板	m^2	1 835		
	堰面混凝土 C50HF	m^3	1 613		
	模板	m^2	403		
	钢筋制安	t	61		
	锚杆Φ 25 L=2 m	根	1 715		
4	消能段				
	土方开挖	m^3	19 204		
	石方开挖	m^3	44 810		
	石渣回填	m^3	3 430		
	C20 底坎混凝土	m^3	95		
	模板	m^2	119		
	钢筋制安	t	2		
	固结灌浆	m	156		
	锚杆Φ 25 L=2 m	根	780		
5	细部结构	m^3	18 387		
(二)	二级溢洪道工程				
	⋮				
(三)	三级溢洪道工程				
	⋮				
三	引水工程				
(一)	引水隧洞工程				
1	进水口				
	土方开挖(运距 1.7 km)	m^3	22 095		
	石方开挖(运距 1.7 km)	m^3	51 555		
	竖井石方开挖	m^3	2 772		
	C20 竖井混凝土衬砌	m^3	2 240		
	竖井滑模	m^2	3 248		
	C20 进水口混凝土	m^3	2 445		
	模板	m^2	1 223		
	喷混凝土(ζ=10 cm)	m^3	696		

续表 1-1

序号	工程或费用名称	单位	数量	单价(元)	合计(万元)
	钢筋制安	t	188		
	锚杆Φ25 L=3.5 m	根	150		
	锚杆Φ25 L=7 m	根	510		
	进水口连通桥	m	70		
	细部结构	m^3	4 685		
2	隧洞工程				
	石方洞挖	m^3	36 340		
	C20 隧洞衬砌混凝土	m^3	10 179		
	锚杆Φ25 L=3.5 m	根	500		
	回填灌浆	m^2	1 567		
	固结灌浆钻孔	m	1 617		
	固结灌浆	m	1 617		
	钢筋制安	t	611		
	模板	m^2	22 785		
	细部结构	m^3	10 179		
3	消力池段				
	土方开挖(运距 1.7 km)	m^3	5 886		
	石方开挖(运距 0.5 km)	m^3	17 432		
	C20 消力池混凝土	m^3	1 459		
	模板	m^2	511		
	锚杆Φ25 L=5 m	根	108		
	喷混凝土(ζ=10 cm)	m^3	162		
	钢筋制安	t	102		
四	发电厂工程				
(一)	地面厂房工程				
	土方开挖(运距 1.7 km)	m^3	3 175		
	石方开挖(运距 0.2 km)	m^3	7 818		
	石方开挖(运距 2 km)	m^3	2 972		
	石方开挖(运距 1.7 km)	m^3	1 908		
	石渣回填(利用料)	m^3	10 241		
	C20 厂房上部混凝土(二级配)	m^3	1 223		

续表 1-1

序号	工程或费用名称	单位	数量	单价(元)	合计(万元)
	C25 厂房上部混凝土(二级配)	m^3	179		
	C15 厂房下部混凝土(三级配)	m^3	1 066		
	C20 厂房下部混凝土(三级配)	m^3	12 349		
	C15 尾水导墙及下游重力挡墙	m^3	5 512		
	C20 尾水导墙	m^3	531		
	C15 压力钢管外包混凝土	m^3	4 521		
	C15 回填混凝土	m^3	3 000		
	C20 喷混凝土	m^3	224		
	钢筋制安	t	727		
	平面模板	m^2	22 335		
	曲面模板	m^2	2 030		
	牛腿模板	m^2	127		
	厂房装修	m^2	1 617		
	雁型屋顶	m^2	1 115		
	细部结构	m^3	20 860		
五	升压变电站工程				
(一)	开关站工程				
	土方开挖(运距 1.7 km)	m^3	459		
	石方开挖(运距 0.2 km)	m^3	1 468		
	石方开挖(运距 1.7 km)	m^3	367		
	石渣回填(利用料)	m^3	23 639		
	C40 预制混凝土构架	m^3	150		
	C15 基础混凝土	m^3	300		
	模板	m^2	135		
	钢筋制安	t	15		
	细部结构	m^2	450		
六	交通工程				
1	右岸上坝公路	km	1.4		
2	左岸厂内公路	km	0.6		
3	工程区内交通及联系桥	座	3		

续表 1-1

序号	工程或费用名称	单位	数量	单价(元)	合计(万元)
4	坳下滩大桥加固	座	1		
七	房屋建筑工程				
1	办公用房	m^2	480		
2	防汛仓库	m^2	800		
3	值班宿舍及文化福利建筑	%	1.5		
4	室外工程	%	20		
八	其他建筑工程				
1	安全监测设施工程	%	1.0		

表 1-2 机电设备及安装工程概算

序号	工程或费用名称	单位	数量	单价(元)		合计(万元)	
				设备费	安装费	设备费	安装费
	第二部分 机电设备及安装工程						
一	发电设备及安装工程						
1	水轮机设备及安装工程						
	水轮机 HLD75-LJ-200	台	3				
	调速器	台	3				
	自动化元件	套	3				
	油压装置	套	3				
2	发电机设备及安装工程						
	发电机 SF23-18/3900	台	3				
	励磁装置	台	3				
3	起重设备及安装工程						
(1)	桥式起重机						
	桥式起重机 100/20 t	台	1				
(2)	轨道及安装						
	轨道 QU100	双 10 m	5.75				
4	主闸设备及安装工程						
	液压蝶阀 $\Phi=3\ 000$	台	3				
5	水力机械辅助设备及安装工程						

续表 1-2

序号	工程或费用名称	单位	数量	单价(元)		合计(万元)	
				设备费	安装费	设备费	安装费
6	电气设备及安装工程						
二	升压变电设备及安装工程						
1	主变压器设备及安装						
	主变压器 SFS9-63000/110	台	1				
	主变压器 SF9-31500/110	台	1				
	轨道 43 kg/m	双 10 m	10				
2	高压电气设备及安装						
3	一次拉线及其他安装						
三	公用设备及安装工程						
	⋮						

表 1-3　金属结构设备及安装工程概算

序号	工程或费用名称	单位	数量	单价(元)		合计(万元)	
				设备费	安装费	设备费	安装费
	第三部分　金属结构设备及安装工程						
一	泄洪工程						
1	溢洪道闸门及设备安装						
(1)	闸门设备及安装						
	弧门门叶	t	96				
	埋件	t	7				
(2)	启闭机设备及安装						
	液压启闭机	台	2				
2	检修门设备及安装						
(1)	闸门设备及安装						
	平板闸门门叶 45 t/扇	t	45				
	埋件	t	16				
(2)	启闭机设备及安装						
	门式启闭机　自重 50 t	台	1				

续表 1-3

序号	工程或费用名称	单位	数量	单价(元)		合计(万元)	
				设备费	安装费	设备费	安装费
	自动吊梁	t	8				
	轨道 P43	双 10 m	40				
3	放空洞锥形阀						
	锥形阀(外购)	t	20				
二	引水工程						
1	进水口闸门设备及安装						
(1)	闸门设备及安装						
	平板门叶 60 t/扇(拉杆 30 t)	t	90				
	埋件 30 t/套	t	30				
(2)	启闭机设备及安装						
	液压启闭机 QPPY 自重 50 t	台	1				
2	尾水闸门设备及安装						
(1)	闸门设备及安装						
	平板门门叶 7 t/扇	t	7				
	埋件 3 t/套	t	9				
(2)	启闭机设备及安装						
	电动葫芦自重 4 t	台	1				
	轨道 P43	t	3				
3	进水口拦污栅设备及安装						
	栅体	t	55				
	栅槽	t	10				
4	压力钢管制作及安装						
	直管制作及安装 $\zeta=30$ cm	t	240				
	岔管制作及安装 $\zeta=30$ cm	t	130				
	支管制作及安装 $\zeta=18$ cm	t	90				

表 1-4　施工临时工程概算

序号	工程或费用名称	单位	数量	单价(元)	合计(万元)
	第四部分　施工临时工程				
一	导流工程				
1	导流洞工程				
	石方洞挖	m^3	6 254		
	C20 混凝土衬砌	m^3	1 832		
	模板	m^2	2 840		
	C20 进口混凝土	m^3	672		
	模板	m^2	336		
	回填灌浆	m^2	1 084		
	固结灌浆	m	300		
	喷混凝土	m^3	476		
	C20 堵头混凝土	m^3	765		
	C15 埋石混凝土　埋石率 15%	m^3	1 085		
	石渣填筑	m^3	10 135		
	黏土填筑	m^3	5 253		
	反滤料	m^3	525		
	围堰拆除	m^3	15 268		
	钢筋	t	169		
	导流洞封堵闸门及埋件	t	76		
2	土石围堰工程				
二	施工交通工程				
	新建施工道路	km	5. 1		
	改建施工道路	km	6		
三	施工房屋建筑工程				
1	施工仓库	m^2	3 620		
2	办公、文化生活福利设施				
四	其他施工临时工程	%	3		

表 1-5 独立费用

序号	工程或费用名称	单位	数量	单价(元)	合计(万元)
	第五部分 独立费用				
一	建设管理费				
二	工程建设监理费	%			
三	联合试运转费	%			
四	生产准备费				
1	生产及管理单位提前进厂费	%			
2	生产职工培训费	%			
3	管理用具购置费	%			
4	备品备件购置费	%			
5	工器具及生产家具购置费	%			
五	科研勘测设计费				
1	工程科学研究试验费	%			
2	工程勘测设计费				
六	其他				
1	工程保险费	%			
2	其他税费	%			

1.1.3.1 第一部分 建筑工程

1. 枢纽工程

枢纽工程是指水利枢纽建筑物、大型泵站、大型拦河水闸和其他大型独立建筑物(含引水工程的水源工程)。包括挡水工程、泄洪工程、引水工程、发电厂(泵站)工程、升压变电站工程、航运工程、鱼道工程、交通工程、房屋建筑工程、供电设施工程和其他建筑工程等11个一级项目。其中前7项为主体建筑工程。

(1)挡水工程。包括挡水的各类坝(闸)工程。

(2)泄洪工程。包括溢洪道、泄洪洞、冲砂洞(孔)、放空洞、泄洪闸等工程。

(3)引水工程。包括发电引水明渠、进水口、隧洞、调压井、高压管道等工程。

(4)发电厂(泵站)工程。包括地面、地下各类发电厂(泵站)工程。

(5)升压变电站工程。包括升压变电站、开关站等工程。

(6)航运工程。包括上下游引航道、船闸、升船机等工程。

(7)鱼道工程。根据枢纽建筑物布置情况,可独立列项;与拦河坝相结合的,也可作为拦河坝工程的组成部分。

(8)交通工程。包括上坝公路、进厂公路、对外公路等场内外永久公路以及桥梁、交通隧洞、铁路、码头等交通工程。

(9)房屋建筑工程。包括为生产运行服务的永久性辅助生产建筑、仓库、办公用度、值班宿舍及文化福利建筑等房屋建筑工程和室外工程。

(10)供电设施工程。指为工程生产运行供电需要架设的输电线路及变配电设施工程。

(11)其他建筑工程。包括安全监测设施工程,照明线路,通信线路,厂坝(闸、泵站)区供水、供热、排水等公用设施,劳动安全与工业卫生设施,水文、泥沙监测设施工程,水情自动测报系统工程及其他。

2. 引水工程

引水工程是指供水工程和灌溉工程(1)。包括渠(管)道工程、建筑物工程、交通工程、房屋建筑工程、供电设施工程和其他建筑工程等6个一级项目。

(1)渠(管)道工程。包括明渠、输水管道工程,以及渠(管)道附属小型建筑物(如观测测量设施、调压减压设施、检修设施)等。

(2)建筑物工程。指渠系建筑物、交叉建筑物工程,包括泵站、水闸、渡槽、隧洞、箱涵(暗渠)、倒虹吸、跌水、动能回收站、调蓄水库、排水涵(槽)、公路(铁路)交叉(穿越)建筑物等。

建筑物类别根据工程设计确定,工程规模较大的建筑物可以作为一级项目单独列示。

(3)交通工程。指永久性对外公路、运行管理维护道路等工程。

(4)房屋建筑工程。包括为生产运行服务的永久性辅助生产建筑、仓库、办公用房、值班宿舍及文化福利建筑等房屋建筑工程和室外工程。

(5)供电设施工程。指为工程生产运行供电需要架设的输电线路及变配电设施工程。

(6)其他建筑工程。包括安全监测设施工程,照明线路,通信线路,厂坝(闸、泵站)区供水、供热、排水等公用设施,劳动安全与工业卫生设施,水文、泥沙监测设施工程,水情自动测报系统工程及其他。

3. 河道工程

河道工程是指供堤防修建与加固工程、河湖整治工程以及灌溉工程(2)。包括河湖整治与堤防工程、灌溉及田间渠(管)道工程、建筑物工程、交通工程、房屋建筑工程、供电设施工程和其他建筑工程等7个一级项目。

(1)河湖整治与堤防工程。包括堤防工程、河道整治工程、清淤疏浚工程等。

(2)灌溉及田间渠(管)道工程。包括明渠、输配水管道、排水沟(渠、管)工程、渠(管)道附属小型建筑物(如观测测量设施、调压减压设施、检修设施)、田间土地平整等。

(3)建筑物工程。包括水闸、泵站工程,田间工程机井、灌溉塘坝工程等。

(4)交通工程。指永久性对外公路、运行管理维护道路等工程。

(5)房屋建筑工程。包括为生产运行服务的永久性辅助生产建筑、仓库、办公用房、值班宿舍及文化福利建筑等房屋建筑工程和室外工程。

(6)供电设施工程。指为工程生产运行供电需要架设的输电线路及变配电设施工程。

(7)其他建筑工程。包括安全监测设施工程,照明线路,通信线路,厂坝(闸、泵站)区供水、供热、排水等公用设施,劳动安全与工业卫生设施,水文、泥沙监测设施工程,水情自动测报系统工程及其他。

1.1.3.2 第二部分 机电设备及安装工程

1. 枢纽工程

枢纽工程是指构成枢纽工程固定资产的全部机电设备及安装工程。本部分由发电设备及安装工程、升压变电设备及安装工程和公用设备及安装工程等3个一级项目组成。

(1)发电设备及安装工程。包括水轮机、发电机、主阀、起重机、水力机械辅助设备、电气设备等设备及安装工程。

(2)升压变电设备及安装工程。包括主变压器、高压电气设备、一次拉线等设备及安装工程。

(3)公用设备及安装工程。包括通信设备,通风采暖设备,机修设备,计算机监控系统,管理自动化系统,全厂接地及保护网,电梯,坝区馈电设备,厂坝区供水、排水、供热设备,水文、泥沙监测设备,水情自动测报系统设备,视频安防监控设备,安全监测设备,消防设备,劳动安全与工业卫生设备,交通设备等设备及安装工程。

2. 引水工程(或河道工程)

引水工程(或河道工程)是指构成该工程固定资产的全部机电设备及安装工程。一般由泵站设备及安装工程、水闸设备及安装工程、电站设备及安装工程、供变电设备及安装工程和公用设备及安装工程等5个一级项目组成。

(1)泵站设备及安装工程。包括水泵、电动机、主阀、起重设备、水力机械辅助设备、电气设备等设备及安装工程。

(2)水闸设备及安装工程。包括电气一次、电气二次等设备及安装工程。

(3)电站设备及安装工程。其组成内容可参照枢纽工程的发电、升压变电设备及安装工程。

(4)供变电设备及安装工程。包括供电、变配电设备及安装工程。

(5)公用设备及安装工程。包括通信设备,通风采暖设备,机修设备,计算机监控系统,工业电视系统,管理自动化系统,全厂接地及保护网,厂坝(闸、泵站)区供水、排水、供热设备,水文、泥沙监测设备,水情自动测报系统设备,视频安防监控设备,安全监测设备,消防设备,劳动安全与工业卫生设备,交通设备等设备及安装工程。

灌溉田间工程还包括首部设备及安装工程、田间灌水设施及安装工程等。

(1)首部设备及安装工程。包括过滤、施肥、控制调节、计量等设备及安装工程。

(2)田间灌水设施及安装工程。包括田间喷灌、微灌等全部灌水设施及安装工程。

1.1.3.3 第三部分 金属结构设备及安装工程

金属结构设备及安装工程是指构成枢纽工程、引水工程和河道工程固定资产的全部金属结构设备及安装工程。包括闸门、启闭机、拦污栅、升船机等设备及安装工程,水电站(泵站等)压力钢管制作及安装工程和其他金属结构设备及安装工程。

金属结构设备及安装工程的一级项目应与建筑工程的一级项目相对应。

1.1.3.4 第四部分 施工临时工程

施工临时工程是指为辅助主体工程施工所必须修建的生产和生活用临时性工程。包括导流工程、施工交通工程、施工场外供电工程、施工房屋建筑工程、其他施工临时工程。

(1)导流工程。包括导流明渠、导流洞、施工围堰、蓄水期下游断流补偿设施、金属结构设备及安装工程等。

(2)施工交通工程。包括施工现场内外为工程建设服务的临时交通工程,如公路、铁路、桥梁、施工支洞、码头、转运站等。

(3)施工场外供电工程。包括从现有电网向施工现场供电的高压输电线路(枢纽工程:35 kV 及以上等级;引水工程、河道工程:10 kV 及以上等级;掘进机施工专用供电线路)、施工变(配)电设施设备(场内除外)工程。

(4)施工房屋建筑工程。指工程在建设过程中建造的临时房屋,包括施工仓库、办公及生活、文化福利建筑和所需的配套设施工程。

(5)其他施工临时工程。指除施工导流、施工交通、施工场外供电、施工房屋建筑、缆机平台、掘进机泥水处理系统和管片预制系统土建设施以外的施工临时工程。主要包括施工供水(大型泵房及干管)、砂石料系统、混凝土拌和浇筑系统、大型机械安装拆卸、防汛、防冰、施工排水、施工通信等工程。其中的施工排水指基坑排水、河道降水等,包括排水工程建设及运行费。

根据工程实际情况可单独列示缆机平台、掘进机泥水处理系统和管片预制系统土建设施等项目。

1.1.3.5 第五部分 独立费用

独立费用由建设管理费、工程建设监理费、联合试运转费、生产准备费、科研勘测设计费和其他等6项组成。

(1)建设管理费。

(2)工程建设监理费。

(3)联合试运转费。

(4)生产准备费。包括生产及管理单位提前进厂费、生产职工培训费、管理用具购置费、备品备件购置费、工器具及生产家具购置费。

(5)科研勘测设计费。包括工程科学研究试验费和工程勘测设计费。

(6)其他。包括工程保险费和其他税费。

项目实训与思考

1. 水利工程是如何进行项目划分的?简述三大类、五个部分、三级项目分别是什么?
2. 为了正确划分水利工程项目,我们要遵循的原则和依据分别是什么?
3. 对照枢纽工程项目划分成果,你会正确划分引水工程、河道工程的项目吗?

任务 1.2　计算工程量

学习指导

知识目标：

掌握工程量计算的依据、基本原则和计算方法。

技能目标：

能根据设计图纸和工程量计算规定准确计算各分项工程的工程量，完成各部分工程量清单。

重　点：

计算工程量。

码 1-3　微课：工程量计算

码 1-4　竞赛真题

工程量是编制工程造价的基本要素之一。工程量计算的准确性是衡量工程造价编制质量好坏的重要标志之一。量算不准，则价必不准。因此，工程造价专业人员除应掌握本专业的知识外，还应具有一定程度的水工、施工、机电、金结等专业知识，并应掌握工程量计算的基本要求、计算方法和计算规则。

在编制概算时，概算人员应认真查阅主要设计图纸，对各专业提供的设计工程量逐次核对，凡不符合概算编制要求的应及时向设计人员提出修正，切忌不能照抄使用，力求准确可靠。

1.2.1　工程量计算的依据

(1)设计图纸、设计报告；

(2)《水利水电工程设计工程量计算规定》(SL 328—2005)。

1.2.2　工程量计算的原则

1.2.2.1　工程项目的设置必须与概算定额子目划分相适应

如土石方开挖工程，应按不同土壤、岩石类别分别列项；土石方填筑，应按土方、堆石料、反滤层、垫层料等分列；钻孔灌浆工程，应将钻孔、灌浆分列等。

1.2.2.2　计量单位要与定额子目的单位相一致

有的工程项目的工程量可以用不同的计量单位表示，如喷混凝土，可以用“m^2”表示，也可以用“m^3”表示；混凝土防渗可以用阻水面积“m^2”表示，也可以用进尺“m”和混凝土浇筑方量“m^3”来表示。因此，设计提供的工程量单位要与选用的定额单位相一致，否则应按有关规定进行换算，使其一致。

1.2.2.3 阶段调整系数与设计阶段相符合

设计工程量是指在不同设计阶段编制概预算的工程量，设计工程量应为按照设计图纸标示的建筑物尺寸计算的工程量乘以相应的阶段系数。

大、中型水利水电工程项目建议书、可行性研究和初步设计阶段的设计工程量计算按照现行《水利水电工程设计工程量计算规定》(SL 328—2005)执行，小型工程可参照执行。水利水电工程设计工程量阶段系数如表1-6所示，招标设计和施工图设计阶段的系数可参照初步设计阶段的系数并适当缩小，一般情况下，施工图设计阶段的系数可取1.00，即设计工程量就是图纸工程量。

表1-6 水利水电工程设计工程量阶段系数

类别	设计阶段	土石方开挖工程量(万 m^3)				混凝土工程量(万 m^3)			
		>500	500~200	200~50	<50	>300	300~100	100~50	<50
永久工程或建筑物	项目建议书	1.03~1.05	1.05~1.07	1.07~1.09	1.09~1.11	1.03~1.05	1.05~1.07	1.07~1.09	1.09~1.11
	可行性研究	1.02~1.03	1.03~1.04	1.04~1.06	1.06~1.08	1.02~1.03	1.03~1.04	1.04~1.06	1.06~1.08
	初步设计	1.01~1.02	1.02~1.03	1.03~1.04	1.04~1.05	1.01~1.02	1.02~1.03	1.03~1.04	1.04~1.05
施工临时工程	项目建议书	1.05~1.07	1.07~1.10	1.10~1.12	1.12~1.15	1.05~1.07	1.07~1.10	1.10~1.12	1.12~1.15
	可行性研究	1.04~1.06	1.06~1.08	1.08~1.10	1.10~1.13	1.04~1.06	1.06~1.08	1.08~1.10	1.10~1.13
	初步设计	1.02~1.04	1.04~1.06	1.06~1.08	1.08~1.10	1.02~1.04	1.04~1.06	1.06~1.08	1.08~1.10
金属结构工程	项目建议书								
	可行性研究								
	初步设计								

类别	设计阶段	土石方填筑、砌石工程量(万 m^3)				钢筋	钢材	模板	灌浆
		>500	500~200	200~50	<50				
永久工程或建筑物	项目建议书	1.03~1.05	1.05~1.07	1.07~1.09	1.09~1.11	1.08	1.06	1.11	1.16
	可行性研究	1.02~1.03	1.03~1.04	1.04~1.06	1.06~1.08	1.06	1.05	1.08	1.15
	初步设计	1.01~1.02	1.02~1.03	1.03~1.04	1.04~1.05	1.03	1.03	1.05	1.10
施工临时工程	项目建议书	1.05~1.07	1.07~1.10	1.10~1.12	1.12~1.15	1.10	1.10	1.12	1.18
	可行性研究	1.04~1.06	1.06~1.08	1.08~1.10	1.10~1.13	1.08	1.08	1.09	1.17
	初步设计	1.02~1.04	1.04~1.06	1.06~1.08	1.08~1.10	1.05	1.05	1.06	1.12
金属结构工程	项目建议书						1.17		
	可行性研究						1.15		
	初步设计						1.10		

注：1. 当采用混凝土立模面系数乘以混凝土工程量计算模板工程量时，不应再考虑模板阶段系数；

2. 当采用混凝土含钢率或含钢量乘以混凝土工程量计算钢筋工程量时，不应再考虑钢筋阶段系数；

3. 截流工程的工程量阶段系数可取1.25~1.35；

4. 表中工程量系工程总工程量。

从设计工程量阶段系数表中可以找出以下几点规律：

(1)阶段调整系数从项目建议书→可研→初设是依次减小的，但都大于1。

(2)阶段系数为变幅值，可根据工程地质条件和建筑物结构复杂程度等因素选取，复杂的取大值，简单的取小值。

(3)对于土石方、混凝土、砌筑，量越大系数越小，应按其工程量范围选取调整系数。

(4)建筑工程要调整，安装工程除钢材外不需调整。

(5)表中只列示土石方、灌浆等主要工程项目的阶段系数，对其他工程项目，可依据与主要工程项目的关系参照选取。

1.2.2.4 施工超挖、超填量、施工附加量及施工损耗量

1.施工超挖、超填量及施工附加量

在水利水电工程施工中一般不允许欠挖，为保证建筑物的设计尺寸，施工中允许一定的超挖量。施工超填量是指由于施工超挖及施工附加相应增加的回填工程量；而施工附加量是指为完成本项工程而必须增加的工程量，如土方工程中的取土坑、试验坑，隧洞工程中为满足交通、放炮要求而设置的内错车道、避炮洞以及下部扩挖所需增加的工程量。

现行概算定额已按有关施工规范计入合理的超挖量、超填量和施工附加量，故采用概算定额编制概(估)算时，工程量不应计算这三项工程量。预算定额中均未计入这三项工程量，因此采用预算定额编制概(估)算单价时，其开挖工程和填筑工程的工程量应按开挖设计断面和有关施工技术规范所规定的加宽及增放坡度计算。

2.施工损耗量

施工损耗量包括运输及操作损耗量、体积变化损耗量及其他损耗量。运输及操作损耗量指土石方、混凝土在运输及操作过程中的损耗量。体积变化损耗量指土石方填筑工程在施工期沉陷而增加的数量，混凝土体积收缩而增加的工程数量等。其他损耗量包括土石方填筑工程施工中的削坡，雨后清理损失数量，钻孔灌浆工程中混凝土灌注桩桩头的浇筑凿除，混凝土防渗墙一、二期接头重复造孔和混凝土浇筑等增加的工程量。

现行概算定额对这几项损耗已按有关规定计入相应定额之中，而预算定额未包括混凝土防渗墙接头处理所增加的工程量，因此采用不同的定额编制工程单价时应仔细阅读有关定额说明，以免漏算或重算。

1.2.3 工程量计算

按照工程量计算规定，分别对四个部分的分项工程进行工程量的计算。工程量计算按计量单位主要可以分为算体积、算面积、算长度和数个数4类，按计量建筑物的形状可分为规则和不规则2类。具体的计算原则及方法如下所述。

1.2.3.1 建筑工程工程量计算

1.土石方工程量计算

土石方开挖工程量，应根据设计开挖图纸，按不同土壤和岩石类别分别进行计算，并将明挖与暗挖分开。明挖宜分一般、坑槽、基础、坡面等；暗挖宜分平洞、斜井、竖井和地下厂房等。

土石方填筑工程量，应根据建筑物设计断面中的不同部位及其不同填筑材料的设计

要求分别进行计算，以建筑物实体方计量。

2. 砌筑工程量计算

砌筑工程量应按不同砌筑材料（卵石、块石等）、砌筑方式（干砌、浆砌等）和砌筑部位（护坡、护底、基础、挡土墙等）分别计算，以建筑物砌体方计量。

3. 混凝土及钢筋混凝土工程量计算

项目建议书阶段混凝土工程量宜按工程各建筑物分项、分强度、分级配计算；可行性研究和初步设计阶段混凝土工程量应按设计图纸分部位、分强度、分级配计算。

碾压混凝土宜提出工法，沥青混凝土宜提出开级配或密级配。

钢筋混凝土的钢筋可按含钢率或含钢量计算。混凝土结构中的钢衬工程量应单独列出。

4. 模板工程的工程量计算

混凝土立模面积应根据建筑物结构体形、施工分缝要求和使用模板的类型计算。项目建议书和可行性研究阶段可参考《水利水电建筑工程概算定额》附录9，初步设计阶段可根据工程设计立模面积计算。

5. 钻孔灌浆及锚固工程的工程量计算

基础固结灌浆与帷幕灌浆工程量，自起灌基面算起，钻孔长度自实际孔顶高程算起。基础帷幕灌浆采用孔口封闭的，还应计算灌注孔口管的工程量，根据不同孔口管长度以孔为单位计算。地下工程的固结灌浆，其钻孔和灌浆工程量根据设计要求以长度计；回填灌浆工程量，按设计的回填接触面积计算；接触灌浆和接缝灌浆的工程量，按设计所需面积计算。

混凝土地下连续墙的成槽工程量，按不同墙厚、孔深和地层以面积计算；混凝土浇筑工程量按不同墙厚和地层以成墙面积计算。

锚杆支护工程量按锚杆类型、长度、直径和支护部位及相应岩石级别以根数计算；预应力锚索的工程量按不同预应力等级、长度、型式及锚固对象以束计算。

喷混凝土工程量应按喷射厚度、部位及有无钢筋以体积计，回弹量不应计入；喷浆工程量应根据喷射对象以面积计。

混凝土灌注桩钻孔工程量按不同地层类别以钻孔长度计；灌筑混凝土工程量按不同桩径以桩长度计。

6. 土工合成材料工程量的计算

土工合成材料工程量宜按设计铺设面积或长度计算，不应计入材料搭接及各种型式嵌固的用量。

7. 疏浚与吹填工程的工程量计算

疏浚工程量的计算，宜按设计水下方计量，开挖过程中的超挖及回淤量不应计入。

吹填工程量计算，除考虑吹填区填筑量，还应考虑吹填土层固结沉降、吹填区地基沉降和施工期泥沙流失等因素。计量单位为水下方。

8. 枢纽工程对外公路工程量

项目建议书和可行性研究阶段可根据1:50 000~1:10 000的地形图按设计推荐（或选定）的线路，分公路等级以长度计算工程量；初步设计阶段应根据不小于1:5 000的地形图按设计确定的公路等级提出长度或具体工程量。

场内永久公路中主要交通道路,项目建议书和可行性研究阶段应根据 1∶10 000～1∶5 000 的施工总平面布置图按设计确定的公路等级以长度计算工程量;初步设计阶段应根据 1∶5 000～1∶2 000 的施工总平面布置图,按设计要求提出长度或具体工程量。

引(供)水、灌溉等工程的永久公路工程量可参照上述要求计算。

桥梁、涵洞按工程等级分别计算,提出延长米或具体工程量。

永久供电线路工程量,按电压等级、回路数以长度计算。

1.2.3.2 施工临时工程工程量计算

(1)施工导流工程工程量计算要求与永久水工建筑物计算要求相同,其中永久与临时结合的部分应计入永久工程量中,阶段系数按施工临时工程计取。

(2)施工支洞工程量应按永久水工建筑物工程量计算要求进行计算,阶段系数按施工临时工程计取。

(3)大型施工设施及施工机械布置所需土建工程量,按永久建筑物的要求计算工程量,阶段系数按施工临时工程计取。

(4)施工临时公路的工程量可根据相应设计阶段施工总平面布置图或设计提出的运输线路分等级计算公路长度或具体工程量。

(5)施工供电线路工程量可按设计的线路走向、电压等级和回路数计算。

1.2.3.3 金属结构工程量计算

(1)水工建筑物的各种钢闸门和拦污栅的工程量以吨计,项目建议书阶段可按已建工程类比确定;可行性研究阶段可根据初选方案确定的类型和主要尺寸计算;初步设计阶段应根据选定方案的设计尺寸和参数计算。各种闸门和拦污栅的埋件工程量计算均应与其主设备工程量计算精度一致。

(2)启闭设备工程量计算,宜与闸门和拦污栅工程量计算精度相适应,并分别列出设备重量(吨)和数量(台、套)。

(3)压力钢管工程量应按钢管型式(一般、叉管)、直径和壁厚分别计算,以 t 为计量单位,不应计入钢管制作与安装的操作损耗量。

1.2.3.4 机电设备工程量计算

项目建议书阶段可按已建工程类比确定;可行性研究阶段按水轮机、发电机、厂内桥式起重机、主变压器、高压设备、主阀等项计算,对其他机电设备可根据工程实际进行设备选型,通过经验公式计算和已建工程资料类比综合研究确定。初步设计阶段应根据编制规定中的项目划分所列细项分别计算。

本工程初步设计阶段的工程量计算结果见表 1-1～表 1-4。

项目实训与思考

1. 简述水利工程工程量计算的原则与依据。
2. 请对照工程设计图纸,分别计算出各类工程的工程量,并提供计算过程稿。

任务2　基础单价编制

在编制水利水电工程概预算时，需要根据工程项目所在地区的有关规定、工程所在地的具体条件、施工技术、材料来源等，编制人工预算单价，材料预算价格，施工机械台时费，施工用电、风、水预算价格，砂石料单价，砂浆及混凝土材料价格，作为编制建筑安装工程单价的基本依据。这些预算价格统称为基础单价。

在基础单价计算时，一般不包含增值税进项税额。

任务2.1　编制人工预算单价

学习指导

知识目标：

1. 了解人工预算单价编制的依据；
2. 掌握人工工资的分类及其组成；
3. 掌握人工预算单价的计算方法，能计算各类工程各地区的人工预算单价。

技能目标：

能够根据具体位置的不同类水利工程，合理选择人工预算单价。

重　点：

计算人工预算单价。

码1-5　微课：编制人工预算单价

码1-6　竞赛真题

人工预算单价是指在编制概预算过程中，用以计算各种生产工人人工费时所采用的人工费单价，是生产工人在单位时间（工时）的费用。它是计算建筑安装工程单价和施工机械使用费中人工费的计算依据，不是建筑安装工人实发的工资标准。

人工预算单价的组成内容和标准，在不同的时期、不同的部门、不同的地区，都是不相同的。因此，在编制概预算时，必须根据工程所在地区工资类别和现行水利水电施工企业工人工资标准及有关工资性津贴标准，按照国家有关规定，正确地确定生产工人人工预算单价。

2.1.1　编制依据

（1）《水利工程设计概（估）算编制规定》（水总〔2014〕429号）；

（2）所在省、地区有关人工工资的相关文件。

2.1.2 人工工资的分类及其组成

2.1.2.1 分类

根据现行《水利工程设计概(估)算编制规定》(水总〔2014〕429 号)和水利部水利企业工资制度改革办法,对人工进行分级,划分为工长、高级工、中级工、初级工四类工种。

2.1.2.2 组成

人工预算单价由基本工资、辅助工资两部分内容组成。

1. 基本工资

基本工资包括岗位工资和年应工作天数内非作业天数的工资。

(1)岗位工资:指按照职工所在岗位从事的各项劳动要素测评结果确定的工资。

(2)年应工作天数内非作业天数的工资:包括生产工人开会学习、培训期间的工资,调动工作、休假、探亲期间的工资,因气候影响的停工工资,女工哺乳期间的工资,产、婚、丧假期间的工资及病假在 6 个月以内的工资。

2. 辅助工资

辅助工资是指在基本工资之外,以其他形式支付给生产工人的工资性收入,指根据国家有关规定属于工资性质的各种津贴,主要包括艰苦边远地区津贴、施工津贴、夜餐津贴、节假日加班津贴等。

2.1.3 人工预算单价的计算

人工预算单价应根据编制规定,按工程所在地区的工资区类别和水利水电施工企业工人工资标准并结合水利工程特点等进行计算。

2.1.3.1 人工预算单价计算方法

现行编制规定对原人工预算单价计算进行了简化,目前只需按工程所在地区类别对照《编制规定》中的人工预算单价计算标准直接查用。跨地区建设项目的人工预算单价可按主要建筑物所在地确定,也可按工程规模或投资比例进行综合确定。

其计算方法和计算表见表 1-7。

表 1-7 人工预算单价计算

地区类别		定额人工等级	
序号	项目	计算式	单价(元)
1	人工工时预算单价		
2	人工工日预算单价	人工工时预算单价×日工作时间(工时/工日)	

2.1.3.2 人工预算单价计算标准

人工预算单价计算标准见表 1-8。

2.1.3.3 人工预算单价计算

人工预算单价按表 1-9 所示的计算方法和表格形式进行计算。

该水库工程为枢纽工程，工程所在地地处湖南省株洲市茶陵县，属一般地区。以工长为例，计算成果见表 1-9。

表 1-8　人工预算单价计算标准　　单位：元/工时

类别与等级	一般地区	一类区	二类区	三类区	四类区	五类区 西藏二类	六类区 西藏三类	西藏四类
枢纽工程								
工长	11.55	11.80	11.98	12.26	12.76	13.61	14.63	15.40
高级工	10.67	10.92	11.09	11.38	11.88	12.73	13.74	14.51
中级工	8.90	9.15	9.33	9.62	10.12	10.96	11.98	12.75
初级工	6.13	6.38	6.55	6.84	7.34	8.19	9.21	9.98
引水工程								
工长	9.27	9.47	9.61	9.84	10.24	10.92	11.73	12.11
高级工	8.57	8.77	8.91	9.14	9.54	10.21	11.03	11.40
中级工	6.62	6.82	6.96	7.19	7.59	8.26	9.08	9.45
初级工	4.64	4.84	4.98	5.21	5.61	6.29	7.10	7.47
河道工程								
工长	8.02	8.19	8.31	8.52	8.86	9.46	10.17	10.49
高级工	7.40	7.57	7.70	7.90	8.25	8.84	9.55	9.88
中级工	6.16	6.33	6.46	6.66	7.01	7.60	8.31	8.63
初级工	4.26	4.43	4.55	4.76	5.10	5.70	6.41	6.73

注：艰苦边远地区划分执行人事部、财政部《关于印发〈完善艰苦边远地区津贴制度实施方案〉的通知》（国人部发〔2006〕61 号）及各省（市、区）关于艰苦边远地区津贴制度实施意见。一至六类地区及西藏区的类别划分见附录 4 和附录 5，执行时应根据最新文件进行调整。一般地区指附录之外的地区。

表 1-9　人工预算单价

地区类别		一般地区	定额人工等级	枢纽工程/工长
序号	项目	计算式		单价（元）
1	人工工时预算单价	11.55		11.55
2	人工工日预算单价	11.55（元/工时）×8（工时/工日）		92.40

相应地，可计算出各地区不同工种的人工预算单价。表 1-10 列举了一般地区不同工种的人工预算单价。

表 1-10　一般地区不同工种人工预算单价

工程类别	枢纽工程	
工长	92.40 元/工日	11.55 元/工时
高级工	85.36 元/工日	10.67 元/工时
中级工	71.20 元/工日	8.90 元/工时
初级工	49.04 元/工日	6.13 元/工时

项目实训与思考

背景材料:某供水工程地处湖南省花垣县与贵州省松桃县交界位置,供水厂区坐落在花垣县,工程投资在两县的比例分别为60%、40%。

问题:(1)按现行部颁规定计算台时费中的人工预算单价;(2)若为某堤防工程,其他条件均不变,试计算其初级工预算单价。

任务2.2　编制材料预算价格

学习指导

知识目标:

1. 熟悉水利工程中常用的建筑材料,掌握其特性及选用原则;
2. 掌握主、次要材料预算价格的计算方法。

技能目标:

能分析材料供应方式和途径,准确计算主、次要材料预算价格。

重　点:

计算主要材料预算单价。

码1-7　微课:编制材料预算单价

码1-8　竞赛真题

工程建设过程中,直接为生产某建筑工程而耗用的原材料、半成品、成品、零件等统称为材料,包括直接消耗在工程中的消耗性材料、构成工程实体的装置性材料和在施工中可重复使用的周转性材料。材料费是建筑安装工程投资的重要组成部分,所占比重一般在30%以上。因此,正确计算材料预算价格对于准确地确定工程投资具有重要意义。

材料预算价格是指材料从购买地点运到工地分仓库或相当于工地分仓库的材料堆放场的出库价格,材料从工地分仓库至施工现场用料点的场内运杂费已计入定额内。

2.2.1　工程常用材料及其分类

水利水电工程建设中所使用的材料品种繁多,规格各异,按其用量的多少及对工程投资的影响程度,可分为主要材料和次要材料。

2.2.1.1　主要材料

主要材料是指在施工中用量大或用量虽小但价格很高,对工程投资影响大的材料。

常用的主要材料有水泥、钢材、木材、油料(汽油、柴油)、炸药、砂石料等。

1. 水泥

水泥属于水硬性无机胶凝材料,水泥的品种很多,其中水利水电工程中应用最广的是硅酸盐类水泥,是以硅酸钙为主要成分的水泥熟料、一定量的混合材料和适量石膏共同磨制而成的。它包括硅酸盐水泥(P·Ⅰ、P·Ⅱ)、普通硅酸盐水泥(P·O)、矿渣硅酸盐水泥(P·S·A、P·S·B)、火山灰质硅酸盐水泥(P·P)、粉煤灰硅酸盐水泥(P·F)、复合硅酸盐水泥(P·C)及一些特性、专用水泥。

由于成分不同,性能也不相同,根据每项工程的具体情况,正确选定水泥品种,对保证工程质量,充分利用材料,降低工程造价,具有重要的意义。水泥品种的选用见表1-11。

表1-11 水泥品种选用表

工程部位或所处环境	优先选用	避免使用
一般地上部位的混凝土	P·O,P·S	
水位变化区域的外部混凝土	P·O	P·P,P·S,P·F,P·C
大体积建筑物的内部混凝土	P·S,P·F	
水中和地下部位的混凝土	P·S,P·F,P·P,P·C	
有抗冻要求的混凝土	P,P·O(掺用加气剂或塑化)	P·P
受硫酸盐溶液侵蚀的混凝土	P(抗硫酸盐)	
受环境水侵蚀的混凝土	P·S,P·F,P·P,P·C	P(膨胀)

水泥的强度是指水泥胶结能力的大小,用硬化一定龄期的水泥胶砂试件的强度表示。根据国家标准《通用硅酸盐水泥》(GB 175—2007)规定,水泥的新标准将原有水泥标号改为强度等级,其换算关系为:$\frac{\text{旧标号}}{10}-10=\text{新强度等级}$,原水泥标号与新强度等级的对应关系见表1-12。

表1-12 原水泥标号与新强度等级的对应关系

原规范水泥标号(kgf/cm^2)	425	525	625	725
新规范水泥强度等级(N/mm^2)	32.5	42.5	52.5	62.5

2. 钢材

水利水电工程使用的钢材品种多,以钢筋、型钢、钢管、钢板、钢丝、钢轨等用量居多。钢材主要由碳素结构钢、低合金高强度结构钢、合金结构钢和优质碳素结构钢等加工而成,其中常用的钢筋有:热轧光圆钢筋,是采用碳素结构钢Q235轧制而成的,公称直径范围为6~22 mm;带肋钢筋,是采用低合金钢来轧制而成的,公称直径为范围6~50 mm。

3. 木材

木材按材质可分为原条、原木、锯材三类。锯材又称成材,是原木经加工后的初步产品,包括板材(宽为厚的3倍及以上)、枋材(宽不及厚的3倍)和枕木。

4. 油料

油料包括汽油、柴油。车用汽油是汽化器式发动机(即汽油机)的燃料,按辛烷值大小分为66、70、75、80、85、90等牌号,发动机的压缩比越大,选用的汽油牌号就越高,随着环保要求逐步提高,目前汽油大多为90以上的牌号。柴油是压燃式发动机(即柴油机)的燃料,分轻柴油和重柴油两种,轻柴油按凝点分为10、0、-10、-20、-35、-50六个牌号,重柴油分为10、20、30三个牌号,轻柴油是1 000 r/min以上高速柴油机的燃料,重柴油是1 000 r/min以下中低速柴油机的燃料。其中,90#汽油1 L=0.72 kg,0#柴油1 L=0.84~0.86 kg。

5. 炸药

火工材料包括炸药(起爆炸药、单质猛炸药、混合猛炸药)、雷管(火雷管、电雷管、延期雷管、毫秒雷管)、导电线或导火线(导火索、纱包线、导爆索等)。炸药,大多是几种物质的混合物,水利水电工程中常用的炸药有铵梯炸药、铵油炸药、水胶炸药和乳化炸药。

6. 砂石料

砂石料指砂、碎(卵)石、块石等当地建筑材料,包括天然和人工砂石料。它是建筑工程中混凝土、反滤层、堆砌石和灌浆等结构物的主要建筑材料。

2.2.1.2 次要材料

次要材料又称其他材料,指施工中用量少,对工程投资影响较小的除主要材料外的其他材料。一般包括电焊条、铁钉、铁件等。

次要材料是相对于主要材料而言的,两者之间并没有严格的界限,要根据工程对某种材料用量的多少及其在工程投资中的比重来确定。如大体积混凝土掺用粉煤灰工程,粉煤灰为主要材料;大量采用沥青混凝土防渗的工程,沥青为主要材料;而对于石方开挖量很小的工程,则炸药就不是主要材料。

2.2.2 材料预算价格的计算

在编制材料的预算价格时,对主要材料应按品种逐一详细计算其预算价格,而对次要材料则简化计算。

2.2.2.1 主要材料预算价格计算

主要材料预算价格一般包括材料原价、运杂费、运输保险费、采购及保管费四项。主要材料预算价格的计算公式为:

$$\text{材料预算价格}=\text{材料原价}+\text{运杂费}+\text{运输保险费}+\text{采购及保管费}=(\text{材料原价}+\text{运杂费})\times(1+\text{采购及保管费费率})+\text{运输保险费} \quad (1\text{-}1)$$

1. 材料原价

材料原价是指材料在指定地点交货的价格。材料原价(火工产品除外)按工程所在地区就近大的物资供应公司的供货价、材料交易中心的市场成交价或设计选定的生产厂家的出厂价、工程所在地建设工程造价管理部门公布的信息价格计算,但必须充分考虑材料来源、供货比例对材料价格的影响,同种材料因产源地、供应商家的不同,其价格也有不同。为了节约资金、降低工程造价,应合理选择材料的供货商、供货地点、供货比例和运输方式,一般选择就近定点、厂家直供。材料原价应按不同产地的市场价格和供应比例采取加权平均的方法综合计算。

(1)水泥:根据原国家计委、建材局计价管理的规定,水泥产品价格全部执行市场价,由厂家根据市场供求状况和水泥生产成本自主定价。水泥原价为选定厂家的出厂价。若设计采用早强水泥,可按设计确定的比例计入。在可行性研究阶段编制投资估算时,水泥原价可统一按袋装水泥价格计算。

(2)钢材:钢材价格根据设计所需要规格品种的市场价计算。如果设计提供品种规格有困难,钢筋可采用普通 A_3 光面钢筋Φ 16~18 mm 占 70%的比例、低合金钢 20MnSi Φ 20~25 mm 占 30%的比例进行计算。各种型钢、钢板的代表规格、型号和比例,根据设计要求确定。

(3)木材:工程所需木材由林区储木场直接供应的,原则上均应执行设计所选定的储木场木材的大宗市场批发价;由工程所在地区木材公司供应的,执行该地区木材公司规定的木材大宗市场批发价。

木材原价的代表品种、规格,按二类(杉木)、三类(松木)树种各 50%,Ⅰ、Ⅱ等材各 50%考虑,长度 2.0~3.8 m,径级Φ 20~28 cm,锯材按中板中枋。

(4)油料:汽油、柴油的原价全部按工程所在地区石油公司的批发价计算。汽油代表规格为 90#,柴油代表规格按工程所在地区气温条件确定。其中,Ⅰ类气温区 0#柴油比例占 75%~100%,-10#~-20#柴油比例占 0~25%;Ⅱ类气温区 0#柴油比例占 55%~65%,-10#~-20#柴油比例占 35%~45%;Ⅲ类气温区 0#柴油比例占 40%~55%,-10#~-20#柴油比例占 45%~60%。Ⅰ类气温区包括广东、广西、云南、贵州、四川、江苏、湖南、浙江、湖北、安徽;Ⅱ类气温区包括河南、河北、山西、山东、陕西、甘肃、宁夏、内蒙古;Ⅲ类气温区包括青海、新疆、西藏、辽宁、吉林、黑龙江。

(5)炸药:火工产品的材料原价全部按国家及地方有关规定确定。其中,炸药的代表规格为:一般石方明挖用 2#岩石铵梯炸药,暗挖石方用 4#抗水岩石铵梯炸药,坡面、坑槽、基础石方开挖按上述两种各半计算,以上炸药均按 1~9 kg/包计价。

(6)砂石料:对于大型或新建的水利工程,砂石料需用量较大,一般自行开采,其材料预算价格将在“编制砂石料单价”任务中做专门介绍;对于中小型或除险加固工程,砂石料需用量较小,一般可直接外购。具体视工程实际情况而定。

上述 6 种建筑材料是水利水电工程概预算编制中一般必须编制预算价格的主要材料,在具体工程中须根据工程项目进行增删。

材料原价应采用发布的不含税信息价格或市场调研的不含税价格。当过渡期采用含税价格编制概(估)算文件时,应将含税价格除以调整系数的方式调整为不含税价格,主要材料除以 1.17,次要材料除以 1.03,购买的砂、石料、土料除以 1.03,商品混凝土除以调整系数 1.03。

2. 运杂费

材料运杂费是指材料由产地或交货地点运至工地分仓库或相当于工地分仓库的材料堆放场所发生的全部费用。包括运输费、装卸费、调车费及其他杂费等,由工地分仓库至各施工点的运输费用,已包括在定额内,在材料预算价格中不予计算。

在编制材料预算价格时,应按施工组织设计所选定的材料来源地、运输方式、运输工具、运输里程以及交通部门和厂家规定的取费标准,计算材料的运杂费。材料运输一般使用火车、船舶、汽车等运输工具,不同运输工具的运输能力、运输时间和收费标准差别很大,因此运输方式选择要经济合理。长途运输凡有通航河流可以利用的,尽可能先考虑水运,其次是铁路运输,只有水路、铁路不能到达的地方,才使用汽车运输;短途运输应根据具体情况确定,采用汽车、轮船运输。

1)铁路运输费

国营铁路运输费一律按铁道部规定计算;属地方营运的铁路,按地方规定执行。一般按吨公里加收基价的形式计取运输费。

(1)确定运价里程:根据货物运价里程表按到发站最短路径查得。

(2)确定运费重量:计算运费的货物重量,整车货物以吨为单位,除特殊车辆外,一律按货车标记载重计费,超过标重时,按货重计费,零担货物按货物重量计费,以 10 kg 为单位,不足 10 kg 的按 10 kg 计。编制材料预算单价时,一般材料以 t 为计费单位,木材以 m^3 为计费单位。

(3)确定运价号:根据铁道部门有关规定,按所运材料的品名,对照查出采用整车或零担运输的运价号。常用材料的运价号见表 1-13。

表 1-13 常用材料铁路运输运价号

材料名称	水泥	钢材	木材	汽、柴油	炸药	砂石料
整车(1~7 号)	5	5	5	7+20%	5+50%	2
零担(21~22 号)	21	21	21	22	22+50%	21

(4)确定运价标准:根据国家的现行规定,国家发改委、铁道部《关于调整铁路货物运输价格的通知》公布的铁道货物运价率,按照材料运价号确定运价标准。

(5)铁路运输费计算:铁路运价执行铁道部《铁路货物运价规则》,计算公式如下:

$$\text{整车货物每吨运价} = \text{基价 } 1 + \text{基价 } 2 \times \text{运价公里} \tag{1-2}$$

$$\text{零担货物每 } 10 \text{ 千克运价} = \text{基价 } 1 + \text{基价 } 2 \times \text{运价公里} \tag{1-3}$$

装卸费根据《铁路货物装卸作业计价办法》计算;铁路有关附加费根据国家及地方有关文件规定执行。

在计算材料运费时,应注意以下几点:

①整车与零担比例。

整车与零担比例系指火车运输中整车和零担货物的比例,又称整零比。在铁路运输方式中,要确定每一种材料运输中的整车与零担比例,据以计算其运费。其比例主要视工程规模大小决定,工程规模大,材料批量就大,整车比例就高。

整车运价较零担便宜,在材料运费的计算中,应以整车运输为主。根据已建大、中型水利水电工程实际情况,水泥、木材、炸药、汽油和柴油等可以全部按整车计算;钢材可考虑一部分零担,其比例,大型工程可按 10%~20%、中型水利水电工程按 20%~30%选取,如有实际资料,应按实际资料选取。

整零比在实际计算时多以整车或零担所占百分率表示。计算时,按整车和零担所占的百分率加权平均计算运价。计算公式为：

$$运价=整车运价\times整车量(\%)+零担运价\times零担量(\%) \tag{1-4}$$

公路运输按整车考虑，不考虑整零比。

②装载系数。

火车整车运输货物时，一般按车辆标记载重量计费。但在实际运输过程中，由于材料批量，可能装不满一整车而不能满载；或虽已满载，但因材料容重小其运输重量不能达到车皮的标记吨位；或为保证行车安全，对炸药类危险品不允许满载。这样，就存在实际运输重量与运输车辆标记载重量的差异问题，在计算运费时，常用装载系数表示。计算公式为：

$$装载系数=实际运输重量\div运输车辆标记载重量 \tag{1-5}$$

火车整车运输装载系数见表 1-14，供计算时参考。考虑装载系数后的实际运价计算公式为：

$$实际运价=规定运价\div装载系数 \tag{1-6}$$

表 1-14　火车整车运输装载系数

序号	材料名称		单位	装载系数
1	水泥、油料		t/(车皮·t)	1.00
2	木材		m^3/(车皮·t)	0.90
3	钢材	大型工程	t/(车皮·t)	0.90
4		中型工程	t/(车皮·t)	0.80~0.85
5	炸药		t/(车皮·t)	0.65~0.70

根据公路交通部门规定，除轻浮物外，汽车运输货物计费重量均按实际运输重量计算，故一般不考虑装载系数。对每立方米不足 333 kg 的轻浮货物(如油桶)，整车运输时，装车高度、宽度和长度不得超过规定限度，以车辆标重计费；零担运输时，以货物包装最高、最宽、最长部分计算体积，按每立方米折重 333 kg 计价。

③毛重系数。

材料毛重指包括包装品重量的材料运输重量。运输部门是按毛重计算运费的，而不是以物资的实际重量计算运费，所以材料运输费要考虑材料的毛重系数。

$$毛重系数=\frac{毛重}{净重}=\frac{材料实际重量+包装品重量}{材料实际重量} \tag{1-7}$$

该系数大于或等于 1。建筑材料中，水泥、钢材、木材和油罐车运输的油料毛重系数为 1.0；木柴的单位重量与材质有关，一般为 0.6~0.8 t/m^3，毛重系数为 1.0；炸药的毛重系数为 1.17。

考虑毛重系数后的实际运价为：

$$实际运价=规定运价\times毛重系数 \tag{1-8}$$

综上所述，铁路运输的价格公式为：

$$铁路运价=\frac{整车规定运价}{装载系数}\times毛重系数\times整车比例+$$

$$零担规定运价 \times 毛重系数 \times 零担比例 \tag{1-9}$$

2) 公路运输费

公路运输费按工程所在省、自治区、直辖市公路部门的现行有关规定计算，执行工程所在地交通部门颁发的《汽车运价规则实施细则》。公路运输有普通货物运输和特种货物运输、长途运输和短途运输、整车与零担之分，还要考虑不同路况和返程费。

公路运输费按《湖南省汽车运价规则实施细则》，经归纳，汽车运杂费一般计算公式为：

$$汽车运杂费(元/t) = 运价(元/(t \cdot km)) \times 运距(km) + 货物装卸费(元/(t \cdot 次)) \tag{1-10}$$

具体根据当地实际情况计算确定。

公路运输一般按实际装载量计算，故不再加计装载系数，但要考虑毛重系数。实际运价的计算公式为：

$$实际运价 = 规定运价 \times 毛重系数 \tag{1-11}$$

3) 水路运输费

水路运输费按工程所在省、自治区、直辖市公路部门和航运部门的现行有关规定计算。

(1) 水路运价以往分为两大类：

①中央直属水运企业运价：直达运价、联运运价、特定运价；

②地方运价：平水运价、上水运价、下水运价、季节运价。

(2) 加收费用：过闸费、货物港务费、港口建设费。

(3) 起码计费里程：沿海为 50 海里(1 海里=1 852 km)；长江水系为 50 km。

当一个工程有两种以上的对外交通方式时，还需要确定每种材料在各种运输方式中所占的比例，求出加权平均运杂费。修建铁路专用线的工程，在施工初期铁路往往不能通车，在这段期间内的全部运输量，都得依靠公路或其他运输方式承担。在确定运量比例时，不要忽略了施工初期的运输方式。

3. 运输保险费

材料运输保险费是指材料在运输途中向保险公司缴纳的货物运输保险费，其计算公式为：

$$材料运输保险费 = 材料原价 \times 材料运输保险费费率 \tag{1-12}$$

材料运输保险费费率可按工程所在省、自治区、直辖市或中国人民保险公司的有关规定计算。

4. 采购及保管费

材料采购及保管费是指建设单位和施工单位的材料供应部门在组织材料的采购、供应和保管过程中所发生的费用。

采购及保管费将材料运到工地仓库的价格(不包括运输保险费)作为计算基数，计算公式为：

$$材料采购及保管费 = (材料原价 + 运杂费) \times 采购及保管费费率 \tag{1-13}$$

采购及保管费费率将按主管部门规定计算，详见表 1-15。

本工程施工所需的主要材料为水泥、卵石、碎石、砂、块石、钢筋、木材等。

水泥从攸县水泥厂采购，汽车运输 57 km；钢筋、钢材、炸药由株洲市供应，汽车运输 185 km；木材由茶陵县木材公司供应，油料由茶陵县石油公司供应，其他如房建材料、生活物资等，均由茶陵县物资部门供应，汽车运输 19 km。

表 1-15　采购及保管费费率

序号	材料名称	费率(%)
1	水泥、砂、碎(砾)石、块石	3×1.10=3.30
2	钢材	2×1.10=2.20
3	油料	2×1.10=2.20
4	其他材料	2.5×1.10=2.75

注：采购及保管费，按现行计算标准乘以 1.10 调整系数。

砂石料均采用自行开采料，分为人工石料和天然石料。人工石料场位于严家冲，距坝址 1.0 km；天然砂砾料场，选择坝址下游河床 2.4 km 处的渡口Ⅰ区料场开采，不足的两级骨料 5~20 mm 和 20~40 mm 从 1.0 km 处的鲤鱼洲Ⅰ区补充，作为混凝土砂石骨料的主料场；选取神仙岭Ⅰ、神仙岭Ⅱ、亭子洲Ⅱ料场作大坝次堆石区砂砾料填筑用料场，各料场按由近及远的顺序进行开采。

根据当地实际情况，运输基价：民用爆破器材按 1.2 元/(t·km)计算，其他材料按 0.90 元/(t·km)计算；运距在 30 km 以内属短途运输，加吨次附加费 2.0 元；装卸费：水泥、钢材、木材为 5 元/(t·次)，民用爆破器材为 10 元/(t·次)。

本工程的主要材料预算价格计算成果见表 1-16、表 1-17。

表 1-16　主要材料运输费用

编号	1	2	3	材料名称	钢筋、水泥、木材等			材料编号	1、2、3
交货条件				运输方式	火车	汽车	船运	火车	
交货地点	工地仓库			货物等级				整车	零担
交货比例(%)	100			装载系数					
编号	运输费用项目	运输起讫地点		运距(km)	计算公式				合计(元)
一	钢材								176.50
1	装卸费				5 元/次×2 次				10.00
2	汽车运输	株洲市—工地		185	185 km×0.90 元/(t·km)				166.50
二	水泥								61.30
1	装卸费				5 元/次×2 次				10.00
2	汽车运输	攸县—工地		57	57 km×0.9 元/(t·km)				51.30
三	木材								29.10

续表 1-16

编号	运输费用项目	运输起讫地点	运距(km)	计算公式	合计(元)
1	装卸费			5 元/次×2 次	10.00
2	汽车运输	木材公司—工地	19	19 km×0.9 元/(t·km)+2	19.10
四	汽油			根据发改价格相关文件按最高零售价取,不再计取运杂费及采购保险费	
五	柴油				
六	炸药				242.00
1	装卸费			10 元/次×2 次	20.00
2	汽车运输	株洲市—工地	185	185 km×1.2 元/(t·km)	222.00

表 1-17　主要材料预算价格

编号	名称及规格	单位	原价依据	单位毛重(t)	每吨运费(元)	价格(元)				
						原价	运杂费	采购及保管费	运输保险费	预算价格
一	钢筋	t	市场价	1	176.50	2 735.04	176.50	64.05		2 975.59
二	水泥									
	水泥 32.5	t	市场价	1.01	61.30	290.60	61.91	11.63		364.14
三	木材									
	原木	m^3	市场价	1	29.10	555.56	29.10	16.08		600.74
	板枋材	m^3	市场价	1						1 150.00
四	油料									
	汽油 90#	t	市场价	1						5 799.15
	柴油 0#	t	市场价	1						5 008.55
五	炸药									
	炸药 2 号	t	市场价	1.17	201.48	9 973.95	235.73	280.77		10 490.45
六	砂石料									
	砂	m^3	见计算表	1.5						23.73
	卵石	m^3	见计算表	1.6						25.23
	块石	m^3	见计算表	1.7						48.02
七	电风水									
	电	kWh	见计算表							1.00
	风	m^3	见计算表							0.16
	水	m^3	见计算表							0.55

2.2.2.2　次要材料预算价格的确定

次要材料一般品种较多,其费用在投资中所占比例很小,不必逐一详细计算其预算价格。次要材料预算价格可采用工程所在地区的工业与民用建筑安装工程材料预算价格或定额管理站发行的《建设造价信息》中公布的材料价格,加上运至工地的运杂费用(一般可取预算价格的5%左右)来确定。没有地区预算价格的材料,由设计单位参照水利工程实际价格水平确定。

对本工程所需的部分次要材料进行预算价格汇总,部分价格见表1-18。

表1-18　次要材料预算价格汇总

序号	名称及规格	单位	原价(元)	运杂费(元)	合计(元)
1	HF外加剂	kg	14	0.70	14.70
2	钻杆接头	个	19	0.95	19.95
3	扩孔器	个	400	20.00	420.00
4	金刚石钻头	个	430	21.50	451.50
5	合金钻头	个	50	2.50	52.50
6	潜孔钻头	个	800	40.00	840.00
7	液压钻头	个	420	21.00	441.00
8	电雷管	个	1.5	0.08	1.58
9	火雷管	个	0.5	0.03	0.53
10	导火线	m	0.8	0.04	0.84
11	导电线	m	0.25	0.01	0.26
12	铁丝	kg	4.8	0.24	5.04
13	冲击器	套	2 400	120.00	2 520.00
14	电焊条	kg	7.15	0.36	7.51
15	钢模板	kg	4.65	0.23	4.88
16	铁件及预埋铁件	kg	5.5	0.28	5.78
17	卡扣件	kg	5	0.25	5.25
18	沥青	t	1 850	92.50	1 942.50
19	铜片	kg	27	1.35	28.35
20	氧气	m^3	2.8	0.14	2.94
21	乙炔气	m^3	23	1.15	24.15

2.2.2.3　基价及材料补差

为了避免材料市场价格起伏变化,造成间接费、企业利润的相应变化,对主要材料规定了统一的价格,按此价格进入工程单价计取有关费用,故称为取费价格。这种价格由主管部门发布,在一定时期内固定不变,故又称为基价。

水利部水总〔2014〕429号文颁发的《水利工程设计概(估)算编制规定》中规定,当主要材料(包括外购砂石料)预算价超过规定的材料基价时,应按基价计入工程单价参加取费,预算价与基价的差值以材料补差形式计算,列入单价表中并计取税金。

水利部印发《水利工程营业税改征增值税计价依据调整办法》(办水总〔2016〕132号)文件,对基价做了调整,调整后的主要材料基价见表1-19。

表1-19　主要材料基价

序号	材料名称	单位	基价(元)
1	柴油	t	2 990
2	汽油	t	3 075
3	钢筋	t	2 560
4	水泥	t	255
5	炸药	t	5 150
6	砂、石料(外购)	m^3	70
7	商品混凝土	m^3	200

当砂石料由施工企业自行采备时,砂石料单价应根据料源情况、开采条件和工艺流程按相应定额和不含增值税进项税额的基础价格进行计算,并计取间接费、利润及税金。自采砂石料按不含税金的单价参与工程费用计算。

项目实训与思考

1. 背景材料:某水利枢纽工程所用钢筋由一大型钢厂供应,火车整车运输。普通A3光面钢筋占35%,低合金20MnSi螺纹钢占65%。

1)出厂价

出厂价如表1-20所示。

表1-20　题1表1

名称及规格	单位	出厂价(元)
A3 Φ 10 mm以下	t	3 250.00
A3 Φ 16~18 mm	t	3 150.00
20MnSi Φ 25 mm以外	t	3 350.00
20MnSi Φ 20~25 mm	t	3 400.00

2)运输方式及距离

运输方式及距离见图1-5。

图1-5　题1图

3)运价

(1)铁路:①铁路(整车100%);②运价号:钢筋整车运价号为5;③铁路建设基金:0.025元/(t·km),上站费:1.8元/t;④其他:装载系数0.9,整车卸车费1.15元/t。

整车发到及运行基价如表1-21所示。

表1-21　题1表2

类别	运价号	发到基价		运行基价	
		单位	标准	单位	标准
整车	4	元/t	6.80	元/(t·km)	0.311
	5	元/t	7.60	元/(t·km)	0.034 8

(2)公路:①汽车运价0.55元/(t· km);②转运站费用4.00元/t;③汽车装车费2.00元/t,卸车费1.60元/t。

(3)运输保险费费率:8‰。

(4)毛重系数为1。

(5)钢筋在总仓库和分仓库储存后再根据施工进度运往各施工现场。

问题:计算钢筋预算价格。

2.背景材料:一辆火车货车车厢标记重量为50 t,装2#岩石铵梯炸药1 420箱(每箱装炸药24 kg,箱重0.6 kg)。假定炸药原价为4 600.00元/t(未含17%增值税和8%的管理费),需运输500 km,装、卸车费均为10.00元/t,全部为整车。发到基价9.60元/t,运行基价为0.043 7元/(t· km),炸药运价在此基础上扩大50%,运输保险费费率取8‰。

问题:计算(1)计费重量;

(2)毛重系数;

(3)装载系数;

(4)该炸药的预算价格。

3.背景材料:

(1)如图1-6所示。

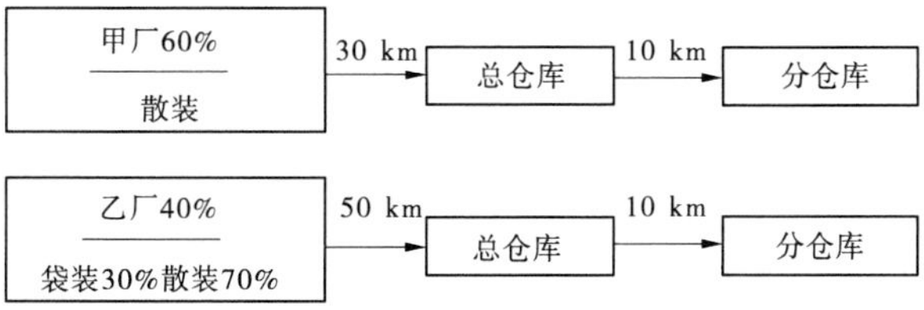

图1-6　题3图

(2)水泥出厂价:甲水泥厂散装290元/t;乙水泥厂袋装330元/t,散装300元/t。两厂水泥均为车上交货。

(3)袋装水泥汽车运价0.55元/(t· km),散装水泥在袋装水泥运价基础上上浮20%;袋装水泥装车费为6.00元/t,卸车费5.00元/t;散装水泥装车费为5.00元/t,卸车费4.00元/t。

(4)运输保险费费率:1‰。

问题:计算水泥综合预算价格。

任务 2.3 编制施工用电、水、风预算单价

码 1-9 竞赛真题

学习指导

知识目标:

1. 掌握施工用电、水、风的分类及其预算价格组成;
2. 掌握施工用电、水、风预算价格的计算方法。

技能目标:

能分析施工用电、水、风的利用途径,判断选用型号规格,准确计算施工用电、水、风预算价格。

重　点:

计算施工用电、水、风预算价格。

电、水、风在水利水电工程施工中消耗量很大,其预算价格的准确程度直接影响施工机械台时费和工程单价的高低,从而影响到工程造价。因此,在编制电、水、风预算单价时,要根据施工组织设计所确定的电、水、风供应方式、布置形式、设备情况和施工企业已有的实际资料分别进行计算。

2.3.1 施工用电价格

码 1-10 微课:编制施工用电预算单价

施工用电按其用途可分为生产用电和生活用电两部分。生产用电系指施工机械用电、施工照明用电和其他生产用电,直接计入工程成本;生活用电系指生活文化福利建筑的室内、外照明和其他生活用电。水利水电工程概预算中的施工用电电价计算范围仅指生产用电。生活用电不直接用于生产,应在间接费内开支或由职工负担,不在施工用电电价计算范围内。

2.3.1.1 施工用电的来源、途径分析

水利水电工程施工用电,有外购电和自发电两种供电方式。由国家电网、地方电网或其他电厂的供电叫外购电;由施工企业自备柴油机或自建发电厂的供电叫自发电。其中,电网供电电价低廉,电源可靠,是施工时的主要电源;自发电成本较高,一般作为施工单位的备用电源或高峰用电时使用。

2.3.1.2 施工用电价格的组成

施工用电价格,由基本电价、电能损耗摊销费和供电设施维修摊销费三部分组成。根据施工组织设计确定的供电方式以及不同电源的电量所占比例,按国家或工程所在省(自治区、直辖市)规定的电网电价和规定的加价进行计算。

1. 基本电价

(1)外购电的基本电价:施工企业向供电单位购电所需支付的供电价格。凡是国家

电网供电，执行国家规定的基本电网电价中的非工业标准电价，包括电网电价、电力建设基金、用电附加费及各种按规定的加价。由地方电网或其他企业中、小型电网供电的，执行地方电价主管部门规定的电价。

(2)自发电的基本电价：施工企业自建发电厂(或自备发电机)的单位成本。自建发电厂一般有柴油发电厂(柴油发电机组)、燃煤发电厂和水力发电厂等。水利工程施工中，施工单位一般自备柴油发电机组或柴油发电机作为备用电源。

①柴油发电厂供电。应根据自备电厂所配置的设备，以台时总费用来计算单位电能的成本作为基本电价，可按下式计算：

$$基本电价 = \frac{台时总费用}{台时总发电量 \times (1 - 厂用电率)} \tag{1-14}$$

$$台时总发电量 = 发电机额定容量之和 \times 发电机出力系数 \tag{1-15}$$

$$台时总费用 = 柴油发电机组(台)时费 + 水泵组(台)时费 \tag{1-16}$$

其中，发电机出力系数根据设备的技术性能和状态选定，一般可取0.8~0.85；厂用电率一般可取4%~6%。

②柴油发电机供电如果采用循环冷却水，不用水泵，基本电价的计算公式为：

$$基本电价 = \frac{台时总费用}{台时总发电量 \times (1 - 厂用电率)} + 单位循环冷却水费 \tag{1-17}$$

$$台时总费用 = 柴油发电机组(台)时费 \tag{1-18}$$

其中，单位循环冷却水费取0.03~0.05元/kWh，其他同前。

2.电能损耗摊销费

(1)外购电的电能损耗摊销费：从施工企业与供电部门的产权分界处起到现场各施工点最后一级降压变压器低压侧止，所有变配电设备和输配电线路上所发生的电能损耗摊销费。包括由高压电网到施工主变压器高压侧之间的高压输电线路损耗和由主变压器高压侧至现场各施工点最后一级降压变压器低压侧之间的变配电设备及配电线路损耗两部分。

(2)自发电的电能损耗摊销费：从施工企业自建发电厂的出线侧至现场各施工点最后一级降压变压器低压侧止，所有变配电设备和输配电线路上发生的电能损耗摊销费。当出线侧为低压供电时，损耗已包括在台时耗电定额内；当出线侧为高压供电时，则应计入变配电设备及线路损耗摊销费。

从最后一级降压变压器低压侧至施工用电点的施工设备和低压配电线路损耗，已包括在各用电施工设备、工器具的台时耗电定额内，电价中不再考虑。

电能损耗摊销费通常用电能损耗率表示。

3.供电设施维修摊销费

供电设施维修摊销费指摊入电价的变、配电设备的基本折旧费、大修理费、安装和拆除费、设备及输配电线路的移设和运行维护费等。

按现行编制规定，施工场外变、配电设备可计入临时工程，故供电设施维修摊销费中不包括基本折旧费。

供电设施维修摊销费的计算非常烦琐，在编制初步设计概算阶段，由于设计深度难以满足计算要求，因此一般都根据经验指标计算。在编制预算阶段，可按下式计算：

$$\text{摊销费}=\frac{\text{应摊销的总费用}}{\text{总电量(包括生活用电)}} \tag{1-19}$$

码 1-11 微课:施工用电单价计算示例

2.3.1.3 电价计算

1. 外购电电价

根据施工组织设计确定的供电方式及不同电源的电量所占比例,按国家或工程所在地(省、自治区、直辖市)规定的电网电价和规定的加价进行计算。计算公式为:

$$\text{电网供电价格}=\frac{\text{基本电价}}{(1-\text{高压输电线路损耗率})\times(1-35\text{ kV 以下变配电设备及配电线路损耗率})}+\text{供电设施维修摊销费(变配电设备除外)} \tag{1-20}$$

其中,①基本电价,按国家或地方供电部门规定计取;②高压输电线路损耗率取 3%~5%;③35 kV 以下变配电设备及配电线路损耗率取 4%~7%;④供电设施维修摊销费取 0.04~0.05 元/kWh。

线路短、供电集中取小值,反之取大值。

2. 自发电电价

(1)采用循环冷却水,计算公式为:

$$\text{柴油发电机供电价格}=\frac{\text{柴油发电机组(台)时费}}{\text{柴油发电机额定容量之和}\times\text{发电机出力系数}\times(1-\text{厂用电率})}\div(1-\text{变配电设备及配电线路损耗率})+\text{供电设施维修摊销费}+\text{单位循环冷却水费} \tag{1-21}$$

(2)采用专用水泵供给冷却水,计算公式为:

$$\text{柴油发电机供电价格}=\frac{\text{柴油发电机组(台)时费}+\text{水泵组(台)时费}}{\text{柴油发电机额定容量之和}\times\text{发电机出力系数}\times(1-\text{厂用电率})}\div(1-\text{变配电设备及配电线路损耗率})+\text{供电设施维修摊销费} \tag{1-22}$$

其中,①发电机出力系数为 0.80~0.85;②厂用电率为 3%~5%;③变配电设备及配电线路损耗率为 4%~7%;④供电设施维修摊销费为 0.04~0.05 元/kWh;⑤单位循环冷却水费为 0.05~0.07 元/kWh。

3. 综合电价

外购电与自发电的电量比例按施工组织设计确定。当同一工程中有两种或两种以上供电方式供电时,综合电价应根据供电比例加权平均计算。以外购电供电为主的工程,自发电的电量比例一般不宜超过 5%,如仅为保安备用,可忽略不计。

本工程施工用电全部由国家电网供应,工程开工初期用电负荷较小,可利用当地已有 10 kV 线路供电;工程全线开工后,供电电源由茶陵县城云阳变电所利用 110 kV 永久输电线路降压运行接入工地变电站,接线距离约 20 km。工地施工变电站布置在办公生活设施区(即右岸下游进场公路)附近的平地上。另设 160 kW P_9 型 400/230 V 柴油发电机组 2 台作为重要生产设备备用电源。该工程只计取外购电电价,计算过程及结果见表 1-22。

表 1-22　施工用电价格计算

一、施工用电价格计算

本工程施工用电由 10 kV 线路供电。基本电价执行 2015 年 4 月 16 日湘发改价商〔2015〕263 号文件《关于降低全省燃煤发电上网电价和工商业用电价格的通知》。

外购电电价计算(10 kV 电压等级)

(一)计算公式

电价=基本电价/(1-高压输电线路损耗率)/(1-35 kV 以下变配电设备及配电线路损耗率)+供电设施维修摊销费(变配电设备除外)

(二)计算依据

1. 基本电价	0.888 5	元/kWh
2. 高压输电线路损耗率	0	在此无高压
3. 变配电设备及高压配电线路损耗率	6%	
4. 供电设施维修摊销费用	0.05	元/kWh

(三)电价计算

电价=0.888 5/(1-6%)+0.05=1.00(元/kWh)

2.3.2　施工用水价格

码 1-12　微课:编制施工用水预算单价

水利水电工程的施工用水,包括生产用水和生活用水两部分。生产用水指直接进入工程成本的施工用水,主要包括施工机械用水、砂石料筛洗用水、混凝土拌制养护用水、钻孔灌浆用水、土石坝砂石料压实用水等;生活用水主要指用于职工、家属的饮用和洗涤等的用水。水利水电基本建设工程概预算中施工用水的水价,仅指生产用水的水价。

对生产用水计算水价是计算各种用水施工机械台时费用和工程单价的依据。生活用水应由间接费用开支或由职工自行负担,不属于施工用水水价计算范畴。如生产、生活用水采用同一系统供水,凡为生活用水而增加的费用(如净化药品费等),均不应摊入生产用水的单价内。生产用水如需分别设置几个供水系统,则可按各系统供水量的比例加权平均计算综合水价。

2.3.2.1　施工用水价格的组成

码 1-13　微课:施工用水单价计算示例

施工用水价格由基本水价、供水损耗摊销费和供水设施维修摊销费组成。

1. 基本水价

基本水价是根据施工组织设计确定的高峰用水量所配备的供水系统设备(不含备用设备),按台时产量分析计算的单位水量的价格。基本水价是构成水价的基本部分,其高低与生产用水的工艺要求以及施工布置密切相关,如用水需做沉淀处理、扬程高等,则水价高,反之水价就低。

基本水价的计算公式为：

$$基本水价 = \frac{水泵组(台)时费}{水泵额定容量之和(m^3/h) \times 能量利用系数} \tag{1-23}$$

其中，能量利用系数一般取 0.75~0.85。

2. 供水损耗摊销费

水量损耗是指施工用水在储存、输送、处理过程中的水量损失。在计算水价时，水量损耗通常以损耗率的形式表示，计算公式为：

$$损耗率(\%) = \frac{损失水量}{水泵总出水量} \times 100\% \tag{1-24}$$

供水损耗率的大小与蓄水池及输水管路的设计、施工质量和维修管理水平的高低有直接关系，编制概算时一般可按出水量的 6%~10%计取，在预算阶段，如有实际资料，应根据实际资料计算。

3. 供水设施维修摊销费

供水设施维修摊销费是指摊入水价的水池、供水管路等供水设施的单位维护修理费用。一般情况下，该项费用难以准确计算，可按 0.04~0.05 元/m^3 的经验指标摊入水价，大型工程或一、二级供水系统可取大值，中小型工程或多级供水系统可取小值。

2.3.2.2 水价计算

$$施工用水水价 = \frac{基本水价}{1 - 损耗率} + 供水设施维修摊销费 \tag{1-25}$$

本工程施工用水从导流洞出口附近的下游河道内取水，在左右两岸设四处水池供水。水系统采用 6SA-8 型离心水泵 4 台，功率 37 kW，流量为 160 m^3/h，扬程 55 m；150S-78 型水泵 4 台，功率 55 kW，流量为 198 m^3/h，扬程 70 m。

计算过程及结果见表 1-23。

表 1-23 施工用水价格计算表

二、施工用水价格计算

本工程施工用水采用 6SA-8 型离心水泵 4 台，功率 37 kW，流量为 160 m^3/h；150S-78 型水泵 4 台，功率 55 kW，流量为 198 m^3/h。

(一)计算公式

水价=水泵组(台)时总费用/(水泵额定容量之和×K)/(1-供水损耗率)+供水设施维修摊销费

(二)计算依据

1. K—能量利用系数	0.8
2. 供水损耗率	8%
3. 供水设施维修摊销费	0.05 元/m^3
4. 台时总出水量	4×160+4×198=1 432(m^3/h)
5. 水泵组(台)时总费用	55.53×4+75.18×4=522.84(元/h) (见台时费计算表)

(三)水价计算

水价=522.84/(1 432×0.8)/(1-8%)+0.05=0.55(元/m^3)

2.3.2.3 水价计算时应注意的问题

(1)水泵台时总出水量计算，应根据施工组织设计选定的水泵型号、系统的实际扬程和水泵性能曲线确定。

(2)在计算台时总出水量和台时总费用时,如计入备用水泵的出水量,则台时总费用中应包括备用水泵的台时费;如不计备用水泵的出水量,则台时费也不计。

(3)供水系统为一级供水,台时总出水量按全部工作水泵的总出水量计算。若供水系统为多级供水,则:

①当全部水量通过最后一级水泵出水时,台时总出水量按最后一级工作水泵的出水量计算,但台时总费用应包括所有各级工作水泵的台时费;

②有部分水量不通过最后一级,而由其他各级分别供水时,要逐级计算水价;

③当最后一级全部供生活用水时,则台时总出水量包括最后一级,但该级台时费不应计算在台时总费用内。

(4)当施工用水有循环用水时,水价要根据施工组织设计的供水工艺流程计算。

(5)当同一工程中有两个或两个以上供水系统时,应根据供水比例加权平均计算综合水价。

2.3.3 施工用风价格

施工用风主要指在水利水电工程施工过程中用于石方开挖、混凝土振捣、基础处理、金属结构和机电设备安装工程等风动机械所需的压缩空气,如风钻、潜孔钻、振动器、凿岩台车等。施工用风价格是计算各种风动机械台时费的依据。

码1-14 微课:编制施工用风预算单价

压缩空气一般由自建压缩系统供给。常用的有固定式空压机和移动式空压机。在大中型工程中,一般都采用多台固定式空压机集中组成压气系统,并以移动式空压机为辅助。为保证风压,减少管路损耗,顾及施工初期及零星工程用风需要,一般工程多采用分区布置供风系统,各区供风系统因布置形式和机械组成不一定相同,因而各区的风价也不一定相同,这种情况下应按各系统供风量的比例加权平均计算综合风价。

2.3.3.1 施工用风价格的组成

施工用风价格,由基本风价、供风损耗摊销费和供风设施维修摊销费组成。

1. 基本风价

基本风价是指根据施工组织设计所配置的供风系统设备,按台时总费用除以台时总供风量计算的单位风量价格。

码1-15 微课:施工用风单价计算示例

2. 供风损耗摊销费

供风损耗摊销费,是指由压气站至用风工作面的固定供风管道,在输送压气过程中所发生的风量损耗摊销费用。损耗及损耗摊销费的大小与管道长短、管道直径、闸阀和弯头等构件多少、管道敷设质量、设备安装高程的高低有关。损耗摊销费常用损耗率表示。

风动机械本身的用风及移动的供风管道损耗已包括在该机械的台时耗风定额内,不在风价中计算。

3. 供风设施维修摊销费

供风设施维修摊销费,是指摊入风价的供风管道的维护修理费用。因该项费用数值甚微,初步设计阶段常不进行具体计算,而采用经验指标值;编制预算时,若实际资料不足无法进行具体计算,也可采用经验值。

2.3.3.2 **风价计算**

(1)当采用水泵供水冷却时,计算公式为:

$$施工用风价格 = \frac{空压机组(台)时费 + 水泵组(台)时费}{空压机额定容量之和(m^3/min) \times 60(min) \times 能量利用系数} \div (1 - 供风损耗率) + 供风设施维修摊销费 \quad (1\text{-}26)$$

(2)当采用循环水冷却时,计算公式为:

$$施工用风价格 = \frac{空压机组(台)时费}{空压机额定容量之和(m^3/min) \times 60(min) \times 能量利用系数} \div (1 - 供风损耗率) + 供风设施维修摊销费 + 单位循环冷却水费 \quad (1\text{-}27)$$

其中,能量利用系数一般可取0.70~0.85;单位循环冷却水费一般取0.007元/m^3;供风损耗率一般可按总用风量的6%~10%选取,供风管路短的,取小值,长的取大值;供风设施维修摊销费,一般取0.004~0.005元/m^3。

(3)综合风价。当同一工程中有两个或两个以上供风系统时,综合风价应根据供风比例加权平均计算。

本工程施工供风:根据各部位用风特点及用风量,拟在坝区及严家冲石料场之间设空压站一座,选用5L-40/8型空压机2台,4L-20/8型空压机1台,对右坝肩及河床基础开挖和严家冲石料场开采供风;左岸211公路旁设空压站一座,选用4L-20/8和3L-10/8型空压机各1台,对左坝肩及溢洪道开挖供风;其余用风部位均采用移动式空压机供风,选用YH-10/7型空压机4台。计算过程及结果见表1-24。

表1-24 施工用风价格计算

三、施工用风价格计算

依据设计提供资料,采用40 m^3/min固定式空压机2台、20 m^3/min固定式空压机2台、10 m^3/min固定式空压机1台、10 m^3/min移动式空压机4台。

(一)计算公式

风价=空气压缩机组(台)时总费用/空气压缩机组额定容量之和×60 min×K/(1-供风损耗率)+供风设施维修摊销费+单位循环冷却水费

(二)计算依据

1. K—能量利用系数	0.75
2. 供风损耗率	10%
3. 供风设施维修摊销费	0.005元/m^3
4. 单位循环冷却水费	0.007元/m^3
5. 机组额定容量之和	(40×2+20×2+10×5)=170(m^3/min)
6. 台班总费用	229.30×2+126.62×2+74.78+65.20×4 =1 047.42(元/h)(见台时费计算表)

(三)风价计算

风价=1 047.42/(170×60×0.75×(1-10%))+0.005+0.007=0.16(元/m^3)

项目实训与思考

1. 背景材料：某施工单位自备燃煤电厂，已知施工期间需要的发电量及其余资料为：发电量 1.546×10^6kWh，厂用电率8%，燃煤消耗费605 894元，水费11 552元，材料费75 904元，运行、维修、管理人员工资70 136元，基本折旧费30 198元，大修费11 936元，其他费用11 826元。

问题：计算基本电价。

2. 背景材料：某水利工程电网供电占98%，自备柴油发电机组(200 kW机组2台)供电占2%。该电网电价及附加费见表1-25(不考虑丰枯用电的变化)。

表1-25 题2表

项目名称	单位	单价
大宗工业用电	元/kWh	0.571
非工业用电	元/kWh	0.616
公用事业附加	元/kWh	0.010
农网改造还贷	元/kWh	0.020
三峡工程建设基金	元/kWh	0.007
再生能源	元/kWh	0.001
水库后期移民扶持	元/kWh	0.008 8

高压输电线路损耗率为4%；发电机出力系数 K_1 取0.80；厂用电率 K_2 取5%；变配电设备及配电线路损耗率 K_3 取6%；供电设施维修摊销费为0.025元/kWh；柴油发电机组台时费为125.00/台时；循环冷却水水泵1台(20.00元/台时)。

问题：计算施工用电综合电价。

3. 背景材料：某水利工程施工用水，由两组水泵组成供水系统(一级供水)。一组设4DA8×5水泵4台(其中备用1台)，包括管道损失在内的扬程为80 m，另一组设4DA8×8水泵3台(其中备用1台)，包括管道损失在内的扬程为120 m。已知各水泵的出力系数均为0.8，损耗率15%，摊销费0.03元/m^3。假定：

(1)4DA8×5水泵台时费9.0元，4DA8×8水泵台时费15.0元；

(2)按水泵扬程—流量关系曲线查得：当扬程为80 m时，4DA8×5水泵出流量54 m^3/台时；当扬程为120 m时，4DA8×8水泵出流量65 m^3/台时。

问题：计算该工程施工用水水价。

4. 背景材料：某水利工程施工用水设一个取水点三级供水，各级泵站出水口处均设有调节池，水泵能量利用系数 K 取0.8，供水损耗率8%，供水设施维修摊销费取0.03元/m^3，其他资料如表1-26所示。

问题：计算施工用水综合单价。

5. 背景材料：某水利工程供风系统所配备的空压机数量及主要技术指标、台时单价如表1-27所示。能量利用系数 K 取0.80，供风损耗率取9%，循环冷却水摊销费0.005元/m^3，供风设施维修摊销费取0.003元/m^3。

表 1-26　题 4 表

位置	水泵型号	电机功率(kW)	台数(台)	设计扬程(m)	水泵额定流量(m^3/h)	设计用水量(m^3/组时)	台时单价(元/台时)	备注
一级水泵	14sh-13	220	4	43	972	600	125.44	另备用一台
二级水泵	12sh-9A	155	3	35	892	1 700	88.29	另备用一台
三级水泵	D155-30×5	115	1	140	155	100	103.81	另备用一台
小计						2 400		

表 1-27　供风系统主要技术指标

空压机名称	额定容量(m^3/min)	数量(台)	额定容量之和(m^3/min)	台时单价(元/台时)
固定式空压机	40	2	80	115.36
固定式空压机	20	3	60	66.04
移动式空压机	6	4	24	27.03
合计			164	

问题：计算施工用风价格。

任务 2.4　编制施工机械台时费

学习指导

知识目标：

1. 了解《施工机械台时费定额》及补充定额费用构成；
2. 掌握施工机械台时费的费用组成及其计算方法。

技能目标：

1. 能根据已计算出的人工、材料预算单价，查找《施工机械台时费定额》，准确计算施工机械台时费；
2. 能在定额缺项时，编制补充施工机械台时费。

重　点：

计算施工机械台时费。

码 1-16　微课：编制施工机械台时费

码 1-17　竞赛真题

目前,常用的水利水电工程施工机械按设备的功能分可分为土石方机械、混凝土机械、运输机械、起重机械、砂石料加工机械、钻孔灌浆机械、工程船舶、动力机械及其他机械共九类。

施工机械台时费是指一台施工机械在一个工作小时内,为使机械正常运行所需支付(损耗)和分摊的各种费用的总和,以台时为计量单位。台时费是计算建筑安装工程单价中机械使用费的基础单价,应根据施工机械台时费定额及有关规定进行编制。随着施工机械化程度的提高,施工机械台时费在工程投资中所占比例越来越大,目前已达到20%~30%。因此,准确计算施工机械台时费对合理确定工程造价非常重要。

2.4.1　施工机械台时费的组成

施工机械台时费由一类、二类费用组成。

2.4.1.1　一类费用

一类费用由折旧费、修理及替换设备费(含大修理费、经常性修理费、替换设备费)、安装拆卸费等组成。一类费用在施工机械台时费定额中以金额表示,其大小是按定额编制年的物价水平确定的,现行部颁定额是按2000年物价水平,因此考虑物价上涨因素,编制台时费时应按主管部门公布的调整系数进行调整。

1. 折旧费

折旧费是指机械在规定使用期内收回原始价值的台时折旧摊销费用。

2. 修理及替换设备费

修理及替换设备费是指机械使用过程中,为了使机械保持正常功能而进行修理所需的费用、日常保养所需的润滑油料费、擦拭用品费、机械保管费以及替换设备、随机使用的工具附具等所需的台时摊销费。包括:

(1)大修理费。指机械使用一定台时,为了使机械保持正常功能而进行大修理所需的台时摊销费用。部分属于大型施工机械的中修费合并入大修理费内一起计列。

(2)经常性修理费。包括中修费(属于大型施工机械不包括中修费)、小修费、各级保养费、润滑及擦拭材料费以及保管费等费用的台时摊销费。

(3)替换设备费。包括机械需用的蓄电池、变压器、启动器、电线、电缆、电器开关、仪表、轮胎、传动皮带、输送皮带、钢丝绳、胶皮管等替换设备和为了保证机械正常运转所需的随机使用的工具附具的摊销、维护费。

3. 安装拆卸费

安装拆卸费是指机械进出工地的安装、拆卸、试运转和场内转移及辅助设施的摊销费用。其主要内容有:

(1)安装前的准备,如设备开箱、检查清扫、润滑及电气设备烘干等所需的费用。

(2)设备自场内仓库至安装拆卸地点的往返运输费用和现场范围内的运转费用。

(3)设备进、出入工地的安装、调试以及拆除后的整理、清扫和润滑等费用。

(4)一般的设备基础开挖、混凝土浇筑和固定锚桩等费用。如因地形条件和施工布置需要进行大量土石方开挖及混凝土浇筑等,应列入临时工程项目。

(5)为设备的安装拆卸所搭设的平台、脚手架、地锚和缆风索等临时设施和施工现场清理等的费用。

不需要安装拆卸的施工机械,台时费中不计列此项费用,例如,自卸汽车、船舶、拖轮等。现行施工机械台时费定额中,凡备注栏内注有“※”的大型施工机械,表示该项定额未计列安装拆卸费,其费用在临时工程中的“其他施工临时工程”中计算,此类施工机械有以下六种:①斗容为 3 m^3 及以上挖掘机、轮斗挖掘机;②混凝土搅拌站、混凝土搅拌楼;③胎带机;④塔带机;⑤缆索起重机、20 t 及以上塔式起重机、门座式起重机;⑥针梁模板台车、钢模台车、滑模台车。

2.4.1.2 二类费用

二类费用是指机上人工费和机械所消耗的动力费、燃料费,在施工机械台时费定额中以实物量形式表示,其定额数量一般不允许调整,其费用按国家规定的人工工资计算办法和工程所在地的物价水平分别计算。

1. 机上人工费

机上人工费是指施工机械运转时应配备的机上操作人员预算工资所需的费用。机上人工在台时费定额中以工时数量表示,它包括机械运转时间、辅助时间、用餐、交接班以及必要的机械正常中断时间。机下辅助人员预算工资一般列入工程人工费,不包括在内。

2. 动力、燃料费

动力、燃料费是指施工机械正常运转时所耗用的各种动力、燃料及各种消耗性材料,包括风(压缩空气)、水、电、汽油、柴油、煤和木柴等所需的费用。定额中以实物消耗量表示。其中,机械消耗电量包括机械本身和最后一级降压变压器低压侧至施工用电点之间的线路损耗,风、水消耗包括机械本身和移动支管的损耗。

三类费用是指施工机械每台时所摊销的牌照税、车船使用税、养路费、保险费等。按各省(自治区、直辖市)现行规定收费标准计算。不领取牌照、不交养路费的非车船类施工机械不计算该类费用。因此,水利工程的施工机械台时费没有三类费用。

2.4.2 施工机械台时费的计算

施工机械台时费的计算现执行 2002 年水利部颁发的《水利工程施工机械台时费定额》及有关规定。

2.4.2.1 一类费用

根据施工机械型号、规格、吨位等参数,查阅定额可得一类费用。现行部颁定额中一类费用以金额形式表示,按 2000 年价格水平编制,以后年度由于物价上涨,由主管部门发布不同调整系数进行调整。计算公式为:

一类费用 = 定额一类费用金额 × 编制年调整系数 (1-28)

营改增后,施工机械台时费定额的折旧费应除以 1.17 的调整系数,修理及替换设备费除以 1.11 的调整系数,安装拆卸费不变。掘进机及其他由建设单位采购、设备费单独列项的施工机械,台时费中不计折旧费,设备费除以 1.17 的调整系数。

2.4.2.2 二类费用

将定额中的人工工时、燃料、动力消耗数量分别乘以本工程的人工预算单价、材料预算价格,其值进行合计得出二类费用。其中机上人工按中级工考虑。计算公式如下:

二类费用 = 机上人工费 + 动力、燃料费 (1-29)

式中

$$机上人工费 = 定额机上人工工时数 \times 中级工人工预算单价 \quad (1\text{-}30)$$

$$动力、燃料费 = \sum(定额动力、燃料消耗量 \times 动力、燃料预算价格) \quad (1\text{-}31)$$

2.4.2.3 **施工机械台时费**

$$施工机械台时费 = 一类费用 + 二类费用 \quad (1\text{-}32)$$

施工机械台时费的计算是为了建筑、安装工程的单价计算服务的，根据单价分析需要计算施工机械的台时费。本工程的部分施工机械台时费计算成果见表1-28。

2.4.3 补充施工机械台时费的编制

当施工组织设计选取的施工机械在现行台时费定额中缺项或规格、型号与定额不符时，必须编制补充施工机械台时费。

当设计选取的施工机械在定额中存在，但其设备容量与现行定额中同类设备不符且位于定额所包含的容量范围之内时，为了与现行定额水平吻合，可按现行定额水平采取直线内插法分别确定各项费用，编制补充机械台时费，或按以下办法编制施工机械台时费。

2.4.3.1 **基本折旧费**

计算公式如下：

$$台时基本折旧费 = 机械预算价格 \times (1 - 残值率) \div 机械经济寿命总台时 \quad (1\text{-}33)$$

或

$$台时基本折旧费 = 机械预算价格 \times 年折旧率 \div 机械年工作台时$$

$$国产施工机械预算价格 = 机械原价 + 运杂费 \quad (1\text{-}34)$$

$$残值率 = (机械残值 - 清理费) \div 机械预算价格 \times 100\% \quad (1\text{-}35)$$

$$机械经济寿命总台时 = 经济使用年限 \times 年工作台时 \quad (1\text{-}36)$$

其中，运杂费一般按机械设备原价的5%~7%计算；残值率一般可取4%~5%；机械经济寿命总台时是指机械在经济使用期内所运转的总台时数；经济使用年限是指国家规定的该种机械从使用到报废的平均工作年数；年工作台时是指该种机械在经济使用期内平均每年运行的台时数；进口施工机械预算价格，包括到岸价、关税、增值税（或产品税）、调节税、进出口公司手续费、人民币保证金和银行手续费、国内运费等项费用，按国家现行的有关规定及实际调查资料计算。公路运输机械（汽车、拖车、公路自行机械）按国务院发布《车辆购置附加费征收办法》的规定，需增加车辆购置附加费。计算公式如下：

$$公路运输机械预算价格 = 车辆出厂价 + 运杂费 + 车辆购置附加费 \quad (1\text{-}37)$$

2.4.3.2 **大修理费**

计算公式如下：

$$台时大修理费 = \frac{一次大修费用 \times 大修次数}{机械经济寿命总台时} \quad (1\text{-}38)$$

大修次数是指机械在经济使用期限内需进行大修理的次数，其计算公式为：

$$大修理次数 = \frac{机械经济寿命总台时}{大修理间隔台时} - 1 \quad (1\text{-}39)$$

表 1-28　施工机械台时费计算表

（单位：元）

序号	名称及规格	台时费	一类费用				二类费用												
			小计	折旧费	修理及替换设备费	安拆费	小计	人工	8.90	汽油	3.08	柴油	2.99	电	1.00	风	0.16	水	0.55
								数量	金额	数量	金额	数量	金额	数量	金额	数量	金额	数量	金额
一	土石方机械																		
1011	挖掘机 2 m^3	214.69	130.26	89.06	54.68	3.56	84.43	2.70	24.03			20.2	60.40						
1042	推土机 59 kW	68.09	21.61	10.80	13.02	0.49	46.48	2.40	21.36			8.40	25.12						
1096	手持式风钻	31.16	2.17	0.54	1.89		28.99									180.1	28.82	0.30	0.17
二	混凝土机械																		
2047	振动器 1.1 kW	2.18	1.38	0.32	1.22		0.80							0.80	0.80				
2013	搅拌搂 2×1 m^3	229.42	104.45	93.27	25.91		124.97	7.30	64.97					60.00	60.00				
2080	风水枪	35.25	0.59	0.24	0.42		34.66									202.5	32.40	4.10	2.26
三	运输机械																		
3004	载重汽车 5 t	50.29	16.54	7.77	10.86		33.75	1.30	11.57	7.20	22.18								
3017	自卸汽车 15 t	114.75	64.01	42.67	29.87		50.74	1.30	11.57			13.1	39.17						
四	起重机械																		
4085	汽车起重机 5 t	64.31	22.42	12.92	12.42		41.89	2.70	24.03	5.80	17.86								
六	钻孔灌浆机械																		
6002	地质钻机 150 型	49.90	13.39	3.80	8.56	2.37	36.51	2.90	25.81					10.70	10.70				
6024	灌浆泵中压泥浆	43.46	8.90	2.38	6.95	0.57	34.56	2.40	21.36					13.20	13.20				
九	其他机械																		
8017	固定式空压机 9 m^3/min	74.78	6.51	2.93	3.80	0.54	68.27	1.30	11.57					56.70	56.70				
9028	离心水泵 55 kW	75.18	10.41	1.41	7.75	2.20	64.77	1.30	11.57					53.20	53.20				

一次大修费用可按一次大修所需的人工、材料、机械等进行计算，也可参考实际资料按占机械预算价格的百分率计算。

2.4.3.3　**经常性修理费**

经常性修理费包括修理费、润滑及擦拭材料费等。

(1)修理费。包括中修和各级保养，一般按大修间隔内的平均修理费计算，计算公式为：

$$\text{修理费}=\frac{\text{大修理间隔期内修理费之和}}{\text{大修理间隔台时}}=\frac{\text{中修费用}+\text{各级保养费用}}{\text{大修理间隔台时}} \tag{1-40}$$

(2)润滑及擦拭材料费。计算公式如下：

$$\text{台时润滑及擦拭材料费}=\frac{\text{机械年润滑及擦拭材料费}}{\text{年工作台时}} \tag{1-41}$$

其中，润滑油脂的耗用量一般按机械台时耗用燃料油量的百分比计算，柴油机械按6%，汽油机械按5%，棉纱头及其他油料耗用量，可按实际情况计算。

上述两项费用虽然都可用公式计算，但式中一些数据往往难以得到。因此，在实际计算经常性修理费时，通常用经常性修理费占大修理费的百分比来计算，百分比一般通过对典型机械的测算确定，然后求得同类其他机械的修理费。计算公式为：

$$\text{经常性修理费}=\text{台时大修理费}\times\text{经常性修理费费率} \tag{1-42}$$

$$\text{经常性修理费费率}=\frac{\text{典型机械台时经常修理费}}{\text{典型机械台时大修理费}}\times 100\% \tag{1-43}$$

2.4.3.4　**机械保管费**

机械保管费是指机械保管部门保管机械所需的费用。包括机械在规定年工作台时以外的保养、维护所需的人工、材料和用品费用。其计算公式如下：

$$\text{台时保管费}=\frac{\text{机械预算价格}}{\text{机械年工作台时}}\times\text{保管费费率} \tag{1-44}$$

保管费费率的高低与机械预算价格有直接的关系。机械预算价格低，保管费费率高；反之，机械预算价格高，保管费费率低。保管费费率一般在0.15%～1.5%范围内。某水电工程局总结出修正的经验公式为：

$$\text{台时保管费}=K_{\text{保}}\times\text{台时机上人工数} \tag{1-45}$$

$$K_{\text{保}}=HGZJ \tag{1-46}$$

$$H=(\text{年日历天数}-\text{年台时数}\div\text{日工作台时})\div\text{年台时数} \tag{1-47}$$

$$G=\text{工时人工预算单价}\div\text{出勤率} \tag{1-48}$$

式中　H——闲置系数；

G——实际出勤工时人工预算单价；

Z——闲置期间人员调整系数，取70%；

J——闲置期间设备维修消耗的材料费用系数，一般取1.1。

2.4.3.5　**替换设备及工具、附具费**

替换设备及工具、附具费是指机械正常运行所需更换的设备、工具、附具摊销到台时中的费用。计算公式为：

$$台时替换设备及工具附具费=\frac{年替换设备及工具附具费}{年工作台时} \tag{1-49}$$

在资料不易取得的情况下，也可按上述费用占大修理费的百分率的方法计算。

2.4.3.6 **安装拆卸及辅助设施费**

计算公式为：

$$台时安装拆卸及辅助设施费=台时大修理费\times 安拆费费率 \tag{1-50}$$

$$安拆费费率=\frac{典型机械安装拆卸及辅助设施费}{典型机械台时大修理费}\times 100\% \tag{1-51}$$

特大型和部分大型施工机械的安装拆卸及辅助设施费，不在施工机械台时费中计列，而另列于临时工程中。

以上6项费用之和为一类费用。其中2~6项费用计算较烦琐，资料不易取得，编制补充机械台时费时也可按相似机械相应定额中的各项费用占基本折旧费的比例计算，其中2~5项之和即为修理及替换设备费。

2.4.3.7 **机上人工费**

机上人工费计算公式为：

$$机上人工费=机上人工工时数\times 人工工时预算单价 \tag{1-52}$$

2.4.3.8 **动力、燃料费**

(1)电动机械台时电力消耗量。计算公式为：

$$Q=1(\mathrm{h})\times NK \tag{1-53}$$

$$K=\frac{K_1K_2}{K_3K_4} \tag{1-54}$$

式中 Q——台时电力消耗量，kWh；

N——电动机额定功率，kW；

K——电动机综合利用系数；

K_1——电动机出力系数，一般取0.40~0.60；

K_2——电动机能量利用系数，一般取0.50~0.70；

K_3——低压线路电力损耗系数，一般取0.95；

K_4——平均负荷时电动机有效利用系数，一般取0.78~0.88。

(2)内燃机械台时燃料消耗量。计算公式为：

$$Q=1(\mathrm{h})\times NGK \tag{1-55}$$

式中 Q——台时燃料消耗量，kg；

N——发动机额定功率，kW；

G——额定耗油量，kg/kWh；

K——发动机综合利用系数，一般取0.20~0.40。

(3)蒸汽机械台时水、煤消耗量。计算公式为：

$$Q=1(\mathrm{h})\times NGK \tag{1-56}$$

式中 Q——台时水、煤消耗量，kg；

N——蒸汽机额定功率,kW;

G——额定水、煤耗用量,kg/kWh;

K——蒸汽机综合利用系数,机车取0.14~0.80,锅炉、打桩机取0.55~0.75。

(4)风动机械台时压气消耗量。计算公式为:

$$Q = 60(\text{min}) \times qK \tag{1-57}$$

式中 Q——台时压气消耗量,m^3;

q——风动机械压气消耗量,m^3/min;

K——风动机械综合利用系数,一般可取0.60~0.70。

上述2.4.3.7、2.4.3.8两项费用之和为二类费用。一类费用、二类费用之和即为所计算的施工机械台时费。

【例1-1】 试计算QTP-80外爬式塔式起重机台时费。资料如下:

(1)出厂价30.5万元,运杂费费率5%;

(2)设备使用年限19年,年工作台班250个,耐用台班4 750个,残值率4%;

(3)大修理次数2次,一次大修理费占设备预算价格的4%;

(4)台时经常性修理费占台时大修理费的231%;

(5)台时替换设备费占台时大修理费的88%;

(6)安装拆卸费按规定单独计算,不列入台时费;

(7)年保管费占设备预算价格的0.25%;

(8)动力燃料费:电动机容量53.4 kW,电动机综合利用系数0.24;

(9)机上人工2个,人工工时预算单价5.53元;

(10)电价0.5元/kWh。

解:设备预算价格=305 000×(1+5%)=320 250(元)

1.一类费用

(1)基本折旧费=320 250×(1-4%)÷(4 750×8)=8.09(元/台时)

(2)大修理费=320 250×4%×2÷(4 750×8)=0.67(元/台时)

(3)经常性修理费=0.67×231%=1.55(元/台时)

(4)替换设备费=0.67×88%=0.59(元/台时)

(5)保管费=320 250×0.25%÷(250×8)=0.40(元/台时)

一类费用小计为11.30元/台时。

2.二类费用

(1)机上人工费=5.53×2=11.06(元/台时)

(2)耗电费=53.4×0.24×0.5=6.41(元/台时)

二类费用小计为17.47元/台时。

3.台时费

台时费=一类费用+二类费用=11.3+17.47=28.77(元/台时)

2.4.4　组合台时费的计算

组合台时(简称组时)是指多台施工机械设备相互衔接或配备形成的机械联合作业

系统的台时,组时费是指系统中各机械台时费之和,其计算公式为:

$$B = \sum_{i=1}^{m} T_i n_i \tag{1-58}$$

式中 B——机械组时费,元/组时;

m——该系统的机械设备种类数目;

T_i——第 i 种机械设备的台时费,元/台时;

n_i——第 i 种机械配备的台数,台。

项目实训与思考

1. 背景材料:已知某水利工程中中级工人工预算单价为 5.60 元/工时,柴油预算价格为 3.61 元/kg。台时费中一类费用不需调整。

问题:按现行台时费定额计算 15 t 自卸汽车的台时费。

2. 背景材料:

某施工机械出厂价 120 万元(含增值税),运杂费费率 5%,残值率 3%,寿命台时为 10 000 h,电动机功率 250 kW,电动机台时电力消耗综合系数 0.8,中级工 5.62 元/工时,电价 0.732 元/kWh。

同类型施工机械台时费定额的数据为:折旧费 108.10 元,修理及替换设备费 44.65 元,安装拆卸费 1.38 元;中级工 2.4 工时。

问题:计算

(1)编制该施工机械一类费用;

(2)编制该施工机械二类费用;

(3)计算该施工机械台时费。

任务 2.5 编制砂石料单价

学习指导

知识目标:

1. 了解砂石料的分类及其特点;
2. 了解自采砂石料的生产工艺流程;
3. 掌握自采砂石料的单价组成及计算方法。

技能目标:

能分析工程特点及砂石料开采工艺流程,选择定额子目,综合计算砂石料单价。

重　点:

计算自采砂石料的单价。

砂石料是水利工程中砂砾料、砂、卵(砾)石、碎石、块石、料石、骨料等材料的统称。其中,砂砾料指未经加工的天然砂卵石料;骨料指经过加工分级后可用于混凝土制备的砂、砾石和碎石的统称；砂指粒径不超过5 mm的骨料；碎石指经破碎、加工分级后粒径大于5 mm的骨料；砾石指砂砾料经加工分级后粒径大于5 mm的卵石；碎石原料指未经破碎、加工的岩石开采料；超径石指砂砾料中大于设计骨料最大粒径的卵石；块石指长、宽各为厚度的2~3倍，厚度大于20 cm的石块；片石指长、宽各为厚度的3倍以上、厚度大于15 cm的石块；毛条石指长度大于60 cm的长条形四棱方正的石料；料石指毛条石经过修边打荒加工、外露面方正、各相邻面正交、表面凹凸不超过10 mm的石料。

在水利工程建设中，由于砂石料使用量大，砂石料单价的高低对工程投资的影响较大，所以在编制其单价时，必须深入现场调查，认真收集地质勘探、试验、设计资料，掌握其生产条件、生产流程，正确选用定额进行计算，保证砂石料单价的可靠性。这里主要介绍自行采备砂石料的单价分析方法。

2.5.1　砂石料的分类及其特点

砂石料是水利水电工程的主要建筑材料，按其来源不同一般可分为天然砂石料和人工砂石料两种。天然砂石料是岩石经风化和水流冲刷而形成的，有河砂、山砂、海砂以及河卵石、山卵石和海卵石等；人工砂石料是采用爆破等方式，开采岩体经机械设备破碎、筛洗、碾磨加工而成的碎石和人工砂（又称机制砂）。

大中型工程一般由施工单位自行采备，形成机械化联合作业系统，小型工程一般可就近在市场上采购。外购砂石料的单价按编制材料预算价格的方法编制；自行采备的砂石料必须单独编制单价。

2.5.2　砂石料生产的工艺流程与单价组成

2.5.2.1　砂石料生产的工艺流程

砂石料生产的工艺流程主要如下所述。

1. *覆盖层清除*

天然砂石料场或采石场表面的杂草、树木、腐殖土或风化与弱风化岩石及夹泥层等覆盖物，在毛料开采前必须清理干净。该工序单价应根据施工组织设计确定的施工方式，套用一般土石方工程概预算定额计算，然后摊入砂石料成品单价中。

2. *毛料开采运输*

毛料开采运输是指毛料从料场开采、运输到筛分厂毛料堆的整个过程。该工序费用应根据施工组织设计确定的施工方法，选用概预算定额进行计算。

3. *毛料的破碎、筛分、冲洗加工*

（1）天然砂石料的破碎、筛分、冲洗加工。一般包括预筛分、超径石破碎、筛洗、中间破碎、二次筛分、堆存及废弃料清除等工序。

筛洗是指将毛料和碎石半成品通过各级筛分机与洗砂机筛分、冲洗成设计需要的质量合格的不同粒径粗骨料与细骨料的过程。一般包括预筛、初筛、复筛、洗砂等过程。其中，预筛分是指将毛料隔离超径石的过程。

破碎加工一般包括超径石破碎（粗碎）和中间破碎（中碎）。超径石破碎是指将预筛分隔离的超径石进行一次或两次破碎，加工成需要粒径的碎石半成品的过程；中间破碎是指由于生产和级配平衡的需要，将一部分大粒径骨料进行破碎加工的过程。按现行定额规定，超径石破碎定额包含中间破碎，只是在计算破碎单价时应根据要求破碎产品的粒径不同查找相应的定额表。破碎后的碎石再返回筛分厂进行筛洗。

二次筛分是指粗骨料在运输、储存过程中会受污染，逊径含量也可能超标，为保证混凝土质量，有的工程在骨料上搅拌楼之前进行的第二次筛分。

(2)人工砂石料的破碎、筛分、冲洗加工。一般包括破碎(一般分为粗碎、中碎、细碎)、筛分(一般分为预筛、初筛、复筛)、冲洗等工序。根据现行定额，人工砂石料加工分为三种情况，即单独生产碎石、单独生产人工砂，同时生产碎石和人工砂。当人工砂石料加工的碎石原料含泥量超过5%时，需增加预洗工序。

编制破碎筛洗加工单价时，应根据施工组织设计确定的施工机械、施工方法，套用相应概预算定额进行计算。

4. 成品运输

成品运输是指将经过筛洗加工后的成品料，运至混凝土搅拌楼前的调节料仓或与搅拌楼上料胶带输送机相接为止的过程。运输方式根据施工组织设计确定，运输单价采用概预算相应的子目计算。

以上各工序可根据料场天然级配和混凝土生产需要，在施工组织设计中确定其取舍与组合，可参考工艺流程图(见图1-7~图1-12)。

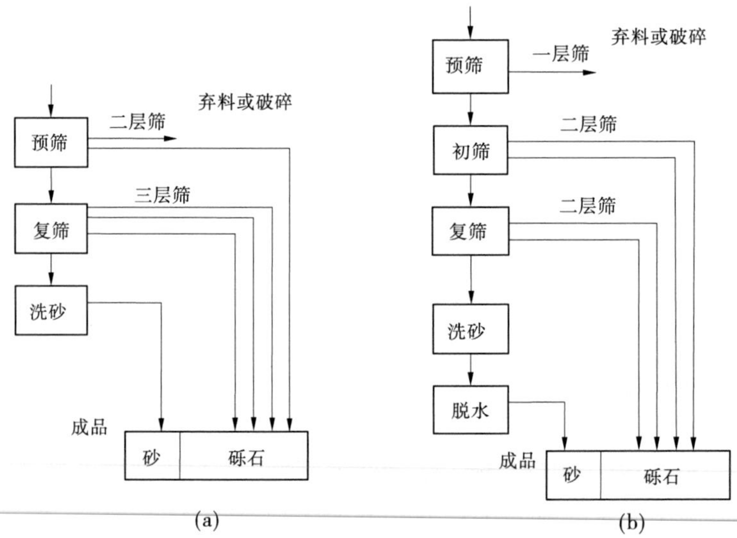

图1-7 天然砂砾料筛洗工艺流程

2.5.2.2 砂石料单价组成

砂石料单价，是指混凝土拌和系统骨料储存仓内1 m^3骨料的价格，它一般包括从料场覆盖层清除到毛料开采运输、砂砾料加工、直至成品料运输到混凝土搅拌楼前调节料仓或与搅拌楼上料胶带输送机相接为止的全部生产流程所发生的费用。砂石料单价应根据施工组织设计确定的砂石备料方案和工艺流程，按相应定额计算各加工工序单价，然后累

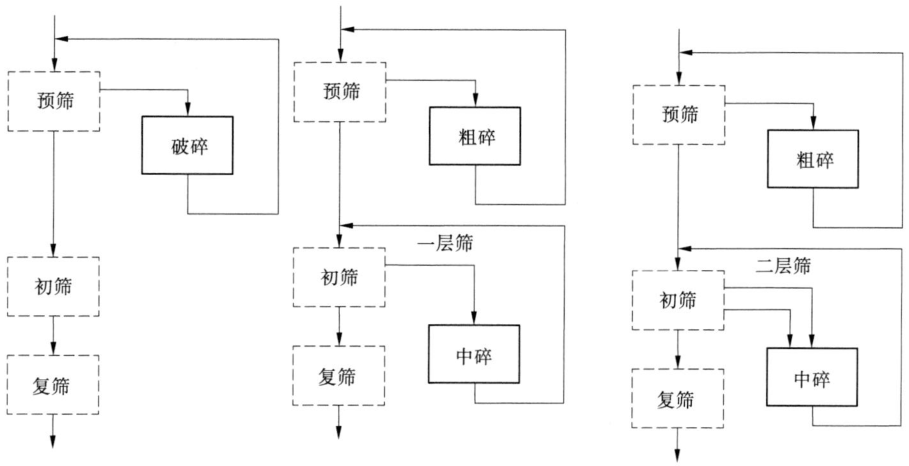

(a)$d<150$ mm (d)$d<80$ mm (c)$d<40$ mm

图 1-8 超径石破碎工艺流程

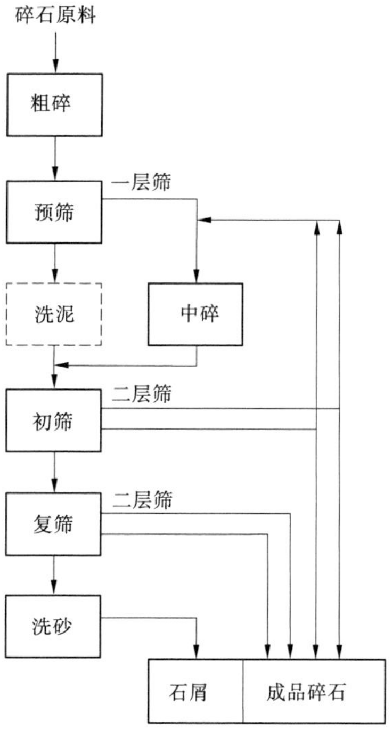

图 1-9 制碎石工艺流程

计计算成品单价。

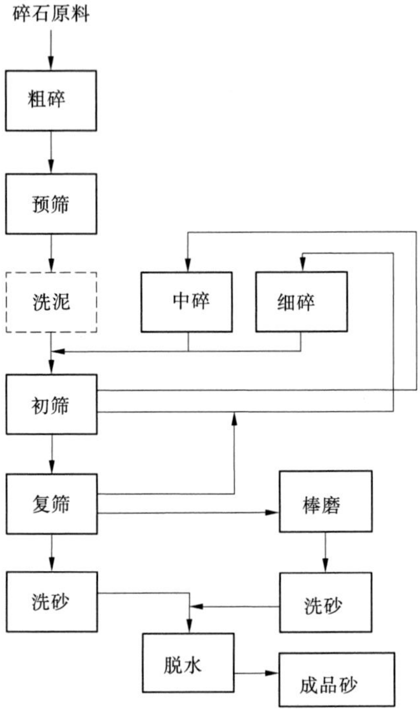

图 1-10　制砂工艺流程

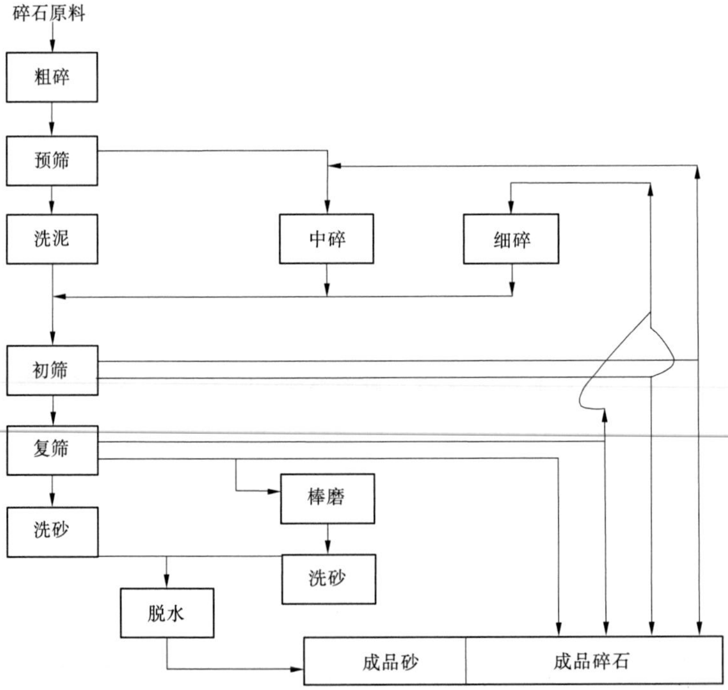

图 1-11　制碎石和砂工艺流程

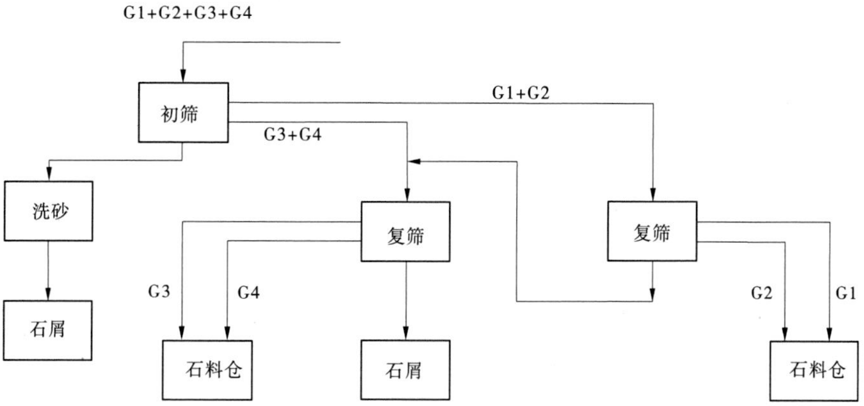

图 1-12　骨料二次筛分工艺流程

2.5.3　砂石料单价的计算

2.5.3.1　收集基本资料并进行砂石料级配平衡计算

级配平衡计算有粗算和精算之分，有一次平衡计算、多次平衡计算之分。在概算中粗算可满足要求，精算多次平衡计算比较费时。级配平衡计算的主要内容有：

(1)根据地质勘探资料，编制砂砾料天然级配表；

(2)根据砂浆、混凝土工程量及其配合比列表计算出骨料需用量；

(3)确定天然砂砾料可利用率；

(4)根据天然级配表、骨料需用量表列表进行骨料级配平衡计算，表中列出各种粒径骨料需用量、天然产出量以及各种粒径骨料缺少量和富裕量。若骨料级配供求不平衡，则需要进行调整。当砾石多而缺砂时，可用砾石制砂；当中小石不足时，可用超径石或大石破碎补充。

2.5.3.2　拟定砂石料生产工艺流程、确定砂石加工厂规模及计算参数

1. 拟定砂石料生产工艺流程

砂石料生产工艺流程可根据工程施工组织设计和骨料级配平衡计算成果并参考前面介绍的工艺流程图(见图 1-7～图 1-12)等资料拟定。

2. 确定砂石加工厂规模

砂石加工厂规模由施工组织设计确定。根据《水利水电工程施工组织设计规范》(SL 303—2004)规定，砂石加工厂的生产能力应按混凝土高峰时段(3～5 个月)月平均骨料需用量及其他砂石需用量计算。砂石加工厂生产时间，通常为每日二班制，高峰时为三班制，每月有效工作时间可按 360 h 计算。小型工程的砂石加工厂采用一班制生产时，每月有效工作时间可按 180 h 计算。

计算出需要成品的小时生产能力后计及损耗，即可求得按进料量计的砂石加工厂小时处理能力，据此套用相应定额。

3. 确定计算参数

计算参数主要是指砂石料生产流程中各工序的工序单价系数。主要有：

1)覆盖层清除单价系数

覆盖层清除单价系数即为覆盖层清除摊销率,是指覆盖层的清除量占设计成品骨料量的比例,计算公式为:

覆盖层清除摊销率 = 覆盖层清除量(m^3)(自然方) ÷ 设计成品骨料量(t) × 100% (1-59)

如各料场清除覆盖层性质与施工方法不同,应分别计算各料场覆盖层清除摊销率。

2)毛料采运单价系数

毛料采运单价系数按现行 2002 年部颁定额确定,其中,天然砂砾料采运单价系数按砂砾料筛洗定额表中砂砾料采运量除以定额数量确定;砾石原料采运单价系数按人工砂石料加工定额表中碎石原料量(包含含泥量)除以定额数量确定。

3)含泥碎石预洗单价系数

按现行 2002 年部颁定额分章说明规定确定:制碎石取 1.22;制人工砂取 1.34。

4)弃料处理单价系数

弃料处理单价系数即为弃料处理摊销率,计算公式为:

弃料处理摊销率 = 弃料处理量 ÷ 设计成品骨料量 × 100% (1-60)

由天然砂砾料筛洗加工成合格骨料过程中产生的弃料总量是毛料开采量与设计成品骨料量之差,包括由于天然级配与设计级配不同而产生的级配弃料、超径弃料、筛洗剔除的杂质和含泥量以及施工损耗。在砂石骨料单价计算中,施工损耗在定额中考虑,不再计入弃料处理摊销率,只对超径弃料和级配弃料(包括筛洗剔除的杂质与含泥量)分别计算摊销率。如施工组织设计规定某种弃料需挖装运出至指定弃料地点,则还应计算这一部分运出弃料的摊销率。

弃料处理单价应按弃料处理摊销率摊入到成品骨料单价中。

5)超径石破碎单价系数

超径石破碎(包含中间破碎)单价系数即为超径石破碎摊销率。超径石如果破碎利用,则需将其破碎单价按超径石破碎摊销率摊入到成品骨料单价中。计算公式为:

超径石破碎单价系数 = 超径石破碎量 ÷ 砾石总用量 (1-61)

6)二次筛分单价系数

如果骨料需要进行二次筛分,则需将二次筛分单价按二次筛分单价系数摊入到成品骨料单价中去。

二次筛分单价系数 = 二次筛分量 ÷ 砾石总用量 (1-62)

此外,砂砾料筛洗、人工制碎石、人工制砂、人工制碎石和砂、成品(半成品)运输等工序的工序单价系数均为 1.0。

2.5.3.3 选用合适定额计算各工序单价

1. 计算覆盖层清除单价

覆盖层清除单价以自然方计,根据施工组织设计确定的施工方法,采用土石方工程相应定额编制单价。

2. 计算毛料采运、加工、运输单价

毛料(砂砾料或碎石原料)采运、加工、运输单价应根据施工组织设计确定的施工方法,结合砂石料加工厂生产规模,采用《水利建筑工程概算定额》第六章“砂石备料工程”中相应定额子目编制概算单价。

计算时应注意以下几点:

(1)除注明者外,毛料开采、运输定额计量单位为成品方(堆方、码方),砂石料加工等定额计量单位为成品重量(t)。计量单位之间的换算如无实际资料,可参考表1-29所示数据。

表1-29 砂石料密度参考

砂石料类别	天然砂石料			人工砂石料		
	松散砂砾混合料	分级砾石	砂	碎石原料	成品碎石	成品砂
密度(t/m^3)	1.74	1.65	1.55	1.76	1.45	1.50

(2)在计算人工砂石料加工单价时,如果生产碎石的同时,附带生产人工砂的数量不超过总量的10%,则采用单独制碎石定额计算其单价;如果生产碎石的同时,生产的人工砂数量超过总量的10%,则采用同时制碎石和砂的定额计算其单价。

(3)在计算砂砾料(或碎石原料)采运单价时,如果有几个料场或有几种开采运输方式,应分别编制单价后用加权平均方法计算毛料采运综合单价。

(4)弃料单价应为选定处理工序处的砂石料单价。在预筛时产生的超径石弃料单价,其筛洗工序单价可按砂砾料筛洗定额中的人工和机械台时数量各乘以0.2的系数计价,并扣除用水。若余弃料需转运到指定地点,其运输单价应按砂石备料工程有关定额子目计算。

(5)根据施工组织设计,当砂石加工厂的预筛粗碎车间与成品筛洗车间距离超过200 m时,应按半成品料运输方式及相关定额计算其单价。

2.5.3.4 根据拟定流程计算砂石料综合单价

砂石料综合单价等于各工序单价分别乘以其单价系数后累加。在砂石料综合单价计算中,如弃料用于其他工程项目,应按可利用量的比例从砂石单价中扣除。

按水利部现行编制规定,水利工程砂石料由承包商自行采备时,砂石料单价应计入直接工程费、间接费、企业利润和税金。砂、碎石(砾石)、块石、料石等预算价格控制在70元/m^3左右,超过部分计取税金后列入相应部分之后。

【例1-2】 某水利水电工程,混凝土总量102万m^3,其中四级配50万m^3,三级配35万m^3,二级配15万m^3,另用水泥砂浆2.0万m^3。施工组织设计确定高峰时段混凝土浇筑量为5万m^3/月,砂石加工厂设在料场附近,与混凝土搅拌楼相距2 500 m,其间成品骨料运输采用胶带运输机。粗骨料上搅拌楼之前设二次筛分,4种骨料中有一半需进行二次筛洗。

该工程的天然砂砾料场距坝址3 km,为水下中厚层料场,有效层平均厚度4 m,无覆盖,拟采用2 m^3液压反铲挖掘机,2 m^3液压正铲挖掘机装15 t自卸汽车运1 km到加工厂。

据地质勘探资料,砂砾料天然级配如表 1-30 所示。试根据以上资料计算石子概算单价、砂子综合概算单价。

表 1-30　砂砾料天然级配

项目	以天然砂砾料为 100%				以砾石为 100%				自然密度 (t/m^3)	砾石含泥率 (%)
	超径石 (>150)	砾石 (150~5)	砂子 (5~0.15)	粉粒 (<0.15)	G1 (150~80)	G2 (80~40)	G3 (40~20)	G4 (20~5)		
百分数 (%)	10.0	75.0	10.0	5.0	35.0	45.0	8.0	12.0	1.95	<0.1

注:石子、砂子粒径单位为 mm,以下表同。

解:1. 骨料需用量计算

参考水利部 2002《水利建筑工程概算定额》附录 7 中附表 7-7,C15 混凝土用水泥强度等级为 32.5;附表 7-15 接缝水泥砂浆 M20。骨料需用量计算如表 1-31 所示。

表 1-31　骨料需用量计算

序号	项目	混凝土量 (万 m^3)	骨料量 (万 t)	砂子		砾石		石子级配(%)			
				单位用量 (t/m^3)	合计用量 (万 t)	单位用量 (t/m^3)	合计用量 (万 t)	G1 (150~80)	G2 (80~40)	G3 (40~20)	G4 (20~5)
1	砂浆	2.0	3.10	1.55	3.1	0	0				
2	二级配	15.0	32.25	0.78	11.70	1.37	20.55			50	50
3	三级配	35.0	79.10	0.62	21.70	1.64	57.40		40	30	30
4	四级配	50.0	116.50	0.53	26.50	1.80	90.00	30	30	20	20
5	共计	102	230.95	0.62	63.00	1.65	167.95				
6	百分比 (%)		100		27.3		72.7	16.08	29.74	27.09	27.09

2. 级配平衡计算

天然砂砾料中粒径小于 0.15 mm 的粉粒在加工过程中随水冲走,大于 150 mm 的超径石有 2%无法利用,预筛后弃料处理。由表 1-30 可知,天然砂砾料可利用率为 100%−5%−2%=93%,因此天然砂砾料产出量为 230.95÷93%=248.33(万 t),骨料需用量与天然级配平衡情况如表 1-32 所示。

表 1-32　骨料级配平衡

序号	项目	总量（万 t）	其中有用量		砾石分级量（万 t）				>150 超径石利用量（万 t）	弃料量（万 t）
			砂量（万 t）	砾石（万 t）	G1（150~80）	G2（80~40）	G3（40~20）	G4（20~5）		
1	骨料需用量	230.95	63.00	167.95	27.00	49.95	45.50	45.50		
2	天然产出量	248.33	24.83	186.25	65.19	83.81	14.90	22.35	19.87	17.38
3	平衡情况	+17.38	−38.17	+18.30	+38.19	+33.86	−30.60	−23.15	+19.87	

注：其中超径石弃料量为 248.33×2% = 4.97（万 t）。

由表 1-32 可见，骨料级配供求不平衡：砾石多，砂缺 38.17 万 t，占需用量的 60%，需用砾石制砂；另外，G3、G4 石子缺 53.75 万 t，需用超径石和大石破碎补充，破碎量为 19.87+38.19+33.86 = 91.92（万 t），占砾石总产量（186.25+19.87 = 206.12（万 t））的 44.6%，占骨料总用量（230.95 万 t）的 39.8%。

3. 拟定砂石料生产流程和工厂规模

1）砂石料生产流程

根据级配平衡计算成果和施工组织设计，可拟定本工程砂石料生产流程如图 1-13 所示。

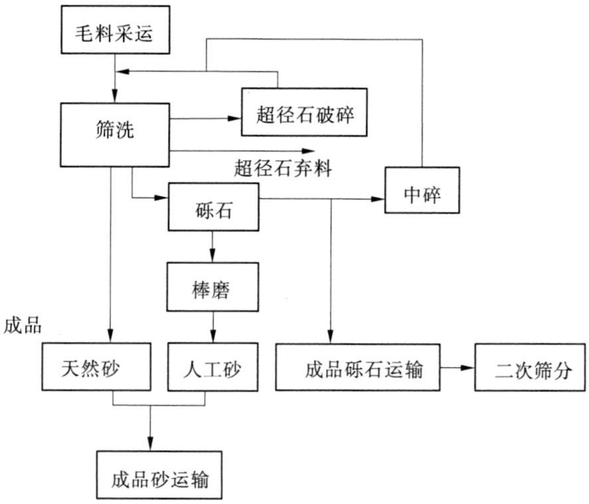

图 1-13　砂石料生产流程

2）计算砂石加工厂规模

（1）砂砾料筛洗厂生产能力。

Q = 1.16×50 000 m^3/月×230.95 万 t÷102 万 m^3÷360 h/月

= 364.79 t/h

其中，1.16 为加工损耗系数，查砂砾料筛洗定额确定，即用砂砾料采运量除以定额数量；360 h/月为砂石加工厂每月有效工作时间。

查定额可知，砂砾料筛洗厂生产规模应为 Q_1 = 2×220 t/h。

（2）超径石破碎车间生产能力。

Q = 91.92 万 t÷248.33 万 t×2×220 t/h = 162.87 t/h

查定额可知,超径石破碎生产规模应为 $Q_2=1\times160$ t/h。

(3)二次筛分厂生产能力(按混凝土搅拌能力计算)。

$$Q=50\ 000\ \text{m}^3/\text{月}\div360\ \text{h}/\text{月}=138.89\ \text{m}^3/\text{h}$$

查定额可知,二次筛分生产规模应为 $Q_3=140$ m³/h。

(4)砾石制砂厂生产能力。

$$Q=1.28\times38.17\ \text{万 t}\div248.33\ \text{万 t}\times2\times220\ \text{t/h}=86.57\ \text{t/h}$$

式中,1.28为损耗系数,查人工制砂定额确定,即用定额中碎石原料采运量除以定额数量。

查定额可知,砾石制砂厂生产规模应为 $Q_4=2\times50$ t/h。

4. 计算工序单价和工序单价系数

1)计算工序单价

工序单价可根据施工组织设计确定的施工方法与砂石加工厂规模,选用相应的定额子目计算。假设各工序单价计算结果为:砂砾料开采单价1.99元/m³,砂砾料运输单价6.06元/m³,砂砾料筛洗单价5.34元/t,超径石破碎单价3.94元/t,成品骨料运输单价6.22元/m³,骨料二次筛分单价3.30元/t,机制砂单价23.86元/t。工序单价计算过程略。

2)计算工序单价系数

(1)毛料采运单价系数:查砂砾料筛洗定额可知,砂砾料开采、运输单价系数为116/100=1.16;查机制砂定额可知,碎石原料采运单价系数为128/100=1.28。

(2)超径石破碎单价系数=91.92万t/206.12万t=0.446。

(3)超径石弃料摊销率=4.97万t/230.95万t=0.022。

(4)骨料二次筛分单价系数为0.5,其他工序单价系数为1.0。

5. 计算砂石料综合单价

(1)砾石综合单价计算,如表1-33所示,表中各计量单位的换算可参见表1-33。

表1-33 砾石综合单价计算

序号	项目	定额编号	工序单价(元/t)	系数	复价(元/t)
1	砂砾料开采	60047	1.99/1.74	1.16	1.33
2	砂砾料运输	60212	6.06/1.74	1.16	4.04
3	砂砾料筛洗	60075	5.34	1.0	5.34
4	超径石破碎	60092	3.94	0.446	1.76
5	超径弃料摊销(就地弃料)	60047 60212 60075	1.33+4.04+5.34×0.2=6.438	0.022	0.14
6	成品运输(L=2 500 m)	60164	6.22/1.65	1.0	3.77
7	二次筛分	60411	3.30	0.5	1.65
8	合计				18.03
砾石单价为18.03×1.65=29.75(元/m³)					

(2)砂子综合单价计算。

本工程生产的砂有天然砂和人工砂两种，应先分别计算出其单价，再按其所占比例加权计算出砂子的综合单价。天然砂和人工砂的单价计算如表1-34、表1-35所示。

因此，砂子综合单价计算公式为：

23.03×24.83/(24.83+38.17)+65.96×38.17/(24.83+38.17)=49.04(元/m^3)

表1-34 天然砂单价计算

序号	项目	定额编号	工序单价(元/t)	系数	复价(元/t)
1	砂砾料开采	60047	1.99/1.74	1.16	1.33
2	砂砾料运输	60212	6.06/1.74	1.16	4.04
3	砂砾料筛洗	60075	5.34	1.0	5.34
4	超径弃料摊销(就地弃料)	60047 60212 60075	1.33+4.04+5.34×0.2=6.438	0.022	0.14
5	成品运输(L=2 500 m)	60164	6.22/1.55	1.0	4.01
6	合计				14.86
天然砂单价为14.86×1.55=23.03(元/m^3)					

表1-35 人工砂单价计算表

序号	项目	定额编号	工序单价(元/t)	系数	复价(元/t)
1	砾石原料(d<40 mm)		1.33+4.04+5.34+1.76=12.47	1.28	15.96
2	机制砂	60133	23.86	1.0	23.86
3	成品运输(L=2 500 m)	60164	6.22/1.50	1.0	4.15
4	合计				43.97
人工砂单价为43.97×1.50=65.96(元/m^3)					

注：砾石原料价按砾石采运、筛洗、破碎综合价计算。

2.5.4 自采块石、料石单价计算

自采块石、片石、料石、条石单价是指将开采的质量合格的石料运输到施工现场堆料点的单位价格。一般包括料场覆盖层(风化层、无用夹层等)清除、石料开采、加工(修凿)、运输、堆存以及以上施工过程中的损耗等。

自采石料单价应根据地质报告有关资料和施工组织设计确定的工艺流程、施工方法，选用相应定额子目进行计算，其计算公式为

$$J_{石}=f\cdot F+(D_1+D_2)\times(1+k) \tag{1-63}$$

式中 $J_{石}$——自采块石、片石、料石、条石单价，片石、块石单价以元/m^3成品码方计，料石、条石以元/m^3清料方计；

f——覆盖层清除摊销率，指覆盖层清除量占需用石料方量的比例，以%计；

F——覆盖层清除单价，元/m^3；

D_1——石料开采加工单价，根据岩石级别、石料种类和施工方法按定额相应子目

计算,元/m^3;

D_2——石料运输堆存单价,根据施工方法和运距按定额相应子目计算,元/m^3;

k——综合损耗率,块石可取4%,料石、条石可取2%。

项目实训与思考

1. 背景材料:某水利枢纽工程,混凝土所需骨料拟从天然砂砾料场开采,料场覆盖层清除量15万m^3自然方,设计需用成品骨料150万m^3成品方,超径石7.5万m^3成品方作弃料,并运至弃渣场。

1)计算参数

(1)覆盖层清除摊销率=15/150=10%;

(2)超径石弃料摊销率=7.5/150=5%。

2)施工方法及流程框图。

(1)覆盖层清除:3 m^3液压挖掘机挖装20 t自卸汽车运1 km;

(2)砂砾料开采运输:3 m^3液压挖掘机挖装20 t自卸汽车运2 km;

(3)砂砾料筛洗:系统能力2×220 t/h;

(4)超径石弃料运输:3 m^3液压挖掘机挖装20 t自卸汽车运1 km;

(5)流程框图见图1-14。

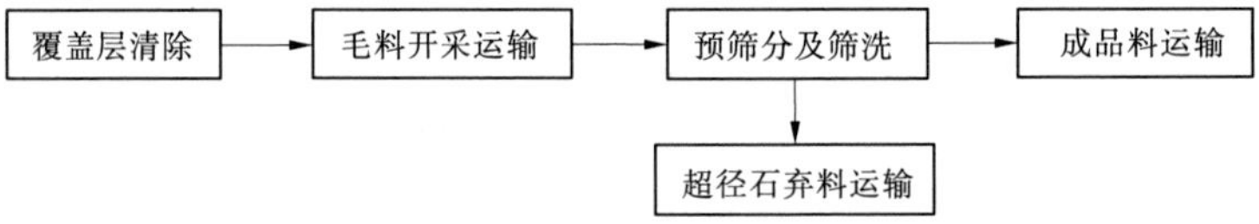

图1-14　题1图

3)工序单价计算

工序单价计算由砂石备料工程单价表得出,汇总如表1-36所示。

表1-36　工序单价汇总

序号	定额编号	项目名称	单位	单价
1	10664	覆盖层清除摊销费	元/100 $t_{成品}$	49
2	60230	天然砂砾料开采运输	元/100 $t_{成品}$	339
3	60075调	预筛分	元/100 $t_{成品}$	81
4	60075	天然砂砾料筛洗	元/100 $t_{成品}$	462
5	60225	成品料运输(粗骨料)	元/100 $t_{成品}$	378
6	60225	成品料运输(砂子)	元/100 $t_{成品}$	403
7	60224	弃料运输	元/100 $t_{成品}$	320

问题:计算骨料单价。

2. 背景材料:某水利枢纽工程位于海拔1 800 m地区,设计混凝土骨料量75万t。其中砂子24万t,采用天然砂石料筛洗加工,料场覆盖层清除量7万m^3。由于骨料级配供求不平衡，缺砂12万t由筛洗获得的粒径20~40 mm的砾石经棒磨制砂给予补充，最终级配弃料5万t。

计算参数如下：

(1)砂石料密度：覆盖层天然密度1.50 t/m^3，天然砂砾料密度1.74 t/m^3，分级砾石密度1.65 t/m^3，天然砂密度1.55 t/m^3，人工砂密度1.50 t/m^3；

(2)筛洗系统处理能力2×220 t/h，制砂棒磨机1台，处理能力50 t/h；

(3)砂石备料工程综合取费费率为21.98%；

(4)施工组织设计工艺流程及各流程工序概算直接费单价如图1-15所示。

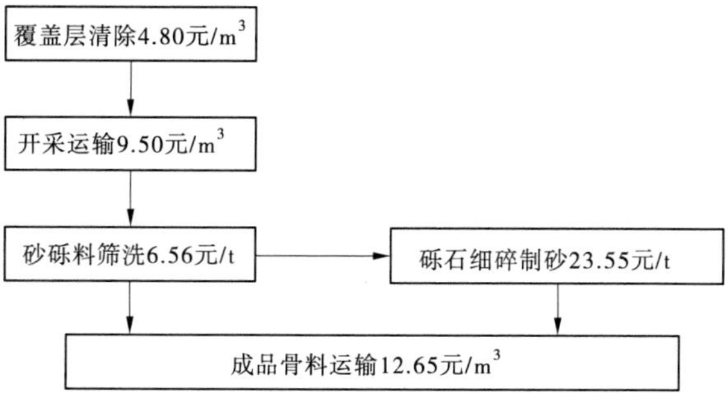

图1-15　题2图

问题：计算该工程混凝土骨料(砂及砾石)的单价。

任务2.6　编制混凝土、砂浆材料单价

学习指导

知识目标：

1. 了解混凝土、砂浆的材料组成、强度等级和配合比；
2. 掌握混凝土、砂浆单价的计算方法和基本原则。

技能目标：

能根据工程需要，选用合理的混凝土、砂浆材料，并计算其材料单价。

重　点：

计算混凝土、砂浆的单价。

码1-18　微课：编制混凝土、砂浆材料单价　　　码1-19　竞赛真题

混凝土、砂浆材料是混凝土工程的主要材料。混凝土、砂浆材料单价是指配制1 m^{3}混凝土、砂浆所需的水泥、砂石骨料、水、掺合料及外加剂等各种材料的费用之和，不包括

混凝土和砂浆拌制、运输、浇筑等工序的人工、材料和机械费用,也不包括除搅拌损耗外的施工操作损耗及超填量等。混凝土、砂浆材料单价在混凝土工程单价中占有较大的比重,在编制混凝土工程概算单价时,应根据设计选定的不同工程部位的混凝土及砂浆的强度等级、级配和龄期确定出各组成材料的用量,进而计算出混凝土、砂浆材料单价。

根据每立方米混凝土、砂浆中各种材料预算用量分别乘以其材料预算价格,其总和即为定额项目表中混凝土、砂浆的材料单价。

2.6.1 编制混凝土材料单价应遵循的原则

(1)编制拦河坝等大体积混凝土概预算单价时,必须掺加适量的粉煤灰以节省水泥用量,其掺量比例应根据设计对混凝土的温度控制要求或试验资料选取。如无试验资料,可根据一般工作实际掺用比例情况,按现行《水利建筑工程概算定额》附录 7 中掺粉煤灰混凝土材料配合表选取。

(2)编制所有现浇混凝土及碾压混凝土概预算单价时,均应采用掺外加剂(木质素磺酸钙等)的混凝土配合比作为计价依据,以减少水泥用量。一般情况下不采用纯混凝土配合比作为编制混凝土概预算单价的依据。

(3)现浇水泥混凝土强度等级的选取,应根据设计对不同水工建筑物的不同运用要求,尽可能利用混凝土的后期强度(60 d、90 d、180 d、360 d),以降低混凝土强度等级,节省水泥用量。现行定额中,不同混凝土配合比所对应的混凝土强度等级均以 28 d 龄期的抗压强度为准,如设计龄期超过 28 d,应进行换算,各龄期强度等级换算为 28 d 龄期强度等级的换算系数如表 1-37 所示。当换算结果介于两种强度等级之间时,应选用高一级的强度等级。如某大坝混凝土采用 180 d 龄期设计强度等级为 C20,则换算为 28 d 龄期时对应的混凝土强度等级为 C20×0.71≈C14,其结果介于 C10 与 C15,则混凝土的强度等级取 C15。

表 1-37　混凝土龄期与强度等级换算系数

设计龄期(d)	28	60	90	180	360
强度等级换算系数	1.00	0.83	0.77	0.71	0.65

按照国际标准(ISO 3893)的规定,且为了与其他规范相协调,将原规范混凝土及砂浆标号的名称改为混凝土及砂浆强度等级。新强度等级与原标号对照见表 1-38 和表 1-39。

表 1-38　混凝土新强度等级与原标号对照

原用标号($kg \cdot f/cm^2$)	100	150	200	250	300	350	400
新强度等级 C	C9	C14	C19	C24	C29.5	C35	C40

表 1-39　砂浆新强度等级与原标号对照

原用标号($kg \cdot f/cm^2$)	30	50	75	100	125	150	200	250	300	350	400
新强度等级 M	M3	M5	M7.5	M10	M12.5	M15	M20	M25	M30	M35	M40

2.6.2　混凝土材料单价的计算

混凝土各组成材料的用量是计算混凝土材料单价的基础，应根据工程试验提供的资料计算。若设计深度或试验资料不足，也可按下述计算步骤和方法计算混凝土半成品的材料用量及材料单价。

码1-20　微课：混凝土、砂浆材料单价计算示例

2.6.2.1　选定水泥品种与强度等级

拦河坝等大体积水工混凝土，一般可选用强度等级为32.5与42.5的水泥。对水位变化区外部混凝土，宜选用普通硅酸盐大坝水泥和普通硅酸盐水泥；对大体积建筑物内部混凝土、位于水下的混凝土和基础混凝土，宜选用矿渣硅酸盐大坝水泥、矿渣硅酸盐水泥和粉煤灰硅酸盐水泥。

2.6.2.2　确定混凝土强度等级和级配

混凝土强度等级和级配是根据水工建筑物各结构部位的运用条件、设计要求和施工条件确定的。在资料不足的情况下，可参考表1-40选定。

表1-40　混凝土强度等级与级配参考

工程类别	不同强度等级、不同级配混凝土所占比例(%)			
	C20~C25二级配	C20三级配	C15三级配	C10四级配
大体积混凝土坝	8	32		60
轻型混凝土坝	8	92		
水闸	6	50	44	
溢洪道	6	69	25	
进水塔	30	70		
进水口	20	60	20	
隧洞衬砌				
混凝土泵衬砌边顶拱	80	20		
混凝土泵衬砌顶拱	30	70		
竖井衬砌				
混凝土泵浇筑	100			
其他方法浇筑	30	70		
明渠混凝土		75	25	
地面厂房	35	35	30	
河床式电站厂房	50	25	25	
地下厂房	50	50		
扬水站	30	35	35	
大型船闸	10	90		
中小型船闸	30	70		

2.6.2.3 确定混凝土材料配合比

确定混凝土材料配合比时,应考虑按混合料、掺外加剂和利用混凝土后期强度等节约水泥的措施。混凝土材料中各项组成材料的用量,应按设计强度等级,根据试验确定的混凝土配合比计算,计算中水泥、砂、石预算用量要比配合比理论计算量分别增加2.5%、3%与4%。初设阶段的纯混凝土、掺外加剂混凝土或可行性研究阶段的掺粉煤灰混凝土、碾压混凝土、纯混凝土、掺外加剂混凝土等,如无试验资料,可参照概算定额附录中的混凝土材料配合比查用。

现行《水利建筑工程概算定额》附录7列出了不同强度等级混凝土、砂浆配合比。在使用附录混凝土材料配合比表时,应注意以下几个方面:

(1)表中混凝土材料配合比是按卵石、粗砂拟定的,如改用碎石或中、细砂,应对配合比表中的各材料用量进行换算,换算系数见表1-41。粉煤灰的换算系数同水泥的换算系数。

表1-41 碎石或中、细砂配合比换算系数

项目	水泥	砂	石子	水
卵石换为碎石	1.10	1.10	1.06	1.10
粗砂换为中砂	1.07	0.98	0.98	1.07
粗砂换为细砂	1.10	0.96	0.97	1.10
粗砂换为特细砂	1.16	0.90	0.95	1.16

注:1.水泥按重量计,砂、石子、水按体积计;
2.若实际采用碎石及中细砂,则总的换算系数应为各单项换算系数的乘积。

(2)埋块石混凝土,应按配合比表的材料用量,扣除埋块石实体的数量计算。

埋块石混凝土材料量 = 配合表列材料用量 ×(1 − 埋块石率(%))　　(1-64)

1块石实体方=1.67码方。因埋块石增加的人工见表1-42。

表1-42 埋块石混凝土人工工时增加量

埋块石率(%)	5	10	15	20
每100 m^3 埋块石混凝土增加人工工时	24.0	32.0	42.4	56.8

注:不包括块石运输及影响浇筑的工时。

(3)当工程采用的水泥强度等级与配合比表中不同时,应对配合比表中的水泥用量进行调整,见表1-43。

表1-43 水泥强度等级换算系数参考

原水泥强度等级	代换水泥强度等级		
	32.5	42.5	52.5
32.5	1.00	0.85	0.76
42.5	1.16	1.00	0.88
52.5	1.31	1.13	1.00

(4)除碾压混凝土材料配合比表外,混凝土配合比表中各材料的预算量包括场内运输及操作损耗,不包括搅拌后(熟料)的运输和浇筑损耗,搅拌后的运输和浇筑损耗已根据不同浇筑部位计入定额内。

(5)水泥用量按机械拌和拟定,若人工拌和,则水泥用量需增加5%。

2.6.2.4 **掺粉煤灰混凝土材料用量计算**

现行概算定额附录中掺粉煤灰混凝土配合比的材料用量,是按照超量取代法(也称超量系数法)计算的,即按照与纯混凝土同稠度、等强度的原则,用超量取代法对纯混凝土中的材料量进行调整,调整系数称作粉煤灰超量系数。按下列步骤计算:

1.掺粉煤灰混凝土的水泥用量

$$C = C_0 \times (1 - f) \tag{1-65}$$

式中 C——掺粉煤灰混凝土的水泥用量,kg;

C_0——与掺粉煤灰混凝土同稠度、等强度的纯混凝土水泥用量,kg;

f——粉煤灰取代水泥百分率,等于取代水泥量与纯混凝土水泥用量 C_0 之比×100%,即 $f=[(C_0-C)\div C_0]\times100\%$。

2.粉煤灰的掺量

$$F = K \times (C_0 - C) \tag{1-66}$$

式中 F——粉煤灰掺量,kg;

K——粉煤灰取代(超量)系数,为粉煤灰的掺量与取代水泥节约量的比值。

3.砂、石用量

由于采用超量取代法计算的掺粉煤灰混凝土的灰重(即水泥和粉煤灰总重)较纯混凝土的灰重大,增加的灰重为:

$$\Delta C = C + F - C_0 \tag{1-67}$$

式中 ΔC——增加的灰重,kg。

按与纯混凝土容重相等原则,砂、石总重量应相应减少 ΔC。按含砂率相等的原则计算,则掺粉煤灰混凝土砂、石重:

$$S \approx S_0 - \Delta C \times S_0/(S_0 + G_0) \tag{1-68}$$

$$G \approx G_0 - \Delta C \times G_0/(S_0 + G_0) \tag{1-69}$$

式中 S——掺粉煤灰混凝土砂重,kg;

S_0——纯混凝土砂重,kg;

G_0——纯混凝土石重,kg;

G——掺粉煤灰混凝土石重,kg。

由于增加的灰重 ΔC 主要是代替细骨料砂填充粗骨料石的空隙,故简化计算时也可将增加的灰重 ΔC 全部从砂的重量中核减,石重不变。

4.用水量

$$\text{掺粉煤灰混凝土用水量 } W = \text{纯混凝土用水量 } W_0 \tag{1-70}$$

5.外加剂用量

外加剂用量 r 可按水泥用量 C 的0.2%~0.3%计算,概算定额按0.2%计,即

$$r = C \times 0.2\% \tag{1-71}$$

根据上述公式,可计算不同的超量系数及不同的粉煤灰取代水泥百分率时掺粉煤灰混凝土的材料用量。

2.6.2.5 计算混凝土材料单价

混凝土材料单价计算公式为:

$$混凝土材料单价 = \sum(某材料用量 \times 某材料预算价格) \quad (1\text{-}72)$$

在混凝土组成材料中,若外购骨料的预算价格超过限价 70 元/m^3,混凝土材料单价中的骨料按 70 元/m^3 价格计算,超出部分的价差应计算税金后列入混凝土工程单价的税金之后。

2.6.3 砂浆材料单价的计算

砂浆材料单价的计算和混凝土材料单价的计算大致相同,应根据工程试验提供的资料确定砂浆的各组成材料及相应的用量,进而计算出砂浆材料单价。若无试验资料,可参照定额附录砂浆材料配合比表中各组成材料预算量,进而计算出砂浆材料的单价。

砂浆材料单价计算公式为:

$$砂浆材料单价 = \sum(某材料用量 \times 某材料预算价格) \quad (1\text{-}73)$$

混凝土、砂浆材料的单价是为建筑工程的单价计算服务的,根据工程量清单中的项目名称所包含的混凝土标号、级配计算所需的混凝土、砂浆材料的单价。本工程的混凝土、砂浆材料的单价计算成果见表 1-44。

表 1-44 混凝土材料单价计算表

单位:m^3

编号	名称及规格			材料名称	单位	预算量	调整系数	单价(元)	合价(元)
	混凝土标号	级配	水泥强度等级						
1	C25	2	32.5	水泥	kg	310	1.00	0.255	79.05
				粗砂	m^3	0.47	1.00	23.73	11.15
				卵石	m^3	0.81	1.00	25.23	20.44
				水	m^3	0.15	1.00	0.55	0.08
				小计					110.72
2	M7.5		32.5	水泥	kg	261	1.00	0.255	66.56
				砂	m^3	1.11	1.00	23.73	26.34
				水	m^3	0.157	1.00	0.55	0.09
				小计					92.99

项目实训与思考

1. 背景材料:某岸边开敞式溢洪道工程,设计选用的混凝土强度等级与级配为:C20 二级配占 6%、C20 三级配占 69%、C15 三级配占 25%。C20 混凝土用 32.5 级普通水泥,C15 混凝土用 32.5 级矿渣水泥。外加剂采用木质磺酸钙。已知混凝土各组成材料的预算价格为:32.5 级普通水泥 350 元/t,32.5 级矿渣水泥 325 元/t,木质磺酸钙 1.20 元/kg,砂石骨料 35 元/m^3、水 0.40 元/m^3。

问题:计算溢洪道混凝土工程定额中混凝土材料单价。

2. 背景材料:根据设计条件,某工程采用 90 d C25 三级配掺粉煤灰混凝土,水灰比(W/C)= 0.6,选用 42.5 级普通大坝水泥。水泥取代百分率 f= 15%,取代系数 K= 1.3。外加剂用量按水泥用量的 0.2%计算。

问题:(1)计算混凝土强度等级换算;

(2)求掺粉煤灰混凝土 C20(28 d)三级配的材料用量。

任务 3　编制建筑工程单价

学习指导

知识目标:

1. 了解建筑工程概算单价的编制依据和步骤;
2. 掌握建筑工程概算单价的组成与计算方法。

技能目标:

能判别工程类别、分析各项建筑工程单价计算方法、正确选用定额子目,编制土方工程、石方工程、砌筑工程、混凝土工程、模板工程、钻孔灌浆及锚固工程、疏浚工程和其他工程等各类工程的概算单价。

重　点:

建筑工程概算单价的编制。

码 1-21　微课:编制建筑工程单价

码 1-22　竞赛真题

建筑工程单价是指完成建筑工程单位工程量(如 1 m^3、100 m^3、1 t 等)所耗用的直接费、间接费、利润、材料补差和税金五部分费用的总和,由定额消耗量标准、基础单价、费率作为基础进行计算。它是编制建筑工程概预算的基础,直接影响工程总投资的准确程度。建筑工程的主要工程项目都要计算工程单价。

建筑工程单价包括土方工程、石方工程、砌筑工程、混凝土工程、模板工程、钻孔灌浆及锚固工程、疏浚工程及其他工程等内容。

3.0.1　建筑工程单价的组成与计算方法

建筑工程单价由直接费、间接费、利润、材料补差和税金五部分组成。

3.0.1.1　直接费

直接费指建筑工程施工过程中直接消耗在工程项目上的活劳动和物化劳动。由基本直接费、其他直接费组成。

1. 基本直接费

基本直接费包括人工费、材料费、施工机械使用费。

1)人工费

人工费指为完成建筑工程的单位工程量，按现行《水利建筑工程概算定额》子目所需的全部人工数乘人工预算单价计算得出的费用。

$$人工费 = \sum 定额人工工时数 \times 人工工时预算单价 \quad (1\text{-}74)$$

2)材料费

材料费由主要材料费和其他材料费或零星材料费组成。

主要材料费，指为完成建筑工程的单位工程量，按现行《水利建筑工程概算定额》子目所需主要材料、构件、半成品及周转使用材料摊销量等的全部耗用量乘相应材料预算价格计算的材料费。

其他材料费或零星材料费，指为完成建筑工程的单位工程量，按现行《水利建筑工程概算定额》子目以费率(%)形式表示的其他材料费或零星材料费。如工作面内的脚手架、排架、操作平台等的搭拆摊销费，地下工程的照明费，混凝土工程的养护用水费，石方开挖工程的钻杆、空心钢、冲击器及其他一些用量少的零星材料费。

$$材料费 = \sum 定额主要材料耗用量 \times 材料预算价格 + 其他材料费 \quad (1\text{-}75)$$

或

$$材料费=零星材料费$$

其中：其他材料费=主要材料费之和×其他材料费费率；零星材料费=(人工费+机械费)×零星材料费费率。

3)施工机械使用费

施工机械使用费由主要施工机械使用费和其他机械使用费组成。

主要施工机械使用费，指为完成建筑工程的单位工程量，按现行《水利建筑工程概算定额》子目所需主要施工机械的台(组)时数量乘相应台时费计算的施工机械使用费。

其他机械使用费是指为完成建筑工程的单位工程量，按现行《水利建筑工程概算定额》以费率(%)列示的次要机械和辅助机械的使用费，包括材料、机具的场内运输机械，混凝土浇筑现场运输中的次要机械，疏浚工程中的客轮、油轮等辅助生产船舶等。

$$机械使用费 = \sum 定额主要施工机械台时数 \times 机械台时费 + 主要机械费之和 \times 其他机械费费率(\%) \quad (1\text{-}76)$$

2. 其他直接费

其他直接费指为完成建筑工程的单位工程量，按现行规定应计入概算单价的冬雨季施工增加费、夜间施工增加费、特殊地区施工增加费、临时设施费、安全生产措施费及其他费用，均按建筑工程基本直接费的百分率计算。

$$其他直接费 = 基本直接费 \times 其他直接费费率之和 \quad (1\text{-}77)$$

根据编制规定，其他直接费费率标准如下。

(1)冬雨季施工增加费：根据工程所在的不同地区选取。

西南、中南、华东区： 0.5%~1.0%；

华北区： 1.0%~2.0%；

西北、东北区：　　　2.0%~4.0%；

西藏自治区：　　　2.0%~4.0%。

西南、中南、华东区，按规定不计冬季施工增加费的地区取小值，计算冬季施工增加费的地区可取大值；华北区中，内蒙古等较严寒地区可取大值，其他地区取中值或小值；西北、东北区中，陕西、甘肃等省取小值，其他地区可取中值或大值。各地区包括的省（直辖市、自治区）如下：

华北地区：北京、天津、河北、山西、内蒙古5个省（直辖市、自治区）；

东北地区：辽宁、吉林、黑龙江3个省；

华东地区：上海、江苏、浙江、安徽、福建、江西、山东7个省（直辖市）；

中南地区：河南、湖北、湖南、广东、广西、海南6个省；

西南地区：重庆、四川、贵州、云南4个省（直辖市）；

西北地区：陕西、甘肃、青海、宁夏、新疆5个省（自治区）。

（2）夜间施工增加费。

枢纽工程：建筑工程0.5%，安装工程0.7%；

引水工程：建筑工程0.3%，安装工程0.6%；

河道工程：建筑工程0.3%，安装工程0.5%。

（3）特殊地区施工增加费。

特殊地区施工增加费指在高海拔、原始森林、沙漠等特殊地区施工而增加的费用，其中高海拔地区施工增加费已计入定额，其他特殊增加费应按工程所在地区规定标准计算，地方没有规定的不得计算此项费用。

（4）临时设施费。

枢纽工程：建筑及安装工程3%。

引水工程：建筑及安装工程1.8%~2.8%。若工程自采加工人工砂石料，该工程临时设施费费率取上限；若工程自采加工天然砂石料，该工程临时设施费费率取中值；若工程采用外购砂石料，该工程临时设施费费率取下限。

河道工程：建筑及安装工程1.5%~1.7%；灌溉田间工程临时设施费费率取下限，其他工程取中上限。

（5）安全生产措施费。

枢纽工程：建筑及安装工程2.0%；

引水工程：建筑及安装工程1.4%~1.8%；一般取下限标准，隧洞、渡槽等大型建筑物较多的引水工程、施工条件复杂的引水工程取上限标准。

河道工程：建筑及安装工程1.2%。

（6）其他。

枢纽工程：建筑工程1.0%，安装工程1.5%；

引水工程：建筑工程0.6%，安装工程1.1%；

河道工程：建筑工程0.5%，安装工程1.0%。

*特别说明：

（1）砂石备料工程其他直接费费率取0.5%。

（2）掘进机施工隧洞工程其他直接费费率执行如下规定：土石方类工程、钻孔灌浆及锚固类工程,其他直接费费率为 2%~3%;掘进机由建设单位采购、设备费单独列项时,台时费中不计折旧费,土石方类工程、钻孔灌浆及锚固类工程其他直接费费率为 4%~5%。敞开式掘进机费费率取低值,其他掘进机取高值。

3.0.1.2 间接费

间接费指施工企业为建筑安装工程施工而进行组织与经营管理所发生的各项费用。间接费构成产品成本,由规费和企业管理费组成。其中的规费包括社会保险费和住房公积金,即五险一金。

$$建筑工程的间接费 = 直接费 \times 间接费费率 \tag{1-78}$$

根据工程性质不同,按间接费标准划分为枢纽工程、引水工程、河道工程三类不同标准,并按营改增文件进行修正。间接费费率见表 1-45。

表 1-45 间接费费率

序号	工程类别	计算基础	间接费费率(%)		
			枢纽工程	引水工程	河道工程
一	建筑工程				
1	土方工程	直接费	8.5	5~6	4~5
2	石方工程	直接费	12.5	10.5~11.5	8.5~9.5
3	砂石备料工程(自采)	直接费	5	5	5
4	模板工程	直接费	9.5	7~8.5	6~7
5	混凝土浇筑工程	直接费	9.5	8.5~9.5	7~8.5
6	钢筋制安工程	直接费	5.5	5	5
7	钻孔灌浆工程	直接费	10.5	9.5~10.5	9.25
8	锚固工程	直接费	10.5	9.5~10.5	9.25
9	疏浚工程	直接费	7.25	7.25	6.25~7.25
10	掘进机施工隧洞工程 1	直接费	4	4	4
11	掘进机施工隧洞工程 2	直接费	6.25	6.25	6.25
12	其他工程	直接费	10.5	8.5~9.5	7.25
二	机电、金属结构设备安装工程	人工费	75	70	70

注:1. 引水工程,一般取下限标准,隧洞、渡槽等大型建筑物较多的引水工程、施工条件复杂的引水工程取上限标准;河道工程,灌溉田间工程取下限,其他工程取上限。

2. 工程类别划分说明:

(1)土方工程:包括土方开挖与填筑等;

(2)石方工程:包括石方开挖与填筑、砌石、抛石工程等;

(3)砂石备料工程:包括天然砂砾料和人工砂石料的开采加工;

(4)模板工程:包括现浇各种混凝土时制作及安装的各类模板工程;

(5)混凝土浇筑工程:包括现浇和预制各种混凝土、伸缩缝、止水、防水层、温控措施等;

(6)钢筋制安工程:包括钢筋制作与安装工程等;

(7)钻孔灌浆工程:包括各种类型的钻孔灌浆、防渗墙、灌注桩工程等;

(8)锚固工程:包括喷混凝土(浆)、锚杆、预应力锚索(筋)工程等;

(9)疏浚工程:指用挖泥船、水力冲挖机组等机械疏浚江河、湖泊的工程。

(10)掘进机施工隧洞工程 1:包括掘进机施工土石方类工程、钻孔灌浆及锚固类工程等;

(11)掘进机施工隧洞工程 2:指掘进机设备单独列项采购并且在台时费中不计折旧费的土石方类工程、钻孔灌浆及锚固类工程等;

(12)其他工程:指除表中所列十一类工程以外的其他工程。

3.0.1.3 利润

利润指按现行规定需计入建筑工程单价中的利润,均按直接费与间接费之和的 7%

计算。

$$企业利润 = (直接费 + 间接费) \times 企业利润率(7\%) \tag{1-79}$$

3.0.1.4 **材料补差**

$$材料补差 = (材料预算价格 - 材料基价) \times 材料消耗量 \tag{1-80}$$

3.0.1.5 **税金**

营业税改征增值税后,税金指应计入建筑安装工程费用内的增值税销项税额。原税金包括的城市维护建设税、教育费附加和地方教育费附加并入到间接费中的企业管理费。

$$税金 = (直接费 + 间接费 + 利润 + 材料补差) \times 税率 \tag{1-81}$$

税率标准一般为11%;自采砂石料税率为3%。

3.0.1.6 **建筑工程单价**

$$建筑工程单价 = 直接费 + 间接费 + 利润 + 材料补差 + 税金 \tag{1-82}$$

建筑工程单价含有未计价材料(如输水管道)时,其格式参照安装工程单价。

3.0.2 建筑工程概算单价的编制原则、步骤和方法

3.0.2.1 **编制原则**

(1)编制建筑工程概算单价应严格执行水利部现行《水利工程设计概(估)算编制规定》(水利部水总〔2014〕429号文)。

(2)正确选用现行定额。现行使用的定额为部颁〔2002〕《水利建筑工程概算定额》、部颁〔2002〕《水利工程施工机械台时费定额》、部颁〔2005〕《水利工程概预算补充定额》。

(3)正确套用定额子目。熟读定额的总说明、章节说明、定额表附注及附录的内容,熟悉各定额子目的适用范围、工作内容及有关定额系数的使用方法,根据合理的施工组织设计确定的有关技术条件(如石方开挖工程的岩石级别、断面尺寸、开挖与出渣方式等),选用相应的定额子目。

(4)现行《水利建筑工程概算定额》中没有的工程项目,可编制补充定额;对于非水利水电专业工程,按照专业专用的原则,执行有关专业部委颁发的相应定额,如公路工程执行交通运输部公路工程设计概算定额、铁路工程执行铁道部铁路工程设计概算定额等。

(5)现行《水利建筑工程概算定额》中虽有类似定额,但当其技术条件有较大差异时,应编制补充定额,作为编制概算单价的依据。

(6)现行《水利建筑工程概算定额》各定额子目中,已按现行施工规范和有关规定,计入了不构成建筑工程单位实体的各种施工操作损耗、允许超挖及超填量、合理的施工附加量及体积变化等所需增加的人工、材料及机械台时消耗量,编制工程概算时,应一律按设计几何轮廓尺寸计算的轮廓工程量作为编制建筑工程概算的依据。

(7)使用现行《水利建筑工程概算定额》编制建筑工程概算单价时,除定额中规定允许调整外,均不得对定额中的人工、材料、施工机械台时数量及施工机械的名称、规格、型号进行调整。

(8)当定额参数(建筑物尺寸、运距等)介于概算定额两子目之间时,可采用插入法调整定额。调整方法如下:

$$A = B + \frac{(C - B) \times (a - b)}{(c - b)} \tag{1-83}$$

式中 A——所求定额值；

B——小于 A 而接近 A 的定额值；

C——大于 A 而接近 A 的定额值；

a——A 项定额参数；

b——B 项定额参数；

c——C 项定额参数。

3.0.2.2 **编制步骤**

(1)了解工程概况，熟悉设计文件与设计图纸，收集基础资料(如定额、编规、营改增文件)。

(2)根据工程特征和施工组织设计确定的施工条件、施工方法及采用的机械设备情况，正确选用定额子目。

(3)根据定额消耗量、工程类别取费标准及本工程的基础单价，按计算方法与程序计算建筑工程单价。

3.0.2.3 **计算程序**

水利部现行规定的建筑工程单价计算程序如表 1-46 所示。

表 1-46 建筑工程单价计算程序

序号	项目	计算方法
一	直接费	(一)+(二)
(一)	基本直接费	1+2+3
1	人工费	Σ定额劳动量(工时)×人工预算单价(元/工时)
2	材料费	Σ定额材料用量×材料预算价格
3	施工机械使用费	Σ定额机械使用量(台时)×施工机械台时费(元/台时)
(二)	其他直接费	(一)×其他直接费费率
二	间接费	一×间接费费率
三	利润	(一+二)×利润率
四	材料补差	Σ调差材料用量×(材料预算价格-材料基价)
五	税金	(一+二+三+四)×税率
六	合计	一+二+三+四+五
	单价	六/定额单位数

3.0.2.4 **编制方法**

建筑工程单价的编制一般采用列表法，所得表格称为建筑工程单价表。编制工程单价有规定的表格格式。水利部现行规定的建筑工程单价表格式如表 1-47 所示。

表 1-47　建筑工程单价

单价编号		项目名称			
定额编号				定额单位	
施工方法					
编号	名称及规格	单位	数量	单价(元)	合计(元)

按下列方法编制建筑工程单价表。

(1)将定额编号、项目名称、定额单位、施工方法等分别填入表 1-47 中相应栏内。其中,“名称及规格”栏,应填写详细和具体,如施工机械的型号、混凝土的强度等级和级配等。

(2)将定额中查出的人工、材料、机械台时消耗量填入表中的“数量”栏中。

(3)将相应的人工预算单价、材料预算价格和机械台时费等基础单价以链接方式填入表中的“单价”栏中。

(4)按“消耗量×单价”得出相应的人工费、材料费和机械使用费,分别填入相应“合计”栏中,相加得出基本直接费。

(5)根据规定的费率标准,计算其他直接费、直接费、间接费、利润、材料补差、税金,汇总求得建筑工程合计,从而得到单价。

任务 3.1　编制土方工程单价

学习指导

知识目标:

1. 了解土方工程分类,熟悉土方工程施工方法;
2. 熟练掌握建筑工程中土方工程概算单价的编制。

技能目标:

1. 能判别土方工程类别、土类级别,能分析土方工程施工方法、正确选用定额子目;
2. 会编制不同类型土方工程单价。

重　点:

土方工程概算单价的编制。

码 1-23　微课:编制土方工程单价

码 1-24　竞赛真题

土方工程包括土方开挖、土方填筑两类项目。土方开挖工程由开挖和运输两个主要工序组成；土方填筑工程一般由土料开采运输和铺土压实两个主要工序组成。在计算土方工程单价时，应与工序相对应，具体组成内容应根据施工组织设计确定的施工因素来选择。

在编制工程单价时，正确判别工程分类、分析施工方法、查找定额子目至关重要。

3.1.1 土方工程分类

3.1.1.1 土类级别划分

土类级别是按开挖的难易程度来划分的，除冻土外，现行部颁定额均按土石十六级分类法划分，土类级别共分为Ⅰ～Ⅳ级，土类分级见表1-48。

表1-48 一般工程土类分级

土质级别	土质名称	自然湿容重（kg/m^3）	外形特征	开挖方法
Ⅰ	1. 砂土 2. 种植土	1 650～1 750	疏松，黏着力差或易透水，略有黏性	用锹或略加脚踩开挖
Ⅱ	1. 壤土 2. 淤泥 3. 含壤种植土	1 750～1 850	开挖时能成块，并易打碎	用锹需用脚踩开挖
Ⅲ	1. 黏土 2. 干燥黄土 3. 干淤泥 4. 含少量砾石黏土	1 800～1 950	粘手，看不见砂粒或干硬	用镐、三齿耙开挖或用锹需用力加脚踩开挖
Ⅳ	1. 坚硬黏土 2. 砾质黏土 3. 含卵石黏土	1 900～2 100	土壤结构坚硬将土分裂后成块状或含黏粒砾石较多	用镐、三齿耙工具开挖

3.1.1.2 土方工程分类

1. 土方开挖工程

土方开挖工程按开挖部位与开挖尺寸，可分为一般土方开挖工程、渠道土方开挖工程、沟槽土方开挖工程、柱坑土方开挖工程、平洞土方开挖工程、斜井土方开挖工程、竖井土方开挖工程等。

（1）一般土方开挖工程是指一般明挖土方工程和上口宽>16 m的渠道及上口面积>80 m^2的柱坑土方工程。

（2）渠道土方开挖工程是指上口宽≤16 m的梯形断面、长条形、底边需要修整的渠道土方工程。

（3）沟槽土方开挖工程是指上口宽≤8 m的矩形断面或边坡陡于1∶0.5的梯形断面，长度大于3倍宽度的长条形，只修底不修边坡的土方工程。如截水墙、齿墙等各类墙基和电缆沟等。

(4)柱坑土方开挖工程是指上口面积≤80 m^2,长度小于3倍宽度,深度<上口短边长度或直径,四侧垂直或边坡陡于1:0.5,不修边坡只修底的坑挖工程,如集水坑工程。

(5)平洞土方开挖工程是指水平夹角≤6°、断面面积>2.5 m^2 的洞挖工程。

(6)斜井土方开挖工程是指水平夹角为6°~75°、断面面积>2.5 m^2 的洞挖工程。

(7)竖井土方开挖工程是指水平夹角>75°,断面面积>2.5 m^2、深度大于上口短边长度或直径的洞挖工程,如抽水井、通风井等。

2. 土方填筑工程

土方填筑工程按填筑部位,可分为堤坝填筑和一般部位填筑。

3.1.2 施工方法分析

土方开挖工程包括开挖就近堆放和开挖运输两种情况。土方开挖工程可分为机械施工和人力施工两种,人力施工效率低而且成本高,只有在工作面狭窄或施工机械进入困难的部位才采用,如小断面沟槽开挖、陡坡上的小型土方开挖等。开挖机械主要有推土机、挖掘机、铲运机等;运输机械主要有胶轮车、翻斗车、拖拉机、自卸汽车、卷扬机等。

土方填筑工程包括土料开采运输和铺土压实等内容,其中土料开采运输同土方开挖,压实机械主要有蛙式打夯机、拖拉机、羊足碾、轮胎碾、振动碾等。

具体施工方法应根据工程实际情况及施工组织设计章节内容确定。

3.1.3 工程定额查用

3.1.3.1 定额选用

(1)熟悉影响土方工程工效的主要因素。主要影响因素有土的级别、取(运)土的距离、施工方法、施工条件、质量要求。例如,土的级别越高,其密度(t/m^3)越大,开挖的阻力也越大,土方开挖、运输的工效就会降低。再如,水下土方开挖施工、开挖断面小、深度大的沟槽及长距离的土方运输等都会降低施工工效,相应的工程单价就会提高。

(2)正确选用定额子目。因为土方定额大多是按影响工效的参数来划分节和子目的,所以了解工程概况,掌握现场的地质条件和施工条件,根据合理的施工组织设计确定的施工方法及选用的机械设备来确定影响参数,才能正确地选用定额子目,这是编制好土方工程单价的关键。

3.1.3.2 定额使用注意事项

(1)土方工程定额中使用的计量单位有自然方、松方和实方三种类型。

自然方是指未经扰动的自然状态的土方;松方是指自然方经人工或机械开挖松动过的土方或备料堆置土方;实方是指土方填筑(回填)并经过压实后的符合设计干密度的成品方。

在计算土方开挖、运输工程单价时,计量单位均按自然方计算。

(2)在计算砂砾(卵)石开挖和运输工程单价时,应按Ⅳ类土定额进行计算。

(3)当采用推土机或铲运机施工时,推土机的推土距离和铲运机的铲运距离是指取土中心至卸土中心的平均距离;若推土机推松土,定额中推土机的台时数量应乘以0.8的系数。

(4)当采用挖掘机、装载机挖装土料,自卸汽车运输的施工方案时,定额中是按挖装自然方拟定的;当挖装松土时,定额中的人工工时及挖装机械的台时数量应乘以 0.85 的系数。

(5)在查机械台时数量定额时,凡一种机械名称之后同时并列几种型号规格的,如压实机械中的羊足碾,运输定额中的自卸汽车等,表示这种机械只能选用其中一种型号规格的机械定额进行计价;凡一种机械分几种型号规格与机械名称同时并列的,则表示这些名称相同而规格不同的机械定额都应同时进行计价。

(6)定额中的其他材料费、零星材料费、其他机械费均以费率(%)形式表示,其计量基数如下:其他材料费以主要材料费之和为计算基数;零星材料费以人工费、机械费之和为计算基数;其他机械费以主要机械费之和为计算基数。

(7)当采用挖掘机或装载机挖装土方,自卸汽车运输的施工方案时,定额子目是按土类级别和运距来划分的。关于运距计算和定额选用有下列几种情况。

①当运距小于 5 km 且又是整数运距时:如 1 km、2 km、3 km,直接按表中定额子目选用;当遇到 1.5 km、3.6 km、4.3 km 时,可采用插入法计算其定额值;当运距小于 1 km(如 0.7 km)时,定额值(运距 0.7 km)= 1 km 定额值-(2 km 定额值-1 km 定额值)×(1-0.7)。

②当运距为 5~10 km 时:定额值=5 km 定额值+(运距-5)×增运 1 km 定额值。

③当运距大于 10 km 时:定额值 = 5 km 定额值+5×增运 1 km 定额值+(运距-10)×增运 1 km 定额值×0.75。

(8)在计算土方填筑工程单价时,应与其工序相对应,土方填筑工程单价采用以压实单价为主工程单价、以土料运输单价为辅助工程单价。土料运输辅助工程单价只计取其基本直接费套用,土料运输常包括覆盖层清除摊销费、土料开采运输单价。

①料场覆盖层清除及清除摊销费。根据填筑土料的质量要求,料场表层覆盖的杂草、乱石、树根及不合格的表土等必须予以清除,以确保土方的填筑质量。其清除费用按清除量乘以清除单价来计算。覆盖层清除摊销费就是将其清除费用摊入填筑设计成品方中,即单位设计成品方应摊入的清除费用。可用下式计算:

$$
\begin{aligned}
\text{覆盖层清除摊销费} &= \text{覆盖层清除总费用} / \text{设计成品方量} \\
&= \text{覆盖层清除单价} \times \text{覆盖层清除量} / \text{设计成品方量} \\
&= \text{覆盖层清除单价} \times \text{覆盖层清除摊销率}
\end{aligned} \tag{1-84}
$$

②土方开挖运输单价。只计取其基本直接费套用。

③土方压实单价。主要工作内容包括平土、洒水、刨毛、碾压、削坡及坝面各种辅助工作。压实定额按自料场直接运输上坝与自成品供料场运输上坝两种情况分别编制。计算压实单价时,应根据施工组织设计确定的施工方案、设计要求压实后需达到的干密度正确选用相应的定额子目。土方压实单价的单位以实方计。

④土方填筑综合单价。编制概算单价时,概算填筑定额中土料运输量已算好,列在定额最后一行。土石坝物料压实定额中已计入超填量及施工附加量,并考虑坝面干扰因素。土石坝物料运输量包括超填及附加量,雨后清理、削坡、施工沉陷等损耗以及物料折实因

素等。可根据定额所列物料运输数量采用概算定额相关子目计算物料运输上坝费用,并乘以坝面施工干扰系数1.02。

压实工序以前的施工工序定额或单价(即开挖运输单价)都要乘以综合折实系数,即

$$综合折实系数 = (1 + A(\%)) \times 设计干密度 / 天然干密度 \quad (1\text{-}85)$$

综合系数A包括开挖、上坝运输、雨后清理、边坡削坡、接缝削坡、施工沉陷、取土坑、试验坑和不可避免的压坏等损耗因素,其值应根据不同的施工方法和坝料按表1-49选取,使用时不再调整。

表1-49 综合折实系数A

项目	$A(\%)$
机械填筑混合坝坝体土料	5.86
机械填筑均质坝坝体土料	4.93
机械填筑心(斜)墙土料	5.70
人工填筑坝体土料	3.43
人工填筑心(斜)墙土料	3.43
坝体砂砾料、反滤料	2.20
坝体堆石料	1.40

3.1.4 土方工程概算单价编制示例

【例1-3】 该水库工程位于中南地区,建筑工程概算表中的项目土方开挖(运距1.8 km),土方为砂卵石土,开挖采用2 m³反铲开挖、装渣,15 t自卸汽车运1.8 km至弃料场弃渣,试计算土方的开挖运输概算单价。已知基本资料如表1-50所示。

表1-50 基础单价及费率标准

序号	项目名称	单位	单价(元)	序号	项目名称	单位	单价(元)
1	工长	工时	11.55	8	其他直接费率	%	7.5
2	高级工	工时	10.67	9	间接费率	%	8.5
3	中级工	工时	8.9	10	利润率	%	7
4	初级工	工时	6.13	11	税率	%	11
5	液压挖掘机2 m³	台时	214.69				
6	推土机59 kW	台时	68.09				
7	自卸汽车15 t	台时	114.75				

解:第一步:分析基本资料,确定取费费率,由题意知该水库工程属于枢纽工程,其他直接费费率取7.5%,间接费费率取8.5%,企业利润率为7%,税率取11%。

第二步:根据工程特征和施工组织设计确定的施工条件、施工方法、土类级别及采用的机械设备情况,选用部颁概算定额第1-37节,定额如表1-51所示。

表 1-51　2 m^3 挖掘机挖土自卸汽车运输(Ⅳ类土)　　单位:100 m^3

项目	单位	运距(km)					增运 1 km
		1	2	3	4	5	
工长	工时						
高级工	工时						
中级工	工时						
初级工	工时	4.9	4.9	4.9	4.9	4.9	
合计	工时	4.9	4.9	4.9	4.9	4.9	
零星材料费	%	4	4	4	4	4	
挖掘机　液压 2 m^3	台时	0.73	0.73	0.73	0.73	0.73	
推土机　59 kW	台时	0.36	0.36	0.36	0.36	0.36	
自卸汽车　8 t	台时	6.93	9.09	11.08	12.95	14.74	1.66
10 t	台时	6.32	8.15	9.83	11.42	12.93	1.39
12 t	台时	5.73	7.33	8.79	10.18	11.51	1.22
15 t	台时	4.73	6.01	7.19	8.29	9.35	0.98
18 t	台时	4.33	5.40	6.38	7.30	8.19	0.82
20 t	台时	4.00	4.98	5.89	6.74	7.56	0.75
编号		10646	10647	10648	10649	10650	10651

第三步:因自卸汽车运距 1.8 km,介于定额子目 10646 与 10647 之间,所以自卸汽车的台时数量需用内插法计算,计算如下:

$$\text{定额值(运距 1.8 km)} = 4.73+(6.01-4.73)\div(2-1)\times(1.8-1) = 5.75\text{(台时)}$$

第四步:将定额中查出的人工、材料、机械台时消耗量填入表 1-52 的“数量”栏中。将相应的人工预算单价、材料预算价格和机械台时费填入表 1-52 的“单价”栏中。按“消耗量×单价”得出相应的人工费、材料费和机械使用费填入“合计”栏中,相加得出基本直接费。

第五步:根据已取定的各项费率,计算出其他直接费、间接费、利润、税金等,汇总后即得出该工程项目的工程单价。

土方开挖运输单价的计算见表 1-52,计算结果为:14.64 元/m^3。

表 1-52 建筑工程单价表

单价编号		项目名称	土方开挖		
定额编号	10646,10647		定额单位	100 m^3	
施工方法	2 m^3 挖掘机开挖土方,15 t 自卸汽车运 1.8 km,Ⅳ类土				
编号	名称及规格	单位	数量	单价(元)	合计(元)
一	直接工程费				973.86
(一)	直接费				905.92
1	人工费				30.04
	初级工	工时	4.9	6.13	30.04
2	材料费				34.84
	零星材料费	%	4	871.08	34.84
3	机械使用费				841.04
	挖掘机 2 m^3	台时	0.73	214.69	156.72
	推土机 59 kW	台时	0.36	68.09	24.51
	自卸汽车 15 t	台时	5.75	114.75	659.81
(二)	其他直接费	%	7.50	905.92	67.94
二	间接费	%	8.50	973.86	82.78
三	企业利润	%	7.00	1 056.64	73.96
四	材料补差				188.06
	柴油	kg	93.10	2.02	188.06
五	税金	%	11.00	1 318.66	145.05
	合计				1 463.71
	单价				14.64

项目实训与思考

背景材料:该水库工程坝体填筑工程中用黏土填筑,采用 13.5 t 凸块振动碾压实土料,土料来源于 2 m^3 反铲挖掘机开挖土,15 t 自卸汽车运 1.2 km。基础单价与费率见前面的章节介绍选用。

问题:计算坝体填筑工程中黏土填筑的概算单价。

任务 3.2 编制石方工程单价

学习指导

知识目标:

1. 了解石方工程分类,熟悉石方工程施工方法;
2. 熟练掌握建筑工程中石方工程概算单价的编制。

技能目标:

1. 能判别石方工程类别、石类级别,能分析石方工程施工方法、正确选用定额子目;
2. 会编制不同类型石方工程单价。

重　点:

石方工程概算单价的编制。

码 1-25　微课:编制石方工程单价

码 1-26　竞赛真题

石方工程由石方开挖、石渣运输两个主要工序组成。在计算石方工程单价时,应与工序相对应,具体组成内容应根据施工组织设计确定的施工因素来选择。

在编制工程单价时,正确判别工程分类、分析施工方法、查找定额子目至关重要。

3.2.1　石方工程分类

3.2.1.1　岩石级别划分

岩石级别是按其成分和性质划分的,现行部颁定额是按土石十六级分类法划分的,其中Ⅴ至X6级为岩石。

3.2.1.2　石方工程分类

石方开挖按施工条件主要分为明挖石方和暗挖石方两大类。石方工程按开挖形状及对开挖面的要求,主要分为一般石方开挖工程、一般坡面石方开挖工程、沟槽石方开挖工程、坡面沟槽石方开挖工程、坑挖石方开挖工程、基础石方开挖工程、平洞石方开挖工程、斜井石方开挖工程、竖井石方开挖工程等。划分标准如下:

(1)一般石方开挖工程是指一般明挖石方和底宽超过 7 m 的沟槽石方、上口面积>160 m^2 的坑挖石方,以及倾角≤20°并垂直于设计开挖面的、平均厚度>5 m 的坡面石方等开挖工程。

(2)一般坡面石方开挖工程是指倾角>20°、垂直于设计开挖面的、平均厚度≤5 m 的石方开挖工程。

(3)沟槽石方开挖工程是指底宽≤7 m,两侧垂直或有边坡的、长条形石方开挖工程,如渠道、排水沟、地槽、截水槽等。

(4)坡面沟槽石方开挖工程是指槽底轴线与水平夹角>20°的沟槽石方开挖工程。

(5)坑挖石方开挖工程是指上口面积≤160 m^2、深度小于等于上口短边长度(或直径)的石方开挖工程。如柱基础、混凝土基坑、集水坑等。

(6)基础石方开挖工程是指不同开挖深度的基础石方开挖工程。如混凝土坝、水闸、厂房、溢洪道、消力池等不同开挖深度的基础石方开挖工程。

(7)平洞石方开挖工程是指水平夹角≤6°的洞挖工程。

(8)斜井石方开挖工程是指水平夹角为 45°~75°的井挖工程。水平夹角为 6°~45°的斜井,按斜井石方开挖定额乘以 0.9 系数计算。

(9)竖井石方开挖工程是指水平夹角>75°、上口面积>5 m^2、深度大于上口短边长度(或直径)的洞挖工程。如调压井、闸门井等。

(10)地下厂房石方开挖工程是指地下厂房或窑洞式厂房的开挖工程。

3.2.2 施工方法分析

石方开挖工程包括开挖就近堆放和开挖运输两种情况。

石方开挖都是以爆破开挖的方式进行的,施工方法主要有风钻钻孔爆破开挖、浅孔钻钻孔爆破开挖、液压钻孔爆破开挖和掘进机开挖等几种。

钻孔爆破方法一般有浅孔爆破法、深孔爆破法、洞室爆破法和控制爆破法(定向、光面、预裂、静态爆破等)。掘进机是一种新型的开挖专用设备,掘进机开挖是对岩石进行纯机械的切割或挤压破碎,并使掘进与出渣、支护等作业能平行连续地进行,施工安全、工效较高。但掘进机一次性投入大,费用高。

石方运输施工方法包括人力运输和机械运输两种。人力运输即人工装双胶轮车、轻轨斗车运输等,适用于工作面狭小、运距短、施工强度低的工程或工程部位;机械运输即挖掘机(或装载机)配自卸汽车运输,它的适应性较大,故一般工程都可采用。电瓶机车可用于洞井出渣,内燃机车适用于较长距离的运输。

石方运输的作业环境分为洞内运输与洞外运输,即"露天""洞内"运输。

具体施工方法应根据工程实际情况及施工组织设计章节内容确定。

3.2.3 工程定额查用

3.2.3.1 定额选用

1. 熟悉影响石方开挖工效的因素

石方开挖的工序由钻孔、装药、爆破、翻渣、清理等组成。影响开挖工序的主要因素有:

(1)岩石级别。因为岩石级别越高,其强度越高,钻孔的阻力越大,钻孔工效越低;同时,对爆破的抵抗力也越大,所需炸药也越多。所以,岩石级别是影响开挖工效的主要因素之一。

(2)石方开挖的施工方法。石方开挖所采用的钻孔设备、爆破的方法、炸药的种类、开挖的部位不同,都会对石方开挖的工效产生影响。

(3)石方开挖的形状及设计对开挖面的要求。根据工程设计的要求,石方开挖往往需开挖成一定的形状,如沟、槽、坑、洞、井等,其爆破系数(每平方米工作面上的炮孔数)较没有形状要求的一般石方开挖要大得多,爆破系数越大,爆破效率越低,耗用爆破器材(炸药、雷管、导线)也越多。为了防止不必要的超挖、欠挖,当工程设计对开挖面有基本要求(如爆破对建基面的损伤限制、对开挖面平整度的要求等)时,需对钻孔、爆破、清理等工序在施工方法和工艺上采取措施。例如,为了限制爆破对建基面的损伤,往往在建基面以上设置一定厚度的保护层(保护层厚度一般以 1.5 m 计),保护层开挖大多采用浅孔小炮,爆破系数很高,爆破效率很低,有的甚至不允许放炮,采用人工开挖。再如,有的为了满足开挖面平整度的要求,须在开挖面进行专门的预裂爆破。综上所述,设计对开挖形状及开挖面的要求,也是影响开挖工效的主要因素。

2. 正确选用定额子目

因为石方开挖定额大多是按开挖形状及部位来分节的,各节再按岩石级别来划分定额子目,所以在编制石方工程单价时,应根据施工组织设计确定的施工方法、运输线路、建筑物施工部位的岩石级别及设计开挖断面的要求等来正确选用定额子目。

3.2.3.2 定额使用注意事项

(1)在编制石方开挖及运输工程单价时,均以自然方为计量单位。

(2)石方开挖各节定额中,均包括了允许的超挖量和合理的施工附加量所增加的人工、材料及机械台时消耗量,使用本定额时,不得在工程量计算中另计超挖量和施工附加量。

(3)各节石方开挖定额,均已按各部位的不同要求,根据规范规定,分别考虑了保护层开挖等措施。如预裂爆破、光面爆破等,编制概算单价时一律不做调整。

(4)石方开挖定额中炸药的代表型号规格,应根据不同施工条件和开挖部位按下述品种、规格选取。

①一般石方开挖按 2#岩石铵梯炸药选取;

②露天石方开挖(基础、坡面、沟槽、坑)按 2#岩石铵梯炸药和 4#抗水岩石铵梯炸药各半选取;

③洞挖石方(平洞、斜井、竖井、地下厂房等)按 4#抗水岩石铵梯炸药选取。

(5)洞井石方开挖定额中的通风机台时量是按一个工作面长度为 400 m 拟定的。如工作面长度超过 400 m,应按石方开挖定额章说明中通风机调整系数表进行内插调整通风机台时定额量。

(6)石方运输单价与开挖综合单价关系。编制概算单价时,石方运输费用不单独表示,而是在开挖费用中体现,因此在石方开挖各节定额子目中均列有“石渣运输”项目。应按定额石渣运输量乘以石方运输单价(仅计算基本直接费)计算开挖综合单价。

(7)在计算石方运输单价时,各节运输定额,一般都有“露天”“洞内”两部分内容。当既有洞内又有洞外运输时,应分别套用。洞内运输部分,套用“洞内”定额基本运距(装运卸)及“增运”子目;洞外运输部分,套用“露天”定额及“增运”子目(仅有运输工序)。

(8)在查石方开挖定额中的材料消耗量时,凡一种材料名称之后同时并列几种不同型号、规格的,如石方开挖工程定额导线中的火线和电线,表示这种材料只能选用其中一种型号规格的定额进行计价;凡一种材料分几种型号规格与材料名称同时并列的,如石方开挖工程定额中同时并列的导火线和导电线,则表示这些名称相同而型号规格不同的材料都应同时计价。

3.2.4 石方工程概算单价编制示例

【例 1-4】 本水库工程位于中南地区,其大坝岸坡及趾板岩石级别为Ⅷ级,岸坡及趾板石方开挖采用风钻钻孔爆破,石渣运输采用 2 m^3 反铲挖掘机挖装石渣,15 t 自卸汽车运 0.8 km 至弃渣场,试计算该坡面石方开挖运输概算单价。

已知基本资料如表 1-53 所示。

解:第一步:分析基本资料,确定取费费率,由题意知该工程地处中南地区,水库工程属于枢纽工程,故其他直接费费率取 7.5%,间接费费率取 12.5%,企业利润率为 7%,税率取 11%。

第二步:根据工程特征和施工组织设计确定的施工条件、施工方法、岩石级别及采用的机械设备情况,石方开挖定额选用部颁概算定额第 2-7 节 20065 子目,定额如表 1-54

所示。石渣运输定额采用第2-35节20468、20469子目,定额如表1-55所示。

表1-53 基础单价及费率标准

序号	项目名称	单位	单价(元)	序号	项目名称	单位	单价(元)
1	工长	工时	11.55	10	手持式风钻	台时	31.16
2	高级工	工时	10.67	11	液压挖掘机 2 m^3	台时	214.69
3	中级工	工时	8.90	12	推土机 88 kW	台时	109.51
4	初级工	工时	6.13	13	自卸汽车 15 t	台时	114.75
5	合金钻头	个	52.50	14	其他直接费费率	%	7.50
6	炸药	kg	10.49	15	间接费费率	%	12.50
7	电雷管	个	1.58	16	利润率	%	7.00
8	导电线	m	0.26	17	税率	%	11.00
9	柴油	t	5 008.55				

表1-54 一般坡面石方开挖

单位:100 m^3

项目	单位	岩石级别			
		Ⅴ~Ⅷ	Ⅸ~Ⅹ	Ⅺ~Ⅻ	ⅩⅢ~ⅩⅣ
工长	工时	3.1	3.6	4.2	5.1
高级工	工时				
中级工	工时	14.5	22.3	32.3	49.0
初级工	工时	134.7	154.4	174.9	203.0
合计	工时	152.3	180.3	211.4	257.1
合金钻头	个	1.02	1.74	2.56	3.66
炸药	kg	26	34	41	47
雷管	个	24	31	37	43
导线 火线	m	64	85	101	117
电线	m	117	155	184	214
其他材料费	%	18	18	18	18
风钻 手持式	台时	4.98	8.79	14.23	23.67
其他机械费	%	10	10	10	10
石渣运输	m^3	108	108	108	108

第三步:计算石渣运输单价(只计算基本直接费)。把已知的人工预算单价、机械台时费和定额子目(20468-(20469-20468)×0.2)的数值填入表1-56中相应各栏进行计算,计算过程详见表1-56,石渣运输单价计算结果为12.07元/m^3。

表 1-55　2 m^3 挖掘机装石渣汽车运输

(1)露天　　单位:100 m^3

项目	单位	运距(km)					增运 1 km
		1	2	3	4	5	
工长	工时						
高级工	工时						
中级工	工时						
初级工	工时	10.2	10.2	10.2	10.2	10.2	
合计	工时	10.2	10.2	10.2	10.2	10.2	
零星材料费	%	2	2	2	2	2	
挖掘机液压　2 m^3	台时	1.53	1.53	1.53	1.53	1.53	
推土机　88 kW	台时	0.77	0.77	0.77	0.77	0.77	
自卸汽车　8 t	台时	9.93	12.88	15.59	18.16	20.61	2.27
10 t	台时	8.93	11.30	13.47	15.52	17.48	1.81
12 t	台时	7.78	9.75	11.57	13.28	14.90	1.51
15 t	台时	6.49	8.08	9.52	10.89	12.20	1.21
编号		20468	20469	20470	20471	20472	20473

表 1-56　建筑工程单价

单价编号		项目名称		石渣运输	
定额编号	20468,20469		定额单位		100 m^3
施工方法	2 m^3 反铲挖掘机挖石渣 15 t,汽车运 0.8 km				
编号	名称及规格	单位	数量	单价(元)	合计
一	直接费				1 207.01
(一)	基本直接费				1 207.01
1	人工费				62.53
	初级工	工时	10.2	6.13	62.53
2	材料费				23.67
	零星材料费	%	2.00	11.835	23.67
3	机械使用费				1 120.81
	挖掘机　2 m^3	台时	1.53	214.69	328.48
	推土机　88 kW	台时	0.77	109.51	84.32
	自卸汽车　15 t	台时	6.17	114.75	708.01

第四步:计算石方开挖运输综合单价。将已知的各项基础单价、取定的费率及定额子目20065中的各项数值填入表1-57中,其中石渣运输单价为表1-57中的计算结果;计算过程详见表1-57,石方开挖运输综合单价的结果为44.00元/m^3。

表1-57 建筑工程单价

单价编号			项目名称		坡面石方开挖
定额编号	20065		定额单位		100 m^3
施工方法	坡面石方开挖,风钻钻孔,运0.8 km				
编号	名称及规格	单位	数量	单价(元)	合计
一	直接费				2 974.16
(一)	基本直接费				2 766.66
1	人工费				990.57
	工长	工时	3.1	11.55	35.81
	中级工	工时	14.5	8.90	129.05
	初级工	工时	134.7	6.13	825.71
2	材料费				301.83
	合金钻头	个	1.02	52.50	53.55
	炸药	kg	26.00	5.15	133.90
	电雷管	个	24.00	1.58	37.92
	导电线	m	117.00	0.26	30.42
	其他材料费	%	18.00	255.79	46.04
3	机械使用费				170.70
	手持式风钻	台时	4.98	31.16	155.18
	其他机械费	%	10.00	155.18	15.52
4	石渣运输	m^3	108	12.07	1 303.56
(二)	其他直接费	%	7.50	2 766.66	207.50
二	间接费	%	12.50	2 974.16	371.77
三	利润	%	7.00	3 345.93	234.22
四	材料补差				384.15
	柴油	kg	121.44	2.02	245.31
	炸药	kg	26.00	5.34	138.84
五	税金	%	11.00	3 964.30	436.07
	合计				4 400.37
	单价				44.00

项目实训与思考

背景材料：该水库工程引水隧洞石方洞挖，采用三臂钻钻孔开挖，开挖料51%用于大坝过渡料区填筑、49%弃渣，具体为2 m^3反铲挖掘机挖石渣，15 t汽车运石渣，洞内运0.2 km，洞外运0.8 km(大坝过渡料区)；2 m^3反铲挖掘机挖石渣，15 t汽车运石渣，洞内运0.2 km，洞外运1.7 km(弃渣)。基础单价与费率见前面的章节介绍选用。

问题：计算该引水隧洞石方洞挖的概算单价。

任务3.3　编制砌筑工程单价

学习指导

知识目标：

1. 了解砌筑工程分类，熟悉砌筑工程施工方法；
2. 熟练掌握建筑工程中砌筑工程概算单价的编制。

技能目标：

1. 能判别砌筑工程类别，能分析砌筑工程施工方法、正确选用定额子目；
2. 会编制不同类型砌筑工程单价。

重　点：

砌筑工程概算单价的编制。

码1-27　微课：编制砌筑工程单价

码1-28　竞赛真题

土石填筑工程主要包括坝体堆石、砌石、抛石及垫层等工程项目。其中砌石工程又分为干砌石、浆砌石、铺筑砂垫层等，因其能就地取材、施工技术简单、造价低，故在我国水利工程中应用较普遍。

3.3.1　砌筑工程分类

砌筑工程在项目划分上要注意区分工程部位的含义和主要材料规格与标准。

3.3.1.1　区分工程部位的含义

(1)护坡是指坡面与水平面夹角(α)在10°~30°，砌体平均厚度0.5 m以内，主要起保护作用的砌体。

(2)护底是指护砌面与水平面夹角在10°以下，包括齿墙和围坎。

(3)挡土墙是指坡面与水平面夹角(α)在30°~90°，承受侧压力，主要起挡土作用的砌体。

(4)墩墙是指砌体一般与地面垂直,能承受水平和垂直荷载的砌体,包括闸墩和桥墩。

3.3.1.2 定额中主要材料规格与标准

(1)卵石指最小粒径在 20 cm 以上的河滩卵石,呈不规则圆形。卵石较坚硬,强度高,常用其砌筑护坡或墩墙。

(2)碎石指经破碎、加工分级后,粒径大于 5 mm 的石块。

(3)块石指厚度大于 20 cm,长、宽各为厚度的 2~3 倍,上下两面平行且大致平整,无尖角、薄边的石块。

(4)片石指厚度大于 15 cm,长、宽各为厚度的 3 倍以上,无一定规则形状的石块。

(5)毛条石一般指长度大于 60 cm 的长条形、四棱方正的石料。

(6)料石指毛条石经过修边打荒加工,外露面方正,各相邻面正交,表面凹凸不超过 10 mm 的石料。

(7)砂砾料指天然砂卵(砾)石混合料。

(8)堆石料指山场岩石经爆破后,无一定规格、无一定大小的任意石料。

(9)反滤料、过渡料指土石坝或一般堆砌石工程的防渗体与坝壳(土料、砂砾料或堆石料)之间的过渡区石料,由粒径、级配均有一定要求的砂、砾石(碎石)等组成。

(10)水泥砂浆指水泥、砂和水按一定的比例拌和而成,其强度高,防水性能好,多用于重要建筑物及建筑物的水下部位。水泥砂浆的强度等级是以试件 28 d 抗压强度作为标准。

3.3.1.3 砌筑工程分类

砌筑工程按施工方法和内容可分为以下几类:

(1)垫层、抛石。

(2)干砌石:干砌卵石、干砌块石、干砌混凝土预制块。

(3)浆砌石:浆砌卵石、浆砌块石、浆砌条料石、浆砌石拱、浆砌混凝土预制板、浆砌明渠、浆砌隧洞、浆砌重力坝、浆砌拱坝、浆砌砖等。

(4)砂浆抹面:砂浆抹平面、砂浆抹立面。

(5)砌体拆除:干砌砌体、浆砌砌体拆除。

(6)生态砌筑:镀高尔凡网箱装石笼、生态袋。

3.3.2 施工方法分析

砌筑工程的施工分为干砌和浆砌等。干砌除斜坡采用反铲挖掘机外,一般为人力施工;浆砌除修筑大坝高空运输材料外,均为人力施工。砂砾料、反滤料、过渡料、垫层料的铺筑,薄层常采用人力施工,厚层需压实常采用拖拉机、振动碾等机械施工;抛石护底护岸分为人工和石驳施工;砌体拆除分为人工和挖掘机施工。

3.3.3 工程定额查用

3.3.3.1 定额选用

砌筑工程定额较简单,在编制工程单价时,可直接根据所用材料、施工部位和施工方法选用相应的定额子目。

3.3.3.2　**定额使用注意事项**

(1)注意定额中的计量单位。

①材料。砂、碎石、堆石料为堆方,块石、卵石为码方,条石、料石为清料方。块石的实方指堆石坝坝体方,块石松方就是块石的堆方,在一般土石方工程换算时可参考表1-58。

表1-58　土石方松实系数换算

项目	自然方	松方	实方	码方
土方	1	1.33	0.85	
石方	1	1.53	1.31	
砂方	1	1.07	0.94	
混合料	1	1.19	0.88	
块石	1	1.75	1.43	1.67

②工程单价。抛石护底护岸工程为抛投方,铺筑砂石垫层、干砌石、浆砌石为砌体方,土石坝物料压实为实方。

(2)自料场至施工现场堆放点的运输费用应包括在石料单价内。施工现场堆放点至工作面的场内运输已包括在砌石工程定额内。编制砌石工程概算单价时,不得重复计算石料运输费。

(3)编制堆砌石工程概算单价时,应考虑在开挖石渣中捡集块(片)石的可能性,以节省开采费用,其利用数量应根据开挖石渣的多少和岩石质量情况合理确定。

(4)浆砌石定额中已计入了一般要求的勾缝,如设计有防渗要求的开槽勾缝,应增加相应的人工费和材料费。

(5)料石砌筑定额包括了砌体外露面的一般修凿,如设计要求做装饰性修凿,应另行增加修凿所需的人工费。

3.3.3.3　**工序单价的计算**

砌筑工程单价包括堆石单价、砌石单价等。

1.堆石单价

堆石单价包括备料单价、压实单价和综合单价。

(1)备料单价。堆石坝的石料备料单价计算,同一般块石开采一样,包括覆盖层清理、石料钻孔爆破和工作面废渣处理。覆盖层的清理费用,以占堆石料的百分率摊入计算。石料钻孔爆破施工工艺同石方工程。堆石坝分区填筑对石料有级配要求,主、次堆石区石料最大粒(块)径可达1.0 m及以上,而垫层料、过渡层料仅为0.08 m、0.3 m左右,虽在爆破设计中尽可能一次获得级配良好的堆石料,但不少石料还须分级处理(如轧制加工等)。故各区料所耗工料相差很多,而一般石方开挖定额很难体现这一因素,单价编制时要注意这一问题。

石料运输,根据不同的施工方法,套用相应的定额计算。现行概算定额的综合定额,其堆石料运输所需的人工、机械等数量,已经计入压实工序的相应项目中,不在备料单价中体现。爆破、运输采用石方工程开挖定额时,须加计损耗和进行定额单位换算。石方开挖单位为自然方,石方填筑单位为坝体压实方。

(2)压实单价。压实单价包括平整、洒水、压实等费用。压实定额中均包括了体积换算、施工损耗等因素,注意"零星材料费"的计算基数不含堆石料的运输费用。考虑到各区堆石料粒(块)径大小、层厚尺寸、碾压遍数的不同,压实单价应按过渡料、堆石料等分别编制。

(3)综合单价。采用现行概算定额编制堆石单价时,一般应按综合定额计算。将备料单价作为堆石料(包括反滤料、过渡料)材料预算价格,计入填筑单价。

2. *砌石单价*

砌石单价包括备料单价和砌筑单价,其中砌筑单价包括干砌石和浆砌石两种。

(1)计算备料单价:备料单价作为砌筑工程定额中的一项材料单价,计算时应根据施工组织设计确定的施工方法,套用砂石备料工程定额相应开采、运输定额子目计算(自采砂石料按不含税金的单价参与工程费用计算,代入砌筑单价计算表,避免重复计算税金)。如为外购块石、条石或料石,按材料预算价格计算。

(2)计算砌筑单价:应根据不同的施工项目、施工部位、施工方法及所用材料套用相应定额进行计算。如为浆砌石,则需先计算胶结材料的半成品价格。砌筑定额中的石料数量均已考虑了施工操作损耗和体积变化因素,其材料价格采用备料价格;一般砂、碎石(砾石)、块石、料石等预算价格应控制在70元/m^3左右,超过部分计取税金后列入相应部分之后。

3.3.4 砌筑工程概算单价编制示例

【例1-5】 该水库工程位于中南地区,其坝体护坡工程采用干砌石护坡,人工堆砌,块石料主要来源于严家冲石料场,运距约1 km,试计算该干砌块石护坡工程概算单价。已知基本资料如表1-59所示。

表1-59 基础单价及费率标准

序号	项目名称	单位	单价(元)	序号	项目名称	单位	单价(元)
1	工长	工时	11.55	6	胶轮车	台时	0.80
2	高级工	工时	10.67	7	其他直接费费率	%	7.50
3	中级工	工时	8.90	8	间接费费率	%	10.50
4	初级工	工时	6.13	9	利润率	%	7.00
5	块石	m^3	48.02	10	税率	%	11.00

解:第一步:分析基本资料,确定取费费率,由题意得知该工程地处中南地区,水库大坝的工程性质属于枢纽工程,故其他直接费费率取7.5%,间接费费率取10.5%,企业利润率为7%,税率取11%。

第二步:根据工程部位和施工方法选用定额,定额选用部颁概算定额第3-5节30017子目,定额如表1-60所示。

第三步:计算浆砌石工程单价。将已知的各项基础单价、取定的费率及定额子目

30017 中的各项数值填入表 1-61 中。计算过程详见表 1-61。干砌块石护坡的工程单价为 138.74 元/m^3。

表 1-60　干砌块石

工作内容：选石、修石、冲洗、拌制砂浆、砌筑、勾缝。　　单位：100 m^3（砌体方）

项目	单位	护坡		护底	基础	挡土墙
		平面	曲面			
工长	工时	11.6	13.6	10.2	9.1	11.3
高级工	工时					
中级工	工时	179.1	224.8	142.4	114.9	170.0
初级工	工时	394.0	441.7	355.9	327.2	384.4
合计	工时	584.7	680.1	508.5	451.2	565.7
块石	m^3	116	116	116	116	116
其他材料费	%	1	1	1	1	1
胶轮车	台时	80.61	80.61	80.61	80.61	80.61
编号		30017	30018	30019	30020	30021

表 1-61　建筑工程单价

单价编号		项目名称		干砌石护坡	
定额编号	30017		定额单位		100 m^3
施工方法	选石、修石、砌筑、填缝、找平等				
编号	名称	单位	数量	单价(元)	合价(元)
一	直接费				10 571.23
(一)	基本直接费				9 833.70
1	人工费				4 143.19
	工长	工时	11.60	11.55	133.98
	中级工	工时	179.1	8.90	1 593.99
	初级工	工时	394.00	6.13	2 415.22
2	材料费				5 626.02
	块石	m^3	116	48.02	5 570.32
	其他材料费	%	1.00	5 570.32	55.70
3	机械使用费				64.49
	胶轮车	台时	80.61	0.80	64.49

续表 1-61

编号	名称	单位	数量	单价(元)	合价(元)
(二)	其他直接费	%	7.50	9 833.70	737.53
二	间接费	%	10.50	10 571.23	1 109.98
三	利润	%	7.00	11 681.21	817.68
四	税金	%	11.00	12 498.89	1 374.88
	合计				13 873.77
	单价				138.74

项目实训与思考

背景材料:该水库工程溢洪道进口段浆砌石挡墙,采用 M7.5 砂浆砌筑。基础单价与费率见前面的章节介绍选用。

问题:计算溢洪道进口段 M7.5 浆砌石挡墙的概算单价。

任务 3.4　编制混凝土工程单价

学习指导

知识目标:

1. 了解混凝土工程分类,熟悉混凝土工程施工方法;
2. 熟练掌握建筑工程中混凝土工程概算单价的编制。

技能目标:

1. 能判别混凝土工程类别,能分析混凝土工程施工方法、正确选用定额子目;
2. 会编制不同类型混凝土工程单价。

重　点:

混凝土工程概算单价的编制。

码 1-29　微课:编制混凝土工程单价

码 1-30　竞赛真题

混凝土工程主要包括现浇和预制混凝土、伸缩缝、止水、防水层、温控措施等工程项目。在编制工程单价时,要依据施工方法、材料种类、结构尺寸及工程类别选用相应的定额子目。

3.4.1 混凝土工程分类

混凝土工程按施工工艺可分为现浇混凝土和预制混凝土两大类。现浇混凝土又可分为常态混凝土、碾压混凝土和沥青混凝土。混凝土具有强度高、抗渗性强、耐久性好等优点，在水利工程建设中应用十分广泛，如常态混凝土适用于坝、闸涵、船闸、水电站厂房、隧洞衬砌等工程；沥青混凝土适用于堆石坝、砂壳坝的心墙、斜墙及均质坝的上游防渗工程等。

3.4.2 施工方法分析

混凝土工程的施工主要有现浇混凝土施工和预制混凝土施工两大类。

3.4.2.1 现浇混凝土施工

（1）常态混凝土浇筑主要工作包括基础面清理、施工缝处理、铺水泥砂浆、平仓浇筑、振捣、养护、工作面运输及辅助工作。混凝土浇筑定额中包括浇筑和工作面运输所需全部人工、材料和机械的数量及费用，但是混凝土拌制及浇筑定额中不包括骨料预冷、加冰、通水等温控所需人工、材料、机械的数量和费用。地下工程混凝土浇筑施工照明用电已计入浇筑定额的其他材料费中。

（2）沥青混凝土浇筑包括配料、混凝土加温、铺筑、养护，模板制作、安装、拆除、修整及场内运输和辅助工作。

（3）碾压混凝土浇筑包括冲毛、冲洗、清仓，铺水泥砂浆、混凝土配料、拌制、运输、平仓、碾压、切缝、养护，工作面运输及辅助工作等。

3.4.2.2 预制混凝土施工

预制混凝土施工包括预制场冲洗、清理、配料、拌制、浇筑、振捣、养护，模板制作、安装、拆除、修整，现场冲洗、拌浆、吊装、砌筑、勾缝，以及预制场和安装现场场内运输及辅助工作。混凝土构件预制及安装定额包括预制及安装过程中所需人工、材料、机械的数量和费用。若预制混凝土构件单位重量超过定额中起重机械的起重量，可用相应起重量的机械替换，但是台时量不变。预制混凝土定额中的模板材料为单位混凝土成品方的摊销量，已考虑了周转。

3.4.2.3 钢筋制作与安装

钢筋制作与安装定额中，其钢筋定额消耗量已包括钢筋制作与安装过程中的加工损耗、搭接损耗及施工架立筋附加量。

3.4.3 工程定额查用

3.4.3.1 定额选用

混凝土工程单价计算应根据设计提供的资料，确定建筑物的施工部位，选定正确的施工方法及运输方案，确定混凝土的强度等级和级配，并根据施工组织设计确定的拌和系统的布置形式等来选用相应的定额。

3.4.3.2 **定额使用注意事项**

1. 注意定额的计量单位

(1)各类混凝土浇筑的计量单位均为建筑物及构筑物的成品实体方。

(2)混凝土拌制及混凝土运输定额的计量单位均为半成品方,不包括干缩、运输、浇筑和超填等损耗的消耗量在内。

(3)止水、沥青砂柱止水、混凝土管安装计量单位为延长米;钢筋制作与安装的计量单位为t;防水层、伸缩缝、沥青混凝土涂层、斜墙碎石垫层涂层计量单位为m^2。

2. 熟悉混凝土定额的主要工作内容

(1)混凝土拌制定额是按常态混凝土拟定的。混凝土拌制包括配料、加水、加外加剂,搅拌、出料、清洗及辅助工作。

(2)混凝土运输包括装料、运输、卸料、空回、冲洗、清理及辅助工作。现浇混凝土运输是指混凝土自搅拌楼或搅拌机出料口至浇筑现场工作面的全部水平运输和垂直运输。预制混凝土构件运输指预制场到安装现场之间的运输;预制混凝土构件在预制场和安装现场内的运输已包括在预制及安装定额内。

3. 关于模板问题

在混凝土工程定额中,常态混凝土和碾压混凝土定额中不包含模板制作与安装,模板的费用应按模板工程定额另行计算;预制混凝土及沥青混凝土定额中已包括了模板的相关费用,计算时不得再算模板费用。

4. 注意"节"定额表下面的"注"

在使用有些定额子目时,应根据"注"的要求来调整人工、机械的定额消耗量。

3.4.4 混凝土工程概算工程单价编制

混凝土工程概算单价主要包括现浇混凝土工程单价、预制混凝土工程单价、钢筋制作安装工程单价和止水工程单价等,对于大型混凝土工程还要计算混凝土温控措施费。

3.4.4.1 **现浇混凝土工程单价编制**

1. 混凝土材料单价

混凝土材料单价是指按设计级配计算的配制1 m^3混凝土所需的砂、石、水泥、水、掺合料及外加剂等各种材料的费用,不包括拌制、运输、浇筑等工序的人工、材料和机械费用,也不包含除搅拌损耗外的施工操作损耗及超填量等。其单价计算见基础单价编制。

2. 混凝土拌制单价

混凝土的拌制包括配料、运输、搅拌、出料等工序。在进行混凝土拌制单价计算时,应根据所采用的拌制机械来选用现行《水利建筑工程概算定额》第4章35~37节中的相应子目,进行工程单价计算。一般情况下,混凝土拌制单价作为混凝土浇筑定额中的一项内容即构成混凝土浇筑单价中的定额直接费,为避免重复计算其他直接费、现场经费、间接费、企业利润和税金,混凝土拌制单价只计算定额直接费。混凝土搅拌系统布置视工程规模大小、工期长短、混凝土数量多少,以及地形条件、施工技术要求和设备拥有情况来具体拟定。在使用定额时,要注意以下两点:

(1)混凝土拌制定额按拌制常态混凝土拟定,若拌制加冰、加掺合料等其他混凝土,则应按表1-62所规定的系数对混凝土拌制定额进行调整。

表1-62 混凝土拌制定额调整

拌和楼规格	混凝土级别			
	常态混凝土	加冰混凝土	加掺合料混凝土	碾压混凝土
1×2.0 m^3 强制式	1.00	1.20	1.00	1.00
2×2.5 m^3 强制式	1.00	1.17	1.00	1.00
2×1.0 m^3 自落式	1.00	1.00	1.10	1.30
2×1.5 m^3 自落式	1.00	1.00	1.10	1.30
3×1.5 m^3 自落式	1.00	1.00	1.10	1.30
2×3.0 m^3 自落式	1.00	1.00	1.10	1.30
4×3.0 m^3 自落式	1.00	1.00	1.10	1.30

(2)在各节用搅拌楼拌制现浇混凝土定额子目中,以组时表示的“骨料系统”和“水泥系统”是指骨料、水泥进入搅拌楼之前与搅拌楼相衔接而必须配备的有关机械设备,包括自搅拌楼骨料仓下廊道内接料斗开始的胶带输送机及其供料设备;自水泥罐开始的水泥提升机械或空气输送设备、胶带运输机、吸尘设备,以及袋装水泥的拆包机械等。其组时费用根据施工组织设计选定的施工工艺和设备配备数量自行计算。

3. 混凝土运输单价

混凝土运输是指混凝土自搅拌机(楼)出料口至浇筑现场工作面的运输,是混凝土工程施工的一个重要环节,包括水平运输和垂直运输两部分。水利工程多采用数种运输设备相互配合的运输方案,不同的施工阶段,不同的浇筑部位,可能采用不同的运输方式。但使用现行概算定额时须注意,各节现浇混凝土定额中“混凝土运输”作为浇筑定额的一项内容,它的数量已包括完成每一定额单位有效实体所需增加的超填量和施工附加量等。编制概算单价时,一般应根据施工组织设计选定的运输方式来选用运输定额子目,为避免重复计算其他直接费、现场经费、间接费、企业利润和税金,混凝土运输单价只计算定额直接费,并以该运输单价乘以混凝土浇筑定额中所列的“混凝土运输”数量构成混凝土浇筑单价的直接费用项目。

4. 混凝土浇筑单价

混凝土浇筑的主要子工序包括基础面清理、施工缝处理、入仓、平仓、振捣、养护、凿毛等。影响浇筑工序的主要因素有仓面面积、施工条件等。仓面面积大,便于发挥人工及机械效率,工效高。施工条件对混凝土浇筑工序的影响很大,计算混凝土浇筑单价时,需注意以下几点:

(1)现行混凝土浇筑定额中包括浇筑和工作面运输(不含浇筑现场垂直运输)所需全部人工、材料和机械的数量和费用。

(2)混凝土浇筑仓面清洗用水,地下工程混凝土浇筑施工照明用电,已分别计入浇筑定额的用水量及其他材料费中。

(3)平洞、竖井、地下厂房、渠道等混凝土衬砌定额中所列示的开挖断面和衬砌厚度按设计尺寸选取。定额与设计厚度不符,可用插入法计算。

(4)混凝土材料定额中的"混凝土",系指完成单位产品所需的混凝土成品量,其中包括干缩、运输、浇筑和超填等损耗量在内。

3.4.4.2 预制混凝土工程单价编制

预制混凝土单价一般包括混凝土拌和、运输、预制、预制构件运输及安装等工序单价。现行概算定额中混凝土预制及安装定额包括混凝土拌和及预制场内混凝土运输工序,场外混凝土运输和预制件运输需根据所采用的运输机械选用相应的定额,另计运输单价。

混凝土预制构件运输包括装车、运输、卸车,应按施工组织设计确定的运输方式、装卸和运输机械、运输距离选择定额。

混凝土预制构件安装与构件重量、设计要求安装有关的准确度以及构件是否分段等有关。当混凝土构件单位重量超过定额中起重机械起重量时,可用相应起重机械替换,但台时量不变。

3.4.4.3 钢筋制作安装工程单价编制

钢筋是水利工程的主要建筑材料,常用钢筋的直径多为6~40 mm。建筑物或构筑物所用钢筋的安装方法有散装法和整装法两种。散装法是将加工成型的散钢筋运到工地,再逐根绑扎或焊接;整装法是在钢筋加工厂内制作好钢筋骨架,再运至工地安装就位。水利工程因结构复杂,断面庞大,多采用散装法。

在进行钢筋制作安装单价计算时,现行概算定额中不分工程部位和钢筋规格型号,把"钢筋制作与安装"定额综合成一节,定额编号为第4-23节40123子目,计量单位为t;其钢筋定额消耗量已包括切断及焊接损耗、截余短头废料损耗,以及搭接帮条等附加量。该节概算定额适用于水工建筑物各部位的现浇及预制混凝土。

3.4.5 混凝土工程概算单价编制示例

【例1-6】 该水库工程位于中南地区,其面板结构采用现浇钢筋混凝土面板,混凝土强度等级为C25,二级配;施工方法采用2×1 m^3搅拌楼集中拌制,6 m^3混凝土搅拌车水平运输1.7 km,经泄槽运送50 m入仓,电动插入式振捣器振捣密实。试计算C25面板混凝土的概算单价。已知基本资料如表1-63所示。

表1-63 基础单价及费率标准

序号	项目名称	单位	单价(元)	序号	项目名称	单位	单价(元)
1	工长	工时	11.55	10	振捣器1.1 kW	台时	2.18
2	高级工	工时	10.67	11	搅拌楼2×1 m^3	台时	229.42
3	中级工	工时	8.90	12	骨料系统	组时	121.54
4	初级工	工时	6.13	13	水泥系统	组时	33.24
5	粗砂	m^3	23.73	14	6 m^3混凝土搅拌车	台时	212.07
6	卵石	m^3	25.23	15	其他直接费费率	%	7.50
7	水泥32.5	t	364.14	16	间接费费率	%	9.50
8	水	m^3	0.55	17	利润率	%	7.00
9	柴油	kg	5.01	18	税率	%	11.00

解:第一步:计算混凝土材料单价。直接链接基础单价中的混凝土材料单价计算表中

的单价,其计算过程为:查水利部2002《水利建筑工程概算定额》附录7可知,C25混凝土(32.5级普通硅酸盐水泥,二级配)材料配合比(1 m^3)为:32.5级水泥310 kg,粗砂0.47 m^3,卵石0.81 m^3,水0.15 m^3。计算后的混凝土配合比单价为:$310\times0.255\times1.0+0.47\times23.73\times1.0+0.81\times25.23\times1.0+0.15\times1.0\times0.55=110.72$(元/$m^3$)。

第二步:计算混凝土拌制单价(只计基本直接费)。选用概算定额第4-36节40173子目,定额如表1-64所示,计算过程见表1-65,混凝土拌制单价为15.91元/m^3。

第三步:计算混凝土运输单价(只计基本直接费)。水平运输选用概算定额第4-45节40217、40218子目,定额如表1-66所示,计算过程见表1-68;垂直运输选用概算定额第4-43节40210、40211子目,定额如表1-67所示,计算过程见表1-69,结果分别为26.32元/ m^3、9.15元/ m^3。

表1-64 搅拌楼拌制混凝土

适用范围:各种级配常态混凝土。 单位:100 m^3

项目	单位	搅拌楼容量(m^3)				
		2×1.0	2×1.5	3×1.5	2×3.0	4×3.0
工长	工时	2.4	1.8	1.1	0.9	0.5
高级工	工时	2.4	1.8	1.1	0.9	0.5
中级工	工时	17.6	13.5	8.2	6.8	4.2
初级工	工时	24.2	18.5	11.3	9.4	5.7
合计	工时	46.6	35.6	21.7	18.0	10.9
零星材料费	%	5	5	5	5	5
搅拌楼	台时	3.01	2.01	1.49	1.24	0.62
骨料系统	组时	3.01	2.01	1.49	1.24	0.62
水泥系统	组时	3.01	2.01	1.49	1.24	0.62
编号		40173	40174	40175	40176	40177

表1-65 建筑工程单价

单价编号		项目名称		混凝土拌制	
定额编号	40173		定额单位	100 m^3	
施工方法	混凝土拌制,2×1.0 m^3 搅拌楼				
编号	名称及规格	单位	数量	单价(元)	合计
一	直接费				1 590.50
(一)	基本直接费				1 590.50
1	人工费				358.32
	工长	工时	2.40	11.55	27.72
	高级工	工时	2.40	10.67	25.61
	中级工	工时	17.60	8.90	156.64
	初级工	工时	24.20	6.13	148.35

续表 1-65

编号	名称及规格	单位	数量	单价(元)	合计
2	材料费				75.74
	零星材料费	%	5.00	1 514.76	75.74
3	机械使用费				1 156.44
	搅拌楼 2×1.0 m^3	台时	3.01	229.42	690.55
	骨料系统	组时	3.01	121.54	365.84
	水泥系统	组时	3.01	33.24	100.05

表 1-66　搅拌车运混凝土

适用范围:搅拌楼(机)给料。　　　　单位:100 m^3

项目	单位	运距(km)				增运 0.5 km
		0.5	1	2	3	
工长	工时					
高级工	工时					
中级工	工时	14.9	14.9	14.9	14.9	
初级工	工时	7.0	7.0	7.0	7.0	
合计	工时	21.9	21.9	21.9	21.9	
零星材料费	%	2	2	2	2	
混凝土搅拌车 3 m^3	台时	16.22	19.10	22.96	26.03	1.58
编号		40216	40217	40218	40219	40220

注:1. 如采用 6 m^3 混凝土搅拌车,机械定额乘以 0.52 系数;

2. 洞内运输,人工、机械定额乘以 1.25 系数。

表 1-67　泄槽运混凝土

适用范围:储料斗给料。　　　　单位:100 m^3

项目	单位	泄槽长度(m)			增运 2 m
		5	7	8	
工长	工时				
高级工	工时				
中级工	工时				
初级工	工时	32.8	36.2	40.4	4.1
合计	工时	32.8	36.2	40.4	4.1
零星材料费	%	20	20	20	
编号		40208	40209	40210	40211

注:泄槽摊销费已计入零星材料费。

表 1-68 建筑工程单价

单价编号		项目名称		混凝土水平运输	
定额编号	40217,40218		定额单位	100 m^3	
施工方法	6 m^3 混凝土搅拌车,混凝土水平运输,运 1.7 km				
编号	名称及规格	单位	数量	单价(元)	合计(元)
一	直接费				2 632.00
(一)	基本直接费				2 632.00
1	人工费				175.52
	中级工	工时	14.90	8.90	132.61
	初级工	工时	7.00	6.13	42.91
2	材料费				51.61
	零星材料费	%	2.00	2 580.39	51.61
3	机械使用费				2 404.87
	6 m^3 混凝土搅拌车	台时	11.34	212.07	2 404.87

表 1-69 建筑工程单价

单价编号		项目名称		混凝土垂直运输	
定额编号	40210,40211		定额单位	100 m^3	
施工方法	泄槽运送混凝土,混凝土运 50 m				
编号	名称及规格	单位	数量	单价(元)	合计(元)
一	直接费				915.46
(一)	基本直接费				915.46
1	人工费				762.88
	中级工	工时			
	初级工	工时	124.45	6.13	762.88
2	材料费				152.58
	零星材料费	%	20.00	762.88	152.58
3	机械使用费				

第四步:计算混凝土浇筑单价。根据工程性质、特点确定取费费率,其他直接费费率取 7.5%,间接费费率取 9.5%,企业利润率为 7%,税率取 11%。

选用概算定额第 4−9 节 40055 子目,定额如表 1-70 所示。计算过程见表 1-71,面板混凝土的工程单价为 341.57 元/m^3。

表 1-70 溢流面及面板

适用范围:堆石坝、砂砾石坝、岸坡等的防渗面板。 单位:100 m³

项目	单位	面板	溢流面
工长	工时	16.3	11.7
高级工	工时	32.7	19.4
中级工	工时	176.4	205.9
初级工	工时	290.5	151.5
合计	工时	515.9	388.5
混凝土	m^3	104	103
水	m^3	165	122
其他材料费	%	4	1
振动器 1.1 kW	台时	40.6	24.68
风水枪	台时		14.28
其他机械费	%	5	8
混凝土拌制	m^3	104	103
混凝土运输	m^3	104	103
编号		40055	40056

表 1-71 建筑工程单价表

单价编号		项目名称		C25 面板混凝土	
定额编号	40055		定额单位		100 m^3
施工方法	混凝土拌制、运输、仓面清理、入仓浇筑、振捣、养护等				
编号	名称及规格	单位	数量	单价(元)	合计(元)
一	直接费				22 998.80
(一)	基本直接费				21 394.23
1	人工费				3 887.91
	工长	工时	16.3	11.55	188.27
	高级工	工时	32.7	10.67	348.91
	中级工	工时	176.4	8.90	1 569.96
	初级工	工时	290.5	6.13	1 780.77
2	材料费				12 069.86
	C25 混凝土	m^3	104.0	110.72	11 514.88
	水	m^3	165.0	0.55	90.75
	其他材料费	%	4.00	11 605.63	464.23
3	机械使用费				92.94

续表 1-71

编号	名称及规格	单位	数量	单价(元)	合计
	插入式振捣器 1.1 kW	台时	40.6	2.18	88.51
	其他机械使用费	%	5.00	88.51	4.43
4	混凝土拌制	m^3	104.0	15.91	1 654.64
5	混凝土水平运输	m^3	104.0	26.32	2 737.28
6	混凝土垂直运输	m^3	104.0	9.15	951.60
(二)	其他直接费	%	7.50	21 394.23	1 604.57
二	间接费	%	9.50	22 998.80	2 184.89
三	利润	%	7.00	25 183.69	1 762.86
四	材料补差				3 825.87
	水泥 32.5	kg	32 240.00	0.11	3 546.40
	柴油	kg	138.35	2.02	279.47
五	税金	%	11.00	30 772.42	3 384.97
	合计				34 157.39
	单价				341.57

【例 1-7】 在【例 1-6】所述的水库工程中,在面板部位有钢筋制安项目,钢筋在施工现场加工厂加工,以机械加工为主,试计算该水库的钢筋制作与安装工程概算单价。已知基本资料如表 1-72 所示。

表 1-72 基础单价及费率标准

序号	项目名称	单位	单价(元)	序号	项目名称	单位	单价(元)
1	工长	工时	11.55	11	钢筋切断机 20 kW	台时	31.62
2	高级工	工时	10.67	12	钢筋弯曲机ϕ 6~40	台时	19.58
3	中级工	工时	8.90	13	电焊机 25 kVA	台时	15.15
4	初级工	工时	6.13	14	电弧对焊机 150 型	台时	99.27
5	钢筋	t	2 975.59	15	载重汽车 5 t	台时	50.29
6	铁丝	kg	5.04	16	塔式起重机 10 t	台时	115.02
7	电焊条	kg	7.51	17	其他直接费费率	%	7.50
8	汽油	kg	5.80	18	间接费费率	%	5.50
9	钢筋调直机 14 kW	台时	23.02	19	利润率	%	7.00
10	风砂枪	台时	35.25	20	税率	%	11.00

解:因现行概算定额中不分工程部位和钢筋规格型号,把"钢筋制作与安装"定额综合成一节,故选用定额编号为第 4-23 节 40123 子目,定额如表 1-73 所示。钢筋制作与安

装工程单价计算过程见表1-74，结果为6 046.81元/t。

表1-73　钢筋制作与安装

适用范围：水工建筑物各部位。

工作内容：回直、除锈、切断、弯制、焊接、绑扎及加工场至施工场地运输。　　单位：1 t

项目	单位	数量
工长	工时	10.6
高级工	工时	29.7
中级工	工时	37.1
初级工	工时	28.6
合计	工时	106.0
钢筋	t	1.07
铁丝	kg	4
电焊条	kg	7.36
其他材料费	%	1
钢筋调直机　14 kW	台时	0.63
风砂枪	台时	1.58
钢筋切断机　20 kW	台时	0.42
钢筋弯曲机ϕ6~40	台时	1.10
电焊机　25 kVA	台时	10.50
电弧对焊机　150型	台时	0.42
载重汽车　5 t	台时	0.47
塔式起重机　10 t	台时	0.11
其他机械费	%	2
编号		40123

表1-74　建筑工程单价

单价编号			项目名称		钢筋制安
定额编号	40123		定额单位		1 t
施工方法	回直、除锈、切断、弯制、焊接、绑扎及加工厂至施工场地运输				
编号	名称及规格	单位	数量	单价(元)	合计(元)
一	直接工程费				4 419.54
(一)	直接费				4 111.20

续表 1-74

编号	名称及规格	单位	数量	单价(元)	合计(元)
1	人工费				944.84
	工长	工时	10.60	11.55	122.43
	高级工	工时	29.70	10.67	316.90
	中级工	工时	37.10	8.90	330.19
	初级工	工时	28.60	6.13	175.32
2	材料费				2 817.44
	钢筋	t	1.07	2 560.00	2 739.20
	铁丝	kg	4	5.04	20.16
	电焊条	kg	7.36	7.51	55.27
	其他材料费	%	1.00	2 814.63	2.81
3	机械使用费				348.92
	钢筋调直机　14 kW	台时	0.63	23.02	14.50
	风砂枪	台时	1.58	35.25	55.70
	钢筋切断机　20 kW	台时	0.42	31.62	13.28
	钢筋弯曲机Φ6~40 mm	台时	1.1	19.58	21.54
	电焊机　25 kVA	台时	10.5	15.15	159.08
	电弧对焊机　150 型	台时	0.42	99.27	41.69
	载重汽车　5 t	台时	0.47	50.29	23.64
	塔式起重机　10 t	台时	0.11	115.02	12.65
	其他机械使用费	%	2.00	342.08	6.84
(二)	其他直接费	%	7.50	4 111.20	308.34
二	间接费	%	5.50	4 419.54	243.07
三	利润	%	7.00	4 662.61	326.38
四	材料补差				458.59
	钢筋	kg	1 070.00	0.42	449.40
	汽油	kg	3.38	2.72	9.19
五	税金	%	11	5 447.58	599.23
	合计				6 046.81
	单价				6 046.81

项目实训与思考

背景材料：该水库工程大坝防浪墙C15混凝土（二级配，32.5），墙厚60 cm，施工方法采用2×1 m^3 搅拌楼集中拌制，6 m^3 混凝土搅拌车水平运输运1.7 km，经溜槽运送50 m入仓，电动插入式振捣器振捣密实。

引水工程的隧洞衬砌C20混凝土，厚度50 cm，泵送入仓，6 m^3 混凝土搅拌车运混凝土，洞外运0.4 km、洞内运0.4 km。

基础单价与费率见前面的章节介绍选用。

问题：分别计算该工程防浪墙C15混凝土、隧洞衬砌C20混凝土的概算单价。

任务3.5　编制模板工程单价

学习指导

知识目标：

1. 了解模板工程分类，熟悉模板工程施工安装拆除方法；
2. 熟练掌握建筑工程中模板工程概算单价的编制。

技能目标：

1. 能判别模板工程类别，能分析模板工程施工方法、正确选用定额子目；
2. 会编制不同类型模板工程单价。

重　点：

模板工程概算单价的编制。

码1-31　微课：编制模板工程单价

码1-32　竞赛真题

为适应水利工程建设管理的需要，现行概预算定额将模板制作、安装定额单独计列，从而简化了混凝土定额子目，细化了混凝土工程费用的构成，也使模板与混凝土定额的组合更灵活、适应性更强。模板工程是指混凝土浇筑工程中使用的模板的制作、安装及拆除等。

3.5.1　模板工程分类

模板工程是根据模板本身的形式、材质及安装方法来分类的。

3.5.1.1 按形式分类

模板可分为平面模板、曲面模板、异形模板(如渐变段、厂房蜗壳及尾水管等)、针梁模板、滑模、钢模台车。

3.5.1.2 按材质分类

模板可分为木模板、钢模板、预制混凝土模板。木模板的周转次数少、成本高、易于加工,大多用于异形模板;钢模板的周转次数多、成本低,广泛用于水利工程建设中。

3.5.1.3 按安装方法分类

模板可分为固定模板和移动模板。固定模板每使用一次,就拆除一次;移动模板与支撑结构构成整体,使用后整体移动,如隧洞中常用的钢模台车或针梁模板。使用这种模板能大大缩短模板安拆的时间和人工、机械费用,也提高了模板的周转次数,故广泛应用于较长的隧洞中。对于边浇筑、边移动的模板称滑动模板(简称滑模),采用滑模浇筑具有进度快、浇筑质量高、整体性好等优点,故广泛应用于大坝及溢洪道的溢流面、闸(桥)墩、竖井、闸门井等部位。

3.5.2 施工方法分析

模板工程的施工包括模板的制作和安装拆除两项内容。模板属周转性材料,可多次使用,在计算时可根据多次周转使用进行费用分摊。模板材料可通过外购或自行制作两种方式。

3.5.3 工程定额查用

3.5.3.1 定额选用

模板的主要作用就是支撑流态混凝土的重量和侧压力,使之按设计要求的形状凝固成型。混凝土浇筑立模的工作量很大,其费用和耗用的人工较多,故模板作业对混凝土质量、进度、造价影响较大。选用定额时应根据工程部位、模板的类型、施工方法等因素,综合考虑选用现行概算定额第五章中相应的定额子目。

3.5.3.2 定额使用注意事项

(1)模板单价包括模板及其支撑结构的制作、安装、拆除、场内运输及修理等全部工序的人工、材料和机械费用。

(2)模板制作与安装拆除定额,均以100 m^2 立模面积为计量单位,立模面积应按混凝土与模板的接触面积计算,即按混凝土结构物体形及施工分缝要求所需的立模面积计算。

(3)模板材料均按预算消耗量计算,包括了制作、安装、拆除、维修的损耗和消耗,并考虑了周转和回收。

(4)模板定额中的材料,除模板本身外,还包括支撑模板的立柱、围囹、桁(排)架及铁件等。对于悬空建筑物(如渡槽槽身)的模板,计算到支撑模板结构的承重梁为止。承重梁以下的支撑结构应包括在"其他施工临时工程"中。

(5)在隧洞衬砌钢模台车、针梁模板台车、竖井衬砌的滑模台车及混凝土面板滑模台车中,所用到的行走机构、构架、模板及支撑型钢,电动机、卷扬机、千斤顶等动力设备,均作为整体设备以工作台时计入定额。但定额中未包括轨道及埋件,只有溢流面滑模定额中含轨道及支撑轨道的埋件、支架等材料。

(6)大体积混凝土(如坝、船闸等)中的廊道模板,均采用一次性预制混凝土板(浇筑后作为建筑物结构的一部分)。混凝土模板预制及安装,可参考混凝土预制及安装定额编制其单价。

(7)概算定额中列有模板制作定额,并在"模板安装拆除"定额子目中嵌套模板制作数量100 m^2,这样便于计算模板综合工程单价。而预算定额中将模板制作和安装拆除定额分别计列,使用预算定额时将模板制作及安装拆除工程单价算出后再相加,即为模板综合单价。

(8)使用概算定额计算模板综合单价时,模板制作单价有两种计算方法:

①若施工企业自制模板,按模板制作定额计算出基本直接费(不计入其他直接费、间接费、利润和税金),作为模板的预算价格代入安装拆除定额,统一计算模板综合单价;

②若外购模板,安装拆除定额中的模板预算价格应为模板使用一次的摊销价格,其计算公式为:外购模板预算价格=(1-残值率)÷周转次数×综合系数,公式中残值率为10%,周转次数为50次,综合系数为1.15(含露明系数及维修损耗系数)。

(9)概算定额中凡嵌套有"模板100 m^2"的子目,计算"其他材料费"时,计算基数不包括模板本身的价值。

3.5.4 模板工程概算单价编制示例

【例1-8】 该水库工程位于中南地区,其坝顶防浪墙混凝土施工采用标准钢模板立模,试计算模板制作与安装概算单价。已知基本资料如表1-75所示。

表1-75 基础单价及费率标准

序号	项目名称	单位	单价(元)	序号	项目名称	单位	单价(元)
1	工长	工时	11.55	11	钢筋切断机 20 kW	台时	31.62
2	高级工	工时	10.67	12	载重汽车 5 t	台时	50.29
3	中级工	工时	8.90	13	电焊机直流 16~30 kVA	台时	31.70
4	初级工	工时	6.13	14	汽车起重机 5 t	台时	64.31
5	型钢	kg	3.50	15	电焊机 25 kVA	台时	212.07
6	卡扣件	kg	5.25	16	其他直接费费率	%	7.50
7	铁件	kg	5.78	17	间接费费率	%	9.50
8	电焊条	kg	7.51	18	利润率	%	7.00
9	预制混凝土柱	m^3	245	19	税率	%	11.00
10	汽油	kg	5.80				

解:第一步:计算模板制作单价。

(1)确定取费费率。根据工程性质、特点确定取费费率,其他直接费费率取 7.5%,间接费费率取 9.5%,企业利润率为 7%,税率取 11%。

(2)计算模板制作单价。因模板制作是模板安装工程材料定额的一项内容,模板制作单价计算其基本直接费后作为模板安装工程单价的辅助单价套用。查概算定额选用第 5-12 节 50062 子目,定额如表 1-76 所示。计算过程见表 1-77,模板制作单价(基本直接费)为 8.63 元/ m^2。

表 1-76　普通模板制作

适用范围:标准钢模板:直墙、挡土墙、防浪墙、闸墩、底板、趾板、板、梁、柱等。

平面木模板:混凝土坝、厂房下部结构等大体积混凝土的直立面、斜面、混凝土墙、墩等。

曲面模板:混凝土墩头、进水口下侧收缩曲面等弧形柱面。

工作内容:标准钢模板:铁件制作、模板运输。

平面木模板:模板制作、立柱、围囹制作、铁件制作、模板运输。

曲面模板:钢架制作、面板拼装、铁件制作、模板运输。　　单位:100 m^2

项目	单位	标准钢模板	平面木模板	曲面模板
工长	工时	1.2	4.1	4.5
高级工	工时	3.8	12.1	14.7
中级工	工时	4.2	33.6	30.3
初级工	工时	1.5	12.8	11.9
合计	工时	10.7	62.6	61.4
锯材	m^3		2.3	0.4
组合钢模板	kg	81		106
型钢	kg	44		498
卡扣件	kg	26		43
铁件	kg	2	25	36
电焊条	kg	0.6		11.0
其他材料费	%	2	2	2
圆盘锯	台时		4.69	
双面刨床	台时		3.91	
型钢剪断机　13 kW	台时			0.98
型材弯曲机	台时			1.53
钢筋切断机　20 kW	台时	0.07	0.17	0.19
钢筋弯曲机 ϕ 6~40	台时		0.44	0.49
载重汽车　5 t	台时	0.37	1.68	0.43
电焊机直流　25 kVA	台时	0.72		8.17
其他机械使用费	%	5	5	5
编号		50062	50063	50064

表1-77 建筑工程单价

单价编号		项目名称		普通标准钢模板制作	
定额编号	50062		定额单位	100 m^2	
施工方法	铁件制作、模板运输				
编号	名称及规格	单位	数量	单价(元)	合计(元)
一	建筑工程费				862.70
(一)	直接费				862.70
1	人工费				100.99
	工长	工时	1.2	11.55	13.86
	高级工	工时	3.8	10.67	40.55
	中级工	工时	4.2	8.90	37.38
	初级工	工时	1.5	6.13	9.20
2	材料费				715.89
	组合钢模板	kg	81	4.88	395.28
	型钢	kg	44	3.50	154.00
	卡扣件	kg	26	5.25	136.50
	铁件	kg	2.00	5.78	11.56
	电焊条	kg	0.6	7.51	4.51
	其他材料费	%	2.00	701.85	14.04
3	机械使用费				45.82
	钢筋切断机 20 kW	台时	0.07	31.62	2.21
	载重汽车 5 t	台时	0.37	50.29	18.61
	电焊机直流 16~30 kVA	台时	0.72	31.70	22.82
	其他机械使用费	%	5.00	43.64	2.18

第二步:计算模板制作安装综合单价。查概算定额选用第5-1节50001子目,注意补充定额对本节定额的修正,定额如表1-78所示。计算过程详见表1-79,在计算其他材料费时,其计算基数不包括模板本身的价值。计算结果为57.45元/m^2。

表 1-78　普通模板

适用范围：标准钢模板：直墙、挡土墙、防浪墙、闸墩、底板、趾板、板、梁、柱等。

平面木模板：混凝土坝、厂房下部结构等大体积混凝土的直立面、斜面、混凝土墙、墩等。

曲面模板：混凝土墩头、进水口下侧收缩曲面等弧形柱面。

工作内容：模板安装、拆除、除灰、刷脱模剂、试剂，维修、倒仓。　　　　单位：100 m^2

项目	单位	标准钢模板		平面木模板	曲面模板
		一般部位	板梁柱部位		
工长	工时	14.6	21.9	11.0	14.1
高级工	工时	49.5	106.5	7.4	59.3
中级工	工时	83.7	154.0	111.2	167.2
初级工	工时	39.8		27.7	37.2
合计	工时	187.6	282.4	157.3	277.8
模板	m^2	100	100	100	100
铁件	kg	124		321	357
预制混凝土柱	m^3	0.3		1.0	
电焊条	kg	2.0	2.0	5.2	5.8
其他材料费	%	2	2	2	2
汽车起重机　5 t	台时	8.75	14.6	11.95	12.88
电焊机　25 kVA	台时	2.06	2.06	6.71	2.06
其他机械使用费	%	5	5	5	5
编号		50001	50002	50003	50004

注：底板、趾板为岩石基础时，标准钢模板定额人工乘 1.2 系数，其他材料费按 8%计算。

表 1-79　建筑工程单价

单价编号			项目名称	标准钢模板制作安装	
定额编号	50001			定额单位	100 m^2
施工方法	模板安装、拆除、除灰、刷脱模剂、维修、倒仓等				
编号	名称及规格	单位	数量	单价(元)	合计(元)
一	直接费				4 293.18
(一)	基本直接费				3 993.66
1	人工费				1 685.70
	工长	工时	14.6	11.55	168.63
	高级工	工时	49.5	10.67	528.17
	中级工	工时	83.7	8.90	744.93

续表 1-79

编号	名称及规格	单位	数量	单价(元)	合计(元)
	初级工	工时	39.8	6.13	243.97
2	材料费				1 684.34
	模板	m^2	100	8.63	863.00
	铁件	kg	124	5.78	716.72
	预制混凝土柱	m^3	0.30	245.00	73.50
	电焊条	kg	2.00	7.51	15.02
	其他材料费	%	2.00	805.24	16.10
3	机械使用费				623.62
	汽车起重机 5 t	台时	8.75	64.31	562.71
	电焊机 25 kVA	台时	2.06	15.15	31.21
	其他机械使用费	%	5.00	593.92	29.70
(二)	其他直接费	%	7.50	3 993.66	299.52
二	间接费	%	9.50	4 293.18	407.85
三	利润	%	7.00	4 701.03	329.07
四	材料补差				145.28
	汽油	kg	53.41	2.72	145.28
五	税金	%	11.00	5 175.38	569.29
	合计				5 744.67
	单价				57.45

项目实训与思考

背景材料:该水库工程引水工程隧洞,隧洞主洞洞径 6.5 m,长 487 m。隧洞在衬砌施工时采用针梁模板台车施工。基础单价与费率见前面的章节介绍选用。

问题:计算该引水隧洞模板的概算单价。

任务 3.6　编制钻孔灌浆及锚固工程单价

学习指导

知识目标：

1. 了解钻孔灌浆及锚固工程分类，并熟悉其施工工艺方法；
2. 熟练掌握建筑工程中钻孔灌浆及锚固工程概算单价的编制。

技能目标：

1. 能判别钻孔灌浆及锚固工程类别，能分析钻孔灌浆及锚固工程施工方法、正确选用定额子目；
2. 会编制不同类型钻孔灌浆及锚固工程单价。

重　点：

钻孔灌浆及锚固工程概算单价的编制。

码 1-33　微课：编制钻孔灌浆及锚固工程单价

码 1-34　竞赛真题

钻孔灌浆及锚固工程指水工建筑物为提高地基承载能力、改善和加强其抗渗性能及整体性所采取的处理措施。钻孔灌浆及锚固工程包括帷幕灌浆、固结灌浆、回填（接触）灌浆、防渗墙、减压井、喷锚支护等工程。

3.6.1　钻孔灌浆及锚固工程分类

3.6.1.1　灌浆工程分类

1. 按灌浆材料分

主要有水泥灌浆、水泥黏土灌浆、黏土灌浆、沥青灌浆和化学灌浆等四类。

2. 按灌浆作用分

主要有以下几种：

（1）帷幕灌浆：为在坝基形成一道阻水帷幕以防止坝基及绕坝渗漏，降低坝底扬压力而进行的深孔灌浆。

（2）固结灌浆：为提高地基整体性、均匀性和承载能力而进行的灌浆。

（3）接触灌浆：为加强坝体混凝土和基岩接触面的结合能力，使其有效传递应力，提高坝体的抗滑稳定性而进行的灌浆。接触灌浆多在坝体下部混凝土固化收缩基本稳定后进行。

（4）接缝灌浆：大体积混凝土由于施工需要而形成了许多施工缝，为了恢复建筑物的整体性,利用预埋的灌浆系统,对这些缝进行的灌浆。

(5)回填灌浆:为使隧道顶拱岩面与衬砌的混凝土面,或压力钢管与底部混凝土接触面结合密实而进行的灌浆。

3.6.1.2 锚固工程分类

锚固可分为锚桩、喷锚支护与预应力锚固等三类。其适用范围见表1-80。

表1-80 锚固分类及适用范围

类型	结构形式	适用范围
锚桩	钢筋混凝土桩、人工挖孔桩;大口径钻孔桩;钢桩(型钢桩、钢棒桩)	适用于浅层,具有明显滑面的地基加固
喷锚支护	锚杆加喷射混凝土 锚杆挂网加喷射混凝土	适用于高边坡加固,隧洞入口边坡支护
预应力锚固	混凝土柱状锚头	适用于大吨位预应力锚固
	镦头锚锚头	适用于大、中、小吨位预应力锚固
	爆炸压接螺杆锚头	适用于中、小吨位预应力锚固
	锚塞、锚环钢锚头	适用于小吨位预应力锚固
	组合型钢锚头	适用于大、中、小吨位预应力锚固

3.6.2 施工方法分析

3.6.2.1 岩基灌浆施工

(1)一般灌浆工艺流程为施工准备→钻孔→冲洗→表面处理→压水试验→灌浆→封孔→质量检查。

钻孔可采用手风钻、回转式钻机和冲击钻等钻孔机械进行。灌浆方法有一次灌浆法和分段灌浆法,分段灌浆法又可分为自上而下分段、自下而上分段及综合灌浆法。

(2)影响灌浆施工工效的主要因素有岩石(地层)级别及其透水性、施工条件(露天、洞内)。

3.6.2.2 混凝土防渗墙施工

建筑在冲积层上的挡水建筑物,一般设置混凝土防渗墙是一种有效的防渗处理措施。防渗墙施工包括造孔和浇筑混凝土两部分内容。造孔:防渗墙的成墙方式大多采用槽孔法,造孔采用冲击钻机、反循环钻、液压开槽机等机械,一般用冲击钻较多;浇筑混凝土:防渗墙采用导管法浇筑水下混凝土。

3.6.2.3 锚固工程施工

(1)一般锚杆的施工工艺为钻孔→锚杆制作→安装→水泥浆封孔(或药卷产生化学反应封孔)、锚定,对于锚杆长度超过10 m的长锚杆,应配锚杆钻机或地质钻机。

预应力锚杆施工程序:造孔、锚束编制→运输吊装→放锚束、锚头锚固→超张拉、安装、补偿→采用水泥浆封孔、灌浆防护。

喷锚支护的一般工艺:凿毛→配料→上料、拌和→挂网、喷锚→喷混凝土→处理回弹料、养护。

(2)施工特点:预应力锚固由锚头、锚束、锚根等三部分组成。预应力锚束按材料分为钢丝、钢绞线与优质钢筋三类,按作用可分为无黏结型和黏结型两类。钢丝多用于大吨位锚束,适用于混凝土锚头、镦头及组合锚;钢绞线适用中小型锚束,与锚塞、锚环型锚具配套使用;优质钢筋适用于预应力锚杆及短的锚束。

钻孔设备应根据地质条件、钻孔深度、钻孔方向和孔径大小选择钻机。工程中一般用风钻、SGZ-1、YQ-100、XJ-100-1 及东风-300 专用锚杆钻机、履带钻、地质钻机等钻机。

3.6.3　工程定额查用

3.6.3.1　定额选用

(1)在计算钻孔灌浆工程单价时,应根据设计确定的孔深、灌浆压力等参数以及岩石的级别、透水率等,按施工组织设计确定的钻机、灌浆方式、施工条件来选择概预算定额相应的定额子目,这是正确计算钻孔灌浆工程单价的关键。

(2)在现行概算定额中,锚杆分为地面和地下,钻孔设备分为风钻钻孔、履带钻孔、锚杆钻机钻孔、地质钻机钻孔、锚杆台车钻孔、凿岩台车钻孔。按注浆材料又分为砂浆和药卷。锚杆以“根”为单位,按锚杆长度和钢筋直径分项,不同的岩石级别划分子目。

套用定额时应注意的问题:加强长砂浆锚杆束是按 $4\times\Phi$ 28 锚筋拟定的,如设计采用锚筋根数、直径不同,应按设计调整锚筋用量。定额中的锚筋材料预算价按钢筋价格计算,锚筋的制作已包含在定额中。

(3)预应力锚束分为岩体和混凝土,按作用分为无黏结型和黏结型。以“束”为单位,按施加预应力的等级分类,按锚束长度分项。

(4)喷射分为地面和地下,按材料分为喷浆和混凝土,喷浆以“喷射面积”为单位,按有钢筋和无钢筋、喷射工艺,以及喷射厚度不同划分定额子目。喷射混凝土分为地面护坡、平洞支护、斜井支护,以“喷射混凝土的体积”为单位,按有无钢筋和喷射厚度不同划分定额子目。喷浆(混凝土)定额的计量以喷后的设计有效面积(体积)计算,定额中已包括了回弹及施工损耗量。

(5)锚筋桩可参考相应的锚杆定额,定额中的锚杆附件包括垫板、三角铁和螺帽等。锚杆(索)定额中的锚杆(索)长度是指嵌入岩石的设计有效长度,不包括锚头外露部分,按规定应留的外露部分及加工过程中的消耗,均已计入定额。

3.6.3.2　定额使用注意事项

(1)灌浆工程定额中的水泥用量是指概算基本量,如有实际资料,可按实际消耗量调整。

(2)灌浆工程定额中的灌浆压力划分标准为高压>3 MPa,中压 1.5~3 MPa,低压<1.5 MPa。

(3)灌浆工程定额中的水泥强度等级的选择应符合设计要求,设计未明确的可按以下标准选择:回填灌浆 32.5;帷幕与固结灌浆 32.5;接缝灌浆 42.5;劈裂灌浆 32.5;高喷灌浆 32.5。

(4)工程的项目设置、工程量数量及其单位均必须与概算定额的设置、规定相一致。如不一致,应进行科学的换算。

(5)关于岩土的平均级别和平均透水率。岩土的级别和透水率分别为钻孔和灌浆两大工序的主要参数,正确确定这两个参数对钻孔灌浆单价有重要意义。由于水工建筑物的地基绝大多数不是单一的地层,通常多达十几层或几十层。各层的岩土级别、透水率各不相同,为了简化计算,几乎所有的工程都采用一个平均的岩石级别和平均的透水率来计算钻孔灌浆单价。在计算这两个重要参数的平均值时,一定要注意计算的范围要和设计确定的钻孔灌浆范围完全一致,也就是说,不要简单地把水文地质剖面图中的数值拿来平均,要注意把上部开挖范围内的透水性强的风化层和下部不在设计灌浆范围的相对不透水地层都剔除。

(6)在使用本章定额第7-1节"钻机钻岩石层帷幕灌浆孔"(自下而上灌浆法)、第7-3节"钻岩石层排水孔、观测孔"(钻机钻孔)时,应注意下列事项:

①当终孔孔径>91 mm或孔深>70 m时,钻机应改用300型钻机。

②在廊道或隧洞内施工时,其人工、机械定额应乘以表1-81中的系数。

表1-81　人工、机械定额调整系数(一)

廊道或隧洞高度(m)	0~2.0	2.0~3.5	3.5~5.0	5.0
系数	1.19	1.10	1.07	1.05

③上述两节中各定额是按平均孔深30~50 m拟定的。当孔深≤30 m或孔深>50 m时,其人工和钻机定额应乘以表1-82中的系数。

表1-82　人工、机械定额调整系数(二)

孔深(m)	≤30	30~50	50~70	70~90	>90
系数	0.94	1.00	1.07	1.17	1.31

(7)当采用地质钻机钻灌不同角度的灌浆孔或观察孔、试验孔时,其人工、机械、合金片、钻头和岩芯管定额应乘以表1-83中的系数。

表1-83　人工、机械及材料定额调整系数(三)

钻机与水平面夹角	0°~60°	60°~75°	75°~85°	85°~90°
系数	1.19	1.05	1.02	1.00

(8)压水试验适用范围:现行概算定额中,压水试验已包含在灌浆定额中。预算定额中的压水试验适用于灌浆后的压水试验,灌浆前的压水试验和灌浆后的补灌及封孔灌浆已计入定额。压水试验一个压力点法适用于固结灌浆,三压力、五阶段法适用于帷幕灌浆,压浆试验适用于回填灌浆。

1. 钻孔与灌浆

(1)帷幕灌浆:现行概算定额分造孔及帷幕灌浆两部分,造孔和灌浆均以单位延长米(m)计,帷幕灌浆概算定额包括制浆、灌浆、封孔、孔位转移、检查孔钻孔、压水试验等内容。预算定额则需另计检查孔压水试验,检查孔压水试验按试验段计。

(2)固结灌浆:现行概算定额分造孔及固结灌浆两部分,造孔和灌浆均以单位延长米(m)计。固结灌浆定额包括已计入灌浆前的压水试验和灌浆后的补浆及封孔灌浆等工作。预算定额灌浆后的压水试验要另外计算。

(3)劈裂灌浆:劈裂灌浆多用于土坝(堤)除险加固坝体的防渗处理。概算定额分钻机钻土坝(堤)灌浆孔和土坝(堤)劈裂灌浆,均以单位延长米(m)计。劈裂灌浆定额已包括检查孔、制浆、灌浆、劈裂观测、冒浆处理、记录、复灌、封孔、孔位转移、质量检查。定额是按单位孔深干料灌入量不同而分类的。

(4)回填灌浆:现行概算定额分隧洞回填灌浆和钢管道回填灌浆。隧洞回填灌浆适用于混凝土衬砌段。隧洞回填灌浆定额的工作内容包括预埋管路、简易平台搭拆、风钻通孔、制浆、灌浆、封孔、检查孔钻孔、压浆试验等。定额是以设计回填面积为计量单位的,按开挖面积分子目。

(5)坝体接缝灌浆:现行概算定额分预埋铁管法和塑料拔管法,定额适用于混凝土坝体,按接触面积(m^2)计算。

2. 混凝土防渗墙

一般都将造孔和浇筑分列,概算定额均以阻水面积(100 m^2)为单位,按墙厚分列子目;而预算定额造孔以折算进尺(100 折算米)为单位,混凝土防渗墙以 100 m^3 为单位。

3.6.4 钻孔灌浆及锚固工程概算单价编制示例

【例 1-9】 该水库工程位于中南地区,大坝坝基采用帷幕灌浆处理,采用 2 排帷幕,施工方法为采用 150 型地质钻机钻孔,平均孔深 30 m,岩石级别为Ⅸ级,帷幕灌浆施工程序采用逐渐加密、自下而上分段钻灌,坝基岩石层平均单位透水率 3 Lu,灌浆水泥采用 32.5 级普通硅酸盐水泥,XU-100 型钻机钻孔,110/60 型灌浆机灌浆,JIS-10 型搅拌机制浆,灌浆完毕采用机械封孔。试分别计算帷幕灌浆钻孔、帷幕灌浆的概算单价。已知基本资料如表 1-84 所示。

表 1-84 基础单价及费率标准

序号	项目名称	单位	单价(元)	序号	项目名称	单位	单价(元)
1	工长	工时	11.55	10	水泥 32.5	t	364.14
2	高级工	工时	10.67	11	地质钻机 150 型	台时	49.90
3	中级工	工时	8.90	12	中压泥浆灌浆泵	台时	43.46
4	初级工	工时	6.13	13	灰浆搅拌机	台时	20.84
5	扩孔器	个	420.00	14	胶轮车	台时	0.80
6	岩芯管	m	68.25	15	其他直接费费率	%	7.50
7	钻杆	m	60.9	16	间接费费率	%	10.50
8	钻杆接头	个	19.95	17	利润率	%	7.00
9	水	m^3	0.55	18	税率	%	11.00

解:第一步:计算帷幕灌浆钻孔概算单价。

(1)根据工程性质确定取费费率,其他直接费费率7.5%,间接费费率10.5%,企业利润率7%,税率11%。

(2)根据采用的自下而上帷幕灌浆施工法和岩石级别(Ⅸ),查水利部2002《水利建筑工程概算定额》,选用第7-1节70002定额子目,定额如表1-85所示。由于平均孔深为30 m,人工和钻机定额乘以0.94调整系数,计算过程见表1-86。钻机钻帷幕灌浆孔概算单价为183.80元/m。

表1-85　钻机钻岩石层帷幕灌浆孔

(1)自下而上灌浆法

适用范围:露天作业。

工作内容:钻孔、清孔、检查孔钻孔、孔位转移。　　单位:100 m

项目	单位	岩石级别			
		Ⅴ~Ⅷ	Ⅸ~Ⅹ	Ⅺ~Ⅻ	ⅩⅢ~ⅩⅣ
工长	工时	14.0	21.0	31.0	51.0
高级工	工时	30.0	43.0	63.0	103.0
中级工	工时	106.0	152.0	220.0	361.0
初级工	工时	152.0	217.0	315.0	517.0
合计	工时	302.0	433.0	629.0	1 032.0
合金钻头	个	6.50			
合金片		0.50			
金刚石钻头	个		3.3	4.0	5.0
扩孔器	个		2.3	2.8	3.5
岩芯管	m	2.6	3.3	5.0	6.3
钻杆	m	2.4	2.9	4.3	5.3
钻杆接头	个	2.5	3.2	825.0	6.1
水	m^3	550	660	825	1 100
其他材料费	%	16	15	13	11
地质钻机150型	台时	4.98	8.79	14.23	23.67
其他机械费	%	5	5	5	5
编号		70001	70002	70003	70004

注:1.本节各定额钻浆砌石,可按料石相同的岩石等级定额计算;

2.本节各定额钻混凝土,可按粗骨料相同的岩石等级计算;

3.本节各定额按平均孔深30~50 m拟定。若孔深小于30 m或大于50 m,人工和钻机定额乘以下列系数:

孔深(m)	≤30	30~50	50~70	70~90	>90
系数	0.94	1.00	1.07	1.17	1.31

4.终孔孔径大于91 mm时,钻机改为300型。

表 1-86　建筑工程单价

单价编号		项目名称		钻机钻帷幕灌浆孔	
定额编号	70002 换		定额单位	100 m	
施工方法	150 型地质钻机钻孔,平均孔深 30 m,岩石Ⅸ级,自下而上灌浆				
编号	名称	单位	数量	单价(元)	合价(元)
一	直接费				14 004.93
(一)	基本直接费				13 027.84
1	人工费				3 181.31
	工长	工时	19.74	11.55	228.00
	高级工	工时	40.42	10.67	431.28
	中级工	工时	142.88	8.90	1 271.63
	初级工	工时	203.98	6.13	1 250.40
2	材料费				3 739.37
	金刚石钻头	个	3.3	451.50	1 489.95
	扩孔器	个	2.3	420.00	966.00
	岩芯管	m	3.3	68.25	225.23
	钻杆	m	2.9	60.90	176.61
	钻杆接头	个	3.2	19.95	63.84
	水	m^3	600	0.55	330.00
	其他材料费	%	15.00	3 251.63	487.74
3	机械使用费				6 107.16
	地质钻机　150 型	台时	116.56	49.90	5 816.34
	其他机械使用费	%	5.00	5 816.34	290.82
(二)	其他直接费	%	7.50	13 027.84	977.09
二	间接费	%	10.50	14 004.93	1 470.52
三	利润	%	7.00	15 475.45	1 083.28
四	税金	%	11.00	16 558.73	1 821.46
	合计				18 380.19
	单价				183.80

第二步:计算帷幕灌浆概算单价。根据本工程帷幕灌浆采用自下而上灌浆法,岩层的平均透水率为3 Lu,查概算定额第7-4节70030子目,定额如表1-87所示。由于帷幕设计2排,按定额说明定额消耗量需乘以调整系数(人工、灌浆机0.97,水泥、胶轮车0.75,水0.96),计算过程见表1-88,帷幕灌浆概算单价为288.54元/m。

表1-87 坝基岩石帷幕灌浆

(1)自下而上灌浆法

适用范围:露天作业、一排帷幕、自下而上分段灌浆。

工作内容:洗孔、压水、制浆、灌浆、封孔、孔位转移,以及检查孔的压水试验、灌浆。

单位:100 m

项目	单位	透水率(Lu)							
		2以下	2~4	4~6	6~8	8~10	10~20	20~50	50~100
工长	工时	45	45	46	56	67	78	90	105
高级工	工时	102	103	104	119	137	154	173	197
中级工	工时	275	279	286	343	408	472	545	634
初级工	工时	436	444	456	564	688	811	948	1 117
合计	工时	858	871	892	1 082	1 300	1 515	1 756	2 053
水泥	t	2.90	3.90	4.9	6.9	8.9	10.4	12.4	15.4
水	m^3	619	639	659	679	699	789	1 079	1 559
其他材料费	%	15	15	14	14	13	13	12	12
灌浆泵 中压泥浆	台时	163.40	165.80	169.50	204.00	243.7	282.9	326.7	380.6
灰浆搅拌机	台时	139.30	141.70	145.40	179.90	209.6	258.8	302.6	356.5
地质钻机 150型	台时	22.80	22.80	22.80	22.80	22.80	22.80	22.80	22.80
胶轮车	台时	15.00	19.80	25.20	35.40	46.2	53.4	64.2	79.8
其他机械费	%	5	5	5	5	5	5	5	5
编号		70029	70030	70031	70032	70033	70034	70035	70036

注:1. 地质钻机作上下灌浆塞用;

2. 2排、3排(指排数,不是指排序数)帷幕乘以以下调整系数;

排数	人工、灌浆机	水泥、胶轮车	水
2排	0.97	0.75	0.96
3排	0.94	0.53	0.92

3. 重要挡水建筑物的帷幕灌浆,应增加灌浆自动记录仪,其台时数量与灌浆机台时数量之比例为:单孔记录仪1:1,多路灌浆检测装置0.2:1;

4. 设计要求采用细磨水泥灌浆的,水泥品种应采用干磨磨细水泥。

表 1-88　建筑工程单价

单价编号		项目名称		帷幕灌浆 2 排	
定额编号	70030 换		定额单位	100 m	
施工方法	自下而上灌浆法,透水率 3 Lu,2 排帷幕				
编号	名称	单位	数量	单价(元)	合价(元)
一	直接费				21 642.98
(一)	基本直接费				20 133.00
1	人工费				6 772.21
	工长	工时	44.62	11.55	515.36
	高级工	工时	100.88	10.67	1 076.39
	中级工	工时	277.42	8.90	2 469.04
	初级工	工时	442.32	6.13	2 711.42
2	材料费				1 466.44
	水泥	t	3.68	255.00	938.40
	水	m^3	632.64	0.55	347.95
	其他材料费	%	14.00	1 286.35	180.09
3	机械使用费				11 894.35
	中压泥浆灌浆泵	台时	164.42	43.46	7 145.69
	灰浆搅拌机	台时	145.40	20.84	3 030.14
	地质钻机　150 型	台时	22.80	49.90	1 137.72
	胶轮车	台时	18.9	0.80	15.12
	其他机械使用费	%	5.00	11 313.55	565.68
(二)	其他直接费	%	7.50	20 133.00	1 509.98
二	间接费	%	10.50	21 642.98	2 272.51
三	利润	%	7.00	23 915.49	1 674.08
四	材料补差				404.80
	水泥 32.5	kg	3 680.00	0.11	404.80
五	税金	%	11.00	25 994.37	2 859.38
	合计				28 853.75
	单价				288.54

项目实训与思考

背景材料：该水库工程大坝基础处理和隧洞工程中均有固结灌浆钻孔、固结灌浆项目，基础单价与费率见前面的章节介绍选用。

问题：分别计算大坝基础处理和隧洞工程中的固结灌浆钻孔、固结灌浆项目的概算单价，并进行对比分析。

码 1-35　微课：编制其他工程单价

任务 3.7　编制其他工程单价

学习指导

知识目标：

1. 了解围堰、公路、铁路、防渗反滤等其他工程构成及施工要点；
2. 熟练掌握建筑工程中其他工程概算单价的编制。

技能目标：

1. 能判别其他工程类别，能分析其他工程施工方法、正确选用定额子目；
2. 会编制围堰、公路、铁路、防渗反滤等其他工程单价。

重　点：

防渗反滤等其他工程概算单价的编制。

其他工程主要包括围堰、公路、铁道等临时工程，以及塑料薄膜、土工布、土工膜、复合柔毡铺设、人工铺草皮等项目。

3.7.1　其他工程分类

其他工程项目主要包括：

(1)围堰：包括袋装土石围堰、钢板桩围堰、石笼水下混凝土、截流体等。

(2)公路：包括路基、路面。

(3)铁道：包括铁道铺设、移设、拆除。

(4)防渗反滤：包括塑料薄膜、复合柔毡、土工膜、土工布。

(5)草皮护坡。

3.7.2　工程定额查用

3.7.2.1　定额选用

根据工程项目、施工材料及施工方法，按结构尺寸，选用其他工程章节定额并计算。

3.7.2.2　定额使用注意事项

(1)塑料薄膜、土工膜、复合柔毡、土工布等定额仅指这些防渗(反滤)材料本身的铺设，不包括上面的保护层和下面的垫层砌筑。其定额计量单位是指设计有效防渗面积。

(2)临时工程定额中的材料数量均为备料量，未考虑周转回收。周转及回收量可按该临时工程使用时间参照表1-89所列材料使用寿命及残值进行计算。

表1-89 临时工程材料使用寿命及残值

材料名称	使用寿命	残值(%)
钢板桩	6年	5
钢轨	12年	10
钢丝绳(吊桥用)	10年	5
钢管(风水管道用)	8年	10
钢管(脚手架用)	10年	10
阀门	10年	5
卡扣件(脚手架用)	50次	10
导线	10年	10

3.7.3 其他工程概算单价编制示例

【例1-10】 某水库工程位于中南地区,其坝面反滤层采用土工布铺设,坝面边坡为1:2.5,试计算土工布铺设概算单价。已知基本资料如表1-90所示。

表1-90 基础单价及费率标准

序号	项目名称	单位	单价(元)	序号	项目名称	单位	单价(元)
1	工长	工时	11.55	5	土工布	m^2	6.00
2	高级工	工时	10.67	6	其他直接费费率	%	7.50
3	中级工	工时	8.90	7	间接费费率	%	10.50
4	初级工	工时	6.13	8	税金	%	11.00

解:第一步:根据工程性质确定取费费率,因该工程属枢纽工程中的其他工程,故取其他直接费费率7.5%,间接费费率10.5%,企业利润率7%,税率11%。

第二步:根据工程特点选用概算定额第9-14节90069子目,定额如表1-91所示。

第三步:计算概算单价。计算过程见表1-92,结果为10.69元/ m^2。

表1-91 土工布铺设

适用范围:土石坝、围堰的反滤层。

工作内容:场内运输、铺设、接缝(针缝)。 单位:100 m^2

项目	单位	平铺	斜铺		
			边坡		
			1:2.5	1:2.0	1:1.5
工长	工时	1	1	1	1
高级工	工时				
中级工	工时	2	2	3	3
初级工	工时	10	12	12	14
合计	工时	13	15	16	18
土工布	m^2	107	107	107	107
其他材料费	%	2	2	2	2
编号		90068	90069	90070	90071

表 1-92　建筑工程单价

单价编号		项目名称		土工布铺设	
定额编号	90069		定额单位	100 m^2	
施工方法	坝面反滤层土工布铺设,坝面边坡为 1:2.5				
编号	名称	单位	数量	单价(元)	合价(元)
一	直接费				814.58
(一)	基本直接费				757.75
1	人工费				102.91
	工长	工时	1.00	11.55	11.55
	高级工	工时		10.67	
	中级工	工时	2.00	8.90	17.80
	初级工	工时	12.00	6.13	73.56
2	材料费				654.84
	土工布	m^2	107.00	6.00	642.00
	其他材料费	%	2.00	642.00	12.84
3	机械使用费				
	其他机械使用费	%			
(二)	其他直接费	%	7.50	757.75	56.83
二	间接费	%	10.50	814.58	85.53
三	利润	%	7.00	900.11	63.01
四	材料补差				
五	税金	%	11.00	963.12	105.94
	合计				1 069.06
	单价				10.69

项目实训与思考

背景材料:该水库工程左岸厂内公路路面为 C25 混凝土(二级配,32.5 水泥),20 cm 厚。基础单价与费率见前面的章节介绍选用。

问题:计算 C25 混凝土路面的概算单价。

任务3.8　编制疏浚工程单价

学习指导

知识目标:

1. 了解疏浚工程分类及施工工艺流程;
2. 掌握建筑工程中疏浚工程概算单价的编制。

技能目标:

1. 会选择具体河道疏浚工程机械类别,能分析其施工方法、正确选用定额子目;
2. 会编制疏浚工程概算单价。

重　点:

其他工程概算单价的编制。

码1-36　微课:编制疏浚工程单价

码1-37　竞赛真题

疏浚工程包括疏浚工程和吹填工程。疏浚工程主要用于河湖整治、内河航道疏浚、出海口门疏浚以及湖、渠道、海边的开挖与清淤工程等项目。

3.8.1　疏浚工程分类

疏浚工程以挖泥船应用最广。挖泥船按工作机构原理和输送方式的不同划分为机械式、水力式和气动式三大类,常用的机械式挖泥船有链斗式挖泥船、抓斗式挖泥船、铲斗式挖泥船;水力式挖泥船有绞吸式挖泥船、斗轮式挖泥船、耙吸式挖泥船、射流式挖泥船及冲吸式挖泥船等,其中以绞吸式挖泥船运用最广。吹填施工的工艺流程是采用机械挖土,以压力管道输送泥浆至作业面,完成作业面上土颗粒沉积淤填。江河疏浚开挖经常与吹填工程相结合,这样可充分利用江河疏浚开挖的弃土对堤身两侧的池塘洼地作充填,进行堤基加固;吹填法施工不受雨天和黑夜的影响,能连续作业,施工效率高。在土质符合要求的情况下,也可用以堵口或筑新堤。

3.8.2　工程定额查用

3.8.2.1　定额选用

根据工程项目、土砂级别、所用机械、施工方法,选用疏浚工程章节定额并计算。

3.8.2.2　定额使用注意事项

(1)定额计量单位:现行概算定额除注明者外,均按水下自然方计算。疏浚或吹填工程量应按设计要求计算，吹填工程陆上方应折算为水下自然方。在开挖过程中的超挖、回淤等因素均包括在定额内。在河道疏浚遇到障碍物清除时，应按实方单独列项。

(2)熟悉土、砂分类：绞吸式挖泥船、链斗式挖泥船、抓斗式挖泥船、铲斗式挖泥船、吹泥船开挖水下方的泥土及粉细砂分为Ⅰ～Ⅶ类，中、粗砂分为松散、中密、紧密三类。详见现行《概算定额》附录4中的土、砂分级表。水力冲挖机组的土类划分为Ⅰ～Ⅳ类，详见现行《概算定额》附录4中的水力冲挖机组土类划分表。

(3)绞吸式挖泥船、链斗式挖泥船及吹泥船均按名义生产率划分船型，抓斗式挖泥船按斗容划分船型。

(4)定额中的人工是指从事辅助工作的用工，如对排泥管线的巡视、检修、维护等，不包括绞吸式挖泥船及吹泥船岸管的安装、拆移及各排泥场(区)的围堰填筑和维护用工。

(5)绞吸式挖泥船的排泥管线长度是指自挖泥(砂)区中心至排泥(砂)区中心，浮筒管、潜管、岸管各管线长度之和。如所需排泥管线长度介于两定额子目之间，应按插入法计算。

(6)在选用定额时，首先要认真阅读定额中该章说明及各节"注"中的系数及要求，再根据采用的施工方法、名义生产率(或斗容)、土(砂)级别正确选用定额子目。

3.8.3 疏浚工程概算单价编制示例

【例1-11】 中南地区洞庭湖河道某段清淤疏浚工程，采用绞吸式挖泥船进行施工，挖泥船的名义生产率为200 m^3/h，河底土质为Ⅲ类可塑壤土，挖深为6 m，排泥管线长度为400 m。试计算该河道疏浚工程概算单价。已知基本资料如表1-93所示。

表1-93 基础单价及费率标准

序号	项目名称	单位	单价(元)	序号	项目名称	单位	单价(元)
1	工长	工时	8.02	8	拖轮176	艘时	297.18
2	高级工	工时	7.40	9	锚艇88	艘时	165.56
3	中级工	工时	6.16	10	机艇88	艘时	169.38
4	初级工	工时	4.26	11	其他直接费费率	%	4.70
5	挖泥船200 m^3/h	艘时	1 143.48	12	间接费费率	%	7.25
6	浮筒管 ϕ400×7 500 mm	组时	1.36	13	利润率	%	7.00
7	岸管 ϕ400×6 000 mm	根时	0.71	14	税金	%	11.00

解：第一步：确定取费费率。

根据工程性质取其他直接费费率4.7%，间接费费率7.25%，企业利润率7%，税率11%。

第二步：确定选用定额子目。

根据工程性质、挖泥船的名义生产率(200 m^3/h)、土质类别及排泥管线长度，决定选用概算定额第8-1节80205子目，定额如表1-94所示。

第三步：计算疏浚工程概算单价。

把已知的人工预算单价、机械台时费及定额 80205 子目中的各项数据填入表 1-94 中，计算过程见表 1-95，疏浚工程概算单价结果为 85.87 元/m^3。

表 1-94 绞吸式挖泥船（200 m^3/h，Ⅲ类土）

工作内容：固定船位，挖、排泥（砂），移浮筒管，施工区内作业面移位，配套船舶定位、行驶等及其他辅助工作。

单位：1 000 m^3

项目	单位	（Ⅲ类土）排泥管线长度（km）							
		≤0.5	0.6	0.7	0.8	0.9	1.0	1.1	1.3
工长	工时								
高级工	工时								
中级工	工时	31.1	32.6	34.1	36.0	37.9	40.1	42.5	48.8
初级工	工时	46.6	48.9	51.3	54.0	56.8	60.1	63.8	73.1
合计	工时	77.7	81.5	85.4	90.0	94.7	100.2	106.3	121.9
挖泥船 200 m^3/h	艘时	44.11	46.32	48.53	51.17	53.82	56.90	60.43	69.26
浮筒管 ϕ 400×7 500 mm	组时	1 176	1 235	1 294	1 365	1 435	1 518	1 612	1 847
岸管 ϕ 400×6 000 mm	根时	2 205	3 088	4 044	5 117	6 279	7 586	9 065	12 697
拖轮 176	艘时	11.03	11.58	12.13	12.79	13.46	14.23	15.10	17.31
锚艇 88	艘时	13.23	13.89	14.56	15.35	16.14	17.07	18.13	20.77
机艇 88	艘时	14.55	15.29	16.01	16.89	17.76	18.77	19.94	22.85
其他机械费	%	4	4	4	4	4	4	4	4
编号		80205	80206	80207	80208	80209	80210	80211	80212

注：1. 基本排高 6 m，每增（减）1 m，定额乘（除）以 1.015；

2. 最大挖深 10 m，基本挖深 6 m，每增 1 m，定额增加系数 0.03。

表 1-95 建筑工程单价

单价编号		项目名称		河道疏浚	
定额编号	80205	定额单位		1 000 m^3	
施工方法	生产率为 200 m^3/h 的绞吸式挖泥船施工，河底土质为Ⅲ类土，挖深 6 m，排泥管线长度 400 m				
号	名称	单位	数量	单价（元）	合价（元）
一	直接费				67 414.35
（一）	基本直接费				64 388.11
1	人工费				390.10
	工长	工时		8.02	
	高级工	工时		7.40	
	中级工	工时	31.10	6.16	191.58

续表 1-95

编号	名称	单位	数量	单价(元)	合价(元)
	初级工	工时	46.60	4.26	198.52
2	材料费				
	其他材料费	%			
3	机械使用费				63 998.01
	挖泥船 200 m^3/h	艘时	44.11	1 143.48	50 438.90
	浮筒管 ϕ 400×7 500 mm	组时	1 176.00	1.36	1 599.36
	岸管 ϕ 400×6 000 mm	根时	2 205.00	0.71	1 565.55
	拖轮 176	艘时	11.03	297.18	3 277.90
	锚艇 88	艘时	13.23	165.56	2 190.36
	机艇 88	艘时	14.55	169.38	2 464.48
	其他机械使用费	%	4.00	61 536.55	2 461.46
(二)	其他直接费	%	4.70	64 388.11	3 026.24
二	间接费	%	7.25	67 414.35	4 887.54
三	利润	%	7.00	72 301.89	5 061.13
四	税金	%	11.00	77 363.02	8 509.93
	合计				85 872.95
	单价				85.87

项目实训与思考

背景材料:查阅我国目前的疏浚常用工艺及适用范围,针对我省实际,自拟项目背景材料,并查阅工程所在地材料单价信息,提出例题。

问题:计算自拟疏浚工程的概算单价。

任务4　编制设备及安装工程单价

安装工程包括机电设备和金属结构设备。设备及安装工程单价包括设备费单价和安装工程单价。设备费单价是指单位设备的设备费,是设备本身的单价。安装工程单价是指完成安装工程单位工程量(如1台、1套、1 t等)所耗用的直接费、间接费、利润和税金等费用的总和;设备费单价及其安装工程单价是编制机电设备及安装工程、金属结构设备及安装工程概预算的基础。

任务4.1　编制设备费单价

学习指导

知识目标:

1. 了解设备类型划分及设备单价的组成;
2. 理解设备与工器具和装置性材料的区别;
3. 掌握设备费单价计算。

技能目标:

能够根据实际工程不同设备,选择对应定额子目编制设备费单价。

重　点:

设备费单价的编制。

码1-38　微课:编制设备费单价及计算　　　码1-39　竞赛真题

4.1.1　设备类型划分

4.1.1.1　设备类型划分

设备包括机电设备、金属结构设备 ,其中机电设备主要包括水轮机、水轮发电机、大型水泵、进水阀、水力机械辅助设备、电气设备、变电站设备、通信设备等;金属结构设备主要包括起重设备、闸门、压力钢管等。具体见编制规定的项目划分表及设备安装工程概算定额的目录。

4.1.1.2　设备与工器具和装置性材料的划分

1. 设备与工器具的划分

设备与工器具主要按单项价值划分。凡单项价值为500元或500元以上者作为设备,否则作为工器具。

2. 设备与装置性材料的划分

设备与装置性材料的划分遵循以下原则：

(1)制造厂成套供货范围的部件、备品备件、设备体腔内定量填充物(如透平油、变压器油、六氟化硫气体等)均作为设备,其价值进入设备费。

(2)不论成套供货,还是现场加工或零星购置的储气罐、阀门、盘用仪表、机组本体上的梯子、平台和栏杆等均作为设备,不能因供货来源不同而改变设备性质。

(3)如管道和阀门构成设备本体部件,应作为设备,否则应作为材料。

(4)随设备供应的保护罩、网门等已计入相应设备出厂价格内时,应作为设备,否则应作为材料。

(5)电缆和管道的支吊架、母线、金属、金具、滑触线和架、屏盘的基础型钢、钢轨、石棉板、穿墙隔板、绝缘子,一般用保护网、罩、门、梯子、栏杆和蓄电池架等,均作为材料。

4.1.2　设备费单价计算

设备费单价包括设备原价、运杂费、运输保险费和采购及保管费。

4.1.2.1　设备原价

1. 设备原价的定义与范围

(1)国产设备:其原价指出厂价。以出厂价或设计单位分析认证后的询价确定设备原价。

(2)进口设备:以到岸价和进口征收的税金、手续费、商检费及港口费等各项费用之和为原价。到岸价采用与厂家签订的合同价或询价计算,税金和手续费等按规定计算。

2. 设备原价的特殊处理

(1)大型机组及其他大型设备分瓣运至工地后的拼装费用,应包括在设备原价内。如闸门的安装现场拼接费用已计入设备费原价,不再另计。

(2)透平油最后一步计入设备费中,变压器油已含在设备出厂价内不再另计。透平油的作用是散热、润滑、传递受力,主要用在水轮机、发电机的油槽内,调速器及油压装置内,进水阀本体的操作机构内及油压装置内。变压器油的作用是散热、绝缘和灭电弧,主要使用在所有的油浸变压器、油浸电抗器、所有带油的互感器、油断路器、消弧线圈、大型试验变压器内。

(3)设备喷锌费用应列入设备费。

4.1.2.2　运杂费

运杂费是指设备由厂家运至工地现场所发生的一切运杂费用,包括运输费、装卸费、包装绑扎费、大型变压器充氮费及可能发生的其他杂费。设备运杂费分主要设备运杂费和其他设备运杂费,均按占设备原价的百分率计算,即：

$$\text{运杂费}=\text{设备原价}\times\text{运杂费费率} \tag{1-86}$$

1. 主要设备运杂费费率

设备由铁路直达或铁路、公路联运时,分别按里程求得费率后叠加计算;如果设备由公路直达,应按公路里程计算费率后,再加公路直达基本费率。

主要设备运杂费率标准见表1-96。

表 1-96 主要设备运杂费费率 (%)

设备分类		铁路		公路		公路直达基本费率
		基本运距 1 000 km	每增运 500 km	基本运距 100 km	每增运 20 km	
水轮发电机组		2.21	0.30	1.06	0.15	1.01
主阀、桥机		2.99	0.50	1.85	0.20	1.33
主变压器	≥120 000 kVA	3.50	0.40	2.80	0.30	1.20
	<120 000 kVA	2.97	0.40	0.92	0.15	1.20

注:若运输里程未达到基本运距,则按基本运距考虑;若增运里程不是整数倍,则按整数倍值+1 考虑。

2. 其他设备运杂费费率

其他设备运杂费费率标准见表 1-97。

表 1-97 其他设备运杂费费率 (%)

类别	适用地区	费率
Ⅰ	北京、天津、上海、江苏、浙江、江西、安徽、湖北、湖南、河南、广东、山西、山东、河北、陕西、辽宁、吉林、黑龙江等省(直辖市)	3~5
Ⅱ	甘肃、云南、贵州、广西、四川、重庆、福建、海南、宁夏、内蒙古、青海等省(自治区、直辖市)	5~7

工程地点距铁路线近者费率取小值,远者取大值。新疆、西藏两自治区的费率在表中未包括,可视具体情况另行确定。

以上运杂费适用于国产设备运杂费,在编制概预算时,可根据设备来源地、运输方式、运输距离等逐项进行分析计算。

4.1.2.3 运输保险费

运输保险费是指设备在运输过程中的保险费用。运输保险费可按工程所在省(自治区、直辖市)的规定计算。运输保险费以设备原价为计算基数,计算公式为:

$$运输保险费=设备原价\times运输保险费费率 \tag{1-87}$$

按现行规定,运输保险费费率一般可取 0.1%~0.4%。

4.1.2.4 采购及保管费

采购及保管费是指建设单位和施工企业在负责设备的采购、保管过程中发生的各项费用。

采购及保管费以设备原价与运杂费之和为计算基数,计算公式为:

$$采购及保管费=(设备原价+运杂费)\times采购及保管费费率 \tag{1-88}$$

按现行规定,采购及保管费费率取 0.7%。

所以,设备费计算公式为:

$$设备费=设备原价+运杂费+运输保险费+采购及保管费 \tag{1-89}$$

4.1.2.5 运杂综合费费率

在编制设备安装工程概预算时,一般可将设备运杂费、运输保险费和采购及保管费合并,统称为设备运杂综合费,按设备原价乘以运杂综合费费率计算。其中:

$$运杂综合费费率 = 运杂费费率 + (1 + 运杂费费率) \times 采购及保管费费率 + 运输保险费费率 \tag{1-90}$$

$$设备费 = 设备原价 \times (1 + 运杂综合费费率) \tag{1-91}$$

上述运杂综合费费率,适用于计算国产设备运杂费。进口设备的国内段运杂综合费费率,按国产设备运杂综合费费率乘以相应国产设备原价占进口设备原价的比例系数进行计算。

4.1.2.6 **交通工具购置费**

工程竣工后,为保证建设项目初期生产管理单位正常运行,必须配备生产、生活、消防车辆和船只。因此,交通工具购置是设备购置的一项重要内容。

交通设备数量应由设计单位按有关规定、结合工程规模确定,设备价格根据市场情况、结合国家有关政策确定。除高原、沙漠地区外,不得用于购置进口、豪华车辆。灌溉田间工程不计此项费用。

当无设计资料时,可以第一部分建筑工程投资为基数,按表1-98以超额累进方法计算。简化计算公式为:第一部分建筑工程投资×该档费费率+辅助参数。

表1-98 交通工具购置费费率

第一部分建筑工程投资(万元)	费率(%)	辅助参数(万元)
10 000及以内	0.5	0
10 000~50 000	0.25	25
50 000~100 000	0.10	100
100 000~200 000	0.06	140
200 000~500 000	0.04	180
500 000以上	0.02	280

4.1.3 设备费单价计算示例

【例1-12】 该水库工程需配置HLD75-LJ-200水轮机3台,含透平油9 t/台。水轮机原价为270万元/台,透平油价格为6 500元/t。水轮机拟从河北石家庄购买,需经铁路运输1 400 km至醴陵、公路运输136 km到达安装现场,运输保险费费率为0.4%,求每台水轮机的设备费。

解:方法一:分步骤计算

设备原价=2 700 000元/台

运杂费=2 700 000×(2.21+0.30×1+1.06+0.15×2)%

=2 700 000×3.87%=104 490(元/台)

运输保险费=2 700 000×0.4%=10 800(元/台)

采购及保管费=(2 700 000+104 490)×0.7%=19 631(元/台)

透平油费用=9×6 500=58 500(元/台)

设备费单价=2 700 000+104 490+10 800+19 631+58 500=2 893 421(元/台)

方法二:综合费费率计算

$$
\begin{aligned}
\text{运杂综合费费率} &= (2.21+0.30\times1+1.06+0.15\times2)\%+\\
&\quad [1+(2.21+0.30\times1+1.06+0.15\times2)\%]\times0.7\%+0.4\%\\
&=5.00\%
\end{aligned}
$$

透平油费用 $=9\times6\,500=58\,500$(元/台)

设备费单价 $=2\,700\,000\times(1+5.00\%)+58\,500=2\,893\,500$(元/台)

可将设备费单价的计算结果填入到设备及安装工程概算表中的“单价设备”栏。

项目实训与思考

1. 背景材料:某大型水电站购买的150 000 kVA 变压器,由铁路运输1 300 km,再由公路运80 km到工地安装现场,变压器的出厂价为285万元/台,运输保险费费率为0.4%,变压器的充氮费为1万元。每台变压器用变压器油32 t,变压器油的单价为20元/kg。

问题:计算该变压器的设备费单价。

2. 背景材料:某引水工程泵站用的闸门6扇,总重量45 t,总价360万元,采用公路汽车直接运100 km到工地安装现场,运杂费费率为3%,在安装现场拼接费用为500元/t,运输保险费费率为0.2%。

问题:试计算闸门的设备费单价。

任务 4.2　编制安装工程单价

学习指导

知识目标:

1. 了解机电设备、金属结构设备的安装工艺流程;
2. 掌握装置性材料的判别与处理;
3. 掌握安装工程概算单价的组成及计算方法。

技能目标:

能够根据实际工程不同设备安装方式,选择对应安装定额子目,编制机电设备、金属结构设备的安装工程单价。

重　点:

1. 机电设备及安装工程概算单价的编制;
2. 金属结构设备及安装工程概算单价的编制。

码 1-40　微课:编制安装工程单价

码 1-41　竞赛真题

机电设备主要包括水轮机、水轮发电机、大型水泵、进水阀、水力机械辅助设备、电气设备、变电站设备、通信设备，金属结构设备主要包括起重设备、闸门、压力钢管。

4.2.1　安装工程定额表现形式

现行《水利水电设备安装工程概算定额》，共计11章及附录，共55节、659个子目。本定额采用实物量定额和以设备原价为计算基础的安装费费率定额两种表现形式，其中绝大部分是以实物量定额形式表示的。

4.2.1.1　以实物量形式表示的定额

以实物量形式表示的安装工程定额，其安装工程单价的计算与前述建筑工程单价计算方法和步骤基本相同，这种形式编制的单价较准确，但计算相对烦琐。这种方法量、价分离，容易满足动态变化的要求。

采用实物量计算单价的项目有水轮机，水轮发电机，大型水泵，进水阀，水力机械辅助设备，电气设备中的电缆线、接地、保护网，变电站设备（除高压电气设备外），通信设备，起重设备、闸门、压力钢管等设备。

4.2.1.2　以费率形式表示的定额

以费率形式表示的安装工程定额，给定了人工费、材料费、机械使用费各占设备原价的百分比。

采用安装费费率计算单价的项目有电气设备中的发电电压设备、控制保护设备、计算机监控系统、直流系统、厂用电系统和电气试验设备、变电站高压电器设备等。

设备安装工程预算定额的表现形式均为实物量形式。

4.2.2　安装工程单价计算

4.2.2.1　安装工程单价计算方法与程序

由于定额表现形式不同，其单价计算方法也有所不同。以实物量法和安装费费率法计算安装工程单价的计算程序见表1-99。

表1-99　安装工程单价计算程序

序号	费用名称	计算方法	
		实物量法	安装费费率法
一	直接费	（一）+（二）	（一）+（二）
（一）	基本直接费	1+2+3	1+2+3+4
1	人工费	Σ定额劳动量（工时）×人工预算单价（元/工时）	定额人工费费率（%）×人工费调整系数
2	材料费	Σ定额材料用量×材料预算价格	定额材料费费率（%）/1.03
3	机械使用费	Σ定额机械使用量（台时）×施工机械台时费（元/台时）	定额机械使用费费率（%）/1.1
4	装置性材料费		定额装置性材料费费率（%）/1.17

续表 1-99

序号	费用名称	计算方法	
		实物量法	安装费费率法
(二)	其他直接费	(一)×其他直接费费率(%)	(一)×其他直接费费率(%)
二	间接费	1×间接费费率(%)	1×间接费费率(%)
三	利润	(一+二)×利润率(%)	(一+二)×利润率(%)
四	材料补差	Σ调差材料用量×(材料预算价格-材料基价)	
五	未计价装置性材料费	Σ未计价装置性材料用量×材料预算单价	
六	税金	(一+二+三+四+五)×税率(%)	(一+二+三)×税率(%)
七	合计	一+二+三+四+五+六	一+二+三+四+六
	单价	七/定额单位数	七×设备原价

4.2.2.2 安装工程单价计算表格式

安装工程单价采用表 1-100 格式计算。

表 1-100 安装工程单价

单价编号		项目名称			
定额编号				定额单位	
型号规格					
编号	名称及规格	单位	数量	单价(元)	合计(元)

4.2.2.3 安装工程单价编制注意事项

1. 装置性材料费

装置性材料,本身属于材料,但又是被安装的对象,安装后构成工程的实体。

装置性材料可分为主要装置性材料和次要装置性材料。凡是在概算定额各项目中作为主要安装对象单列的材料,均为主要装置性材料,如轨道、管路、电缆、母线、一次性拉线、接地装置、保护网、滑触线等。其余的均为次要装置性材料,如轨道的垫板、螺栓、电缆支架、母线的金具等。

主要装置性材料在概算定额中,一般作未计价材料,须按设计提供的规格、数量和工地材料预算计算其费用(另加定额规定的损耗率),如果没有足够的设计资料,可参考《概算定额》附录 2~11 确定主要装置性材料耗用量(已包括损耗在内);次要装置性材料因品种多,规模小且价值也较低,已计入概算定额中,在编制概算时,不必另计。

2. 定额人工费、安装费费率调整

定额人工费、安装费费率以北京地区为基准给出,在编制安装工程单价时,须对人工费费率根据编制地区的不同进行调整，其他费率不做调整。应根据定额主管部门当年发布的北京地区人工预算单价，与该工程采用的人工预算单价进行对比，测算其比例系数，据以调整人工费费率指标。调整的方法是将定额人工费费率乘以本工程安装费费率调整系数。调整系数计算如下：

$$人工费安装费费率调整系数=\frac{工程所在地人工预算单价}{北京地区人工预算单价} \tag{1-92}$$

3. 营改增费率形式定额调整

以费率形式(%)表示的安装工程定额，其人工费费率不变，材料费费率除以 1.03 调整系数，机械使用费费率除以 1.1 调整系数，装置性材料费费率除以 1.17 调整系数。计算基数不变，仍为含增值税的设备费。

4.2.3　安装工程单价编制示例

【例 1-13】　该水库工程机电设备及安装工程概算表中有项目 HLD75-LJ-200 水轮机 3 台，水轮机设备每台自重 70 t，含透平油 9 t/台。试计算该水轮机的安装工程概算单价。已知基本资料如表 1-101 所示。

表 1-101　基础单价及费率标准

序号	项目名称	单位	单价(元)	序号	项目名称	单位	单价(元)
1	工长	工时	11.55	14	油漆	kg	10.50
2	高级工	工时	10.67	15	木材	m^3	600.74
3	中级工	工时	8.90	16	电	kWh	1.00
4	初级工	工时	6.13	17	桥式起重机 机电设备专用	台时	54.76
5	钢板	kg	3.57	18	电焊机 20~30 kVA	台时	21.53
6	型钢	kg	3.50	19	车床Φ 400~600	台时	29.15
7	钢管	kg	4.00	20	刨床 B650	台时	17.87
8	铜材	kg	8.00	21	摇臂钻床Φ 50	台时	22.61
9	电焊条	kg	7.51	22	压力滤油机 150 型	台时	13.78
10	氧气	m^3	2.94	23	其他直接费费率	%	8.20
11	乙炔气	m^3	24.15	24	间接费费率	%	75.00
12	汽油	kg	3.08	25	利润率	%	7.00
13	透平油	kg	5.00	26	税率	%	11.00

解：(1)查用定额：HLD75-LJ-200 水轮机，查 2002 年部颁《水利水电设备安装工程概算定额》第 1-1 节 混流式水轮机定额如表 1-102 所示。设备每台自重 70 t，选用 01005。

(2)安装工程单价计算过程见表 1-103。

表 1-102　混流式水轮机　　单位：1 台

项　目	单位	设备自重(t)				
		10	20	30	50	70
工长	工时	120	209	285	448	637
高级工	工时	575	1 004	1 367	2 148	3 058
中级工	工时	1 366	2 384	3 247	5 102	7 262
初级工	工时	335	586	797	1 253	1 784
合计	工时	2 396	4 183	5 696	8 951	12 741
钢板	kg	139	211	290	490	709
型钢	kg	479	794	1 082	1 840	2 657
钢管	kg	43	66	88	155	230
铜材	kg	4	6	10	17	22
电焊条	kg	86	141	192	326	473
氧气	m^3	110	182	249	422	610
乙炔气	m^3	48	80	108	184	264
汽油	kg	43	71	96	163	236
透平油	kg	6	10	14	18	22
油漆	kg	33	53	73	122	176
木材	m^3	0. 3	0. 4	0. 5	0. 8	1
电	kWh	1 180	1 890	2 530	4 210	5 940
其他材料费	%	19	19	19	19	19
桥式起重机	台时	24	39	54	69	93
电焊机 20~30 kVA	台时	54	91	134	269	376
车床 ϕ 400~600	台时	11	17	21	32	48
刨床 B650	台时	11	17	21	27	38
摇臂钻床 ϕ 50	台时	5	17	21	32	48
压力滤油机 150 型	台时	5	11	13	17	27
其他机械费	%	15	15	15	15	15
定额编号		01001	01002	01003	01004	01005

表 1-103　安装工程单价表

单价编号		项目名称	水轮机安装		
定额编号	01005			定额单位	台
型号规格	混流式水轮机,设备自重 70 t				
编号	名称及规格	单位	数量	单价(元)	合价(元)
一	直接费				189 453. 29
(一)	基本直接费				175 095. 46
1	人工费				115 553. 93
	工长	工时	637. 00	11. 55	7 357. 35
	高级工	工时	3 058. 00	10. 67	32 628. 86
	中级工	工时	7 262. 00	8. 90	64 631. 80
	初级工	工时	1 784. 00	6. 13	10 935. 92
2	材料费				40 309. 44
	钢板	kg	709. 00	3. 57	2 531. 13
	型钢	kg	2 657	3. 50	9 299. 50
	钢管	kg	230	4. 00	920. 00
	铜材	kg	22	8. 00	176. 00
	电焊条	kg	473	7. 51	3 552. 23
	氧气	m^3	610	2. 94	1 793. 40
	乙炔气	m^3	264	24. 15	6 375. 60
	汽油	kg	236	3. 08	726. 88
	透平油	kg	22	5. 00	110. 00
	油漆	kg	176	10. 50	1 848. 00
	木材	m^3	1	600. 74	600. 74
	电	kWh	5 940	1. 00	5 940. 00
	其他材料费	%	19. 00	33 873. 48	6 435. 96
3	机械使用费				19 232. 09
	桥式起重机 机电设备专用	台时	93. 00	54. 76	5 092. 68
	电焊机 20~30 kVA	台时	376. 00	21. 53	8 095. 28
	车床Φ 400~600	台时	48. 00	29. 15	1 399. 20
	刨床 B650	台时	38. 00	17. 87	679. 06
	摇臂钻床Φ 50	台时	48. 00	22. 61	1 085. 28
	压力滤油机 150 型	台时	27. 00	13. 78	372. 06
	其他机械使用费	%	15. 00	167 23. 56	2 508. 53
(二)	其他直接费	%	8. 20	175 095. 46	14 357. 83
二	间接费	%	75. 00	115 553. 93	86 665. 45
三	利润	%	7. 00	276 118. 74	19 328. 31
四	材料补差	元			641. 92
	汽油	kg	236. 00	2. 72	641. 92
五	税金	%	11. 00	296 088. 97	32 569. 79
	合计				328 658. 76
	单价				328 658. 76

【例 1-14】 该水库工程金属结构设备及安装工程概算表中有项目平板焊接闸门 1 扇，自重 45 t。试计算该平板焊接闸门的安装工程概算单价。已知基本资料如表 1-104 所示。

表 1-104 基础单价及费率标准

序号	项目名称	单位	单价(元)	序号	项目名称	单位	单价(元)
1	工长	工时	11.55	10	油漆	kg	10.50
2	高级工	工时	10.67	11	棉纱头	kg	2.00
3	中级工	工时	8.90	12	门式起重机 10 t	台时	208.40
4	初级工	工时	6.13	13	电焊机 20~30 kVA	台时	15.15
5	钢板	kg	3.57	14	其他直接费费率	%	8.20
6	电焊条	kg	7.51	15	间接费费率	%	75.00
7	氧气	m^3	2.94	16	利润率	%	7.00
8	乙炔气	m^3	24.15	17	税率	%	11.00
9	汽油	kg	3.08				

解:(1)查用定额:平板焊接闸门,查 2002 年部颁《水利水电设备安装工程概算定额》第 10-1 节平板焊接闸门,定额如表 1-105 所示。每扇闸门重 45 t≤60 t,选用 10004。

(2)安装工程单价计算过程见表 1-106。

表 1-105 平板焊接闸门 单位:t

项目	单位	每扇闸门自重(t)				
		≤10	≤20	≤40	≤60	≤80
工长	工时	5	5	4	4	4
高级工	工时	26	23	21	21	22
中级工	工时	45	42	36	36	40
初级工	工时	26	23	21	21	22
合计	工时	102	93	82	82	88
钢板	kg	3.0	3.4	3.2	3.5	3.9
电焊条	kg	3.9	4.5	4.2	4.6	5.1
氧气	m^3	1.8	2.0	1.9	2.1	2.4
乙炔气	m^3	0.8	0.9	0.9	0.9	1.0
汽油	kg	2.0	2.2	2.1	2.3	2.6
油漆	kg	2.0	2.2	2.1	2.3	2.6
棉纱头	kg	0.8	0.9	0.9	1.0	1.1
其他材料费	%	16	16	16	16	16
门式起重机 10 t	台时	0.8	0.8	1.2	1.3	1.4
电焊机 20~30 kVA	台时	2.8	3.0	4.0	4.7	4.7
其他机械费	%	10	10	10	10	10
定额编号		10001	10002	10003	10004	10005

表 1-106 安装工程单价

单价编号		项目名称	平板焊接闸门安装		
定额编号	10004			定额单位	t
型号规格	每扇闸门重 45 t				
编号	名称及规格	单位	数　量	单价(元)	合价(元)
一	直接费				1 321.38
(一)	基本直接费				1 221.24
1	人工费				719.40
	工长	工时	4.00	11.55	46.20
	高级工	工时	21.00	10.67	224.07
	中级工	工时	36.00	8.90	320.40
	初级工	工时	21.00	6.13	128.73
2	材料费				125.50
	钢板	kg	3.50	3.57	12.50
	电焊条	kg	4.60	7.51	34.55
	氧气	m^3	2.10	2.94	6.17
	乙炔气	m^3	0.90	24.15	21.74
	汽油	kg	2.30	3.08	7.08
	油漆	kg	2.30	10.50	24.15
	棉纱头	kg	1.00	2.00	2.00
	其他材料费	%	16.00	108.19	17.31
3	机械使用费				376.34
	门式起重机 10 t	台时	1.30	208.40	270.92
	电焊机 20~30 kVA	台时	4.70	15.15	71.21
	其他机械使用费	%	10.00	342.13	34.21
(二)	其他直接费	%	8.20	1 221.24	100.14
二	间接费	%	75.00	719.40	539.55
三	企业利润	%	7.00	1 860.93	130.27
四	材料补差				6.26
	汽油	kg	2.30	2.72	6.26
五	税金	%	11.00	1 997.46	219.72
	合计				2 217.18
	单价				2 217.18

项目实训与思考

1. 背景材料：已知该水库工程：桥机自重 200 t，主钩起吊力 270 t，另有平衡梁自重 30 t；轨道长 155 m（15.5×双 10 m），型号 QU120，滑触线长 155 m（15.5×三相 10 m），无辅助母线。基础单价与费率见前面的章节介绍选用。

提示：桥机、轨道和滑触线分列不同子目，在计算安装费单价时应分别计算。另按章节说明，设备起吊使用平衡梁时，按桥机主钩起重能力加平衡梁重量之和选用定额子目，平衡梁不另计安装费。根据定额说明及附录，确定 QU120 型轨道和滑触线安装的未计价装置性材料及其用量。

问题：试计算该桥式起重机的安装工程概算单价。

2. 背景材料：某水利工程，由大坝、溢洪道、泄洪洞、发电引水隧洞、电站厂房、变电站及输电线路工程等组成。该工程位于青海省互助县的县城镇以外，该工程的人工费费率调整系数为 1.05，费率选取最大值。控制保护设备出厂价为 235.18 万元。

问题：试计算该工程的控制保护设备系统的安装工程概算单价。

任务 5　编制工程总概算

工程总概算由建筑、机电、金结、临时工程、独立费用五部分组成，在项目划分、核算工程量以后，利用编制的建筑工程和设备及安装工程单价，可以基本完成前四部分概算，在此基础上再根据《编制规定》可以完成独立费用计算。五部分的合计就是工程总概算。

码 1-42　竞赛真题

任务 5.1　编制各分部工程概算

学习指导

知识目标：

掌握建筑工程、机电工程、独立费用等工程部分工程概算的组成及其编制的方法。

技能目标：

能编制各分部工程概算表（包括建筑、机电、金结、临时工程、独立费用）。

重　点：

编制各分部工程概算表。

5.1.1　建筑工程概算编制

5.1.1.1　主体建筑工程

1. 主体建筑工程概算编制方法

主体建筑工程概算采用单价法计算，即按照设计工程量乘以工程单价进行编制。

码 1-43　微课：建筑工程概算编制

在先前根据工程实际情况按照《编制规定》确定的建筑工程概算表中，“工程或费用名称”栏为按项目划分已划分到可以计量计价的项目；“数量”栏为根据工程量计算规则计算的工程量；在“单价”栏中填入对应项目的概算单价，单位为“元”；计算时首先从最末一级项目开始，采用工程量乘单价的方法计算合计投资，单位为“万元”，然后向上逐级合并汇总，即得主体建筑工程概算投资。

2. 细部结构工程计算

细部结构工程概算采用指标法计算。在初步设计阶段，由于设计深度所限，不可能对细部结构项目提出具体的工程数量，在编制概算时，大多按建筑物本体的工程量乘细部结构指标来计算。其本体工程量对坝体工程而言指坝体方量，对水闸、溢洪道、进水塔、隧洞厂房、变电站、船闸等工程是指混凝土的总方量。细部结构指标见表 1-107。

表 1-107　水工建筑工程细部结构指标

项目名称	混凝土重力坝、重力拱坝、宽缝重力坝、支墩坝		混凝土双曲拱坝	土坝、堆石坝	水闸	冲砂闸泄洪闸
单位	元/m³（坝体方）		元/m³（坝体方）	元/m³（坝体方）	元/m³（混凝土）	元/m³（混凝土）
综合指标	16.2		17.2	1.15	48	42
项目名称	进水口、进水塔		溢洪道	隧洞	竖井、调压井	高压管道
单　位	元/m³（混凝土）		元/m³（混凝土）	元/m³（混凝土）	元/m³（混凝土）	元/m³（混凝土）
综合指标	19		18.1	15.3	19	4
项目名称	电(泵)站地面厂房	电(泵)站地下厂房	船闸	倒虹吸、暗渠	渡槽	明渠(衬砌)
单　位	元/m³（混凝土）	元/m³（混凝土）	元/m³（混凝土）	元/m³（混凝土）	元/m³（混凝土）	元/m³（混凝土）
综合指标	37	57	30	17.7	54	8.45

注：1. 综合指标包括多孔混凝土排水管、廊道木模制作与安装、止水工程（面板坝除外）、伸缩缝工程、接缝灌浆管路、冷却水管路、栏杆、照明工程、爬梯、通气管道、排水工程、排水渗井钻孔及反滤料、坝坡踏步、孔洞钢盖板、厂房内上下水工程、防潮层、建筑钢材及其他细部结构工程；

2. 综合指标仅包括基本直接费内容；

3. 改扩建及加固工程根据设计确定细部结构工程的工程量，其他工程，如果工程设计能够确定细部结构工程的工程量，可按设计工程量乘以工程单价进行计算。

3. 混凝土温控措施费用的计算

当设计对混凝土施工有温控要求时,应根据温控措施设计计算温控措施费用,也可以经过分析确定指标后,按建筑物混凝土方量进行计算。

在水利工程中,为防止拦河大坝等大体积混凝土由于温度应力而产生裂缝和坝体接缝灌浆后接缝再度拉裂,根据现行设计规程和混凝土坝设计及施工规范的要求,对混凝土坝等大体积混凝土工程的施工,都必须进行混凝土温控设计,提出温控标准和降温防裂措施。

1)温控措施费用的计算原则和标准

大体积混凝土温控措施的费用,应根据坝址夏季月平均气温、设计要求温控标准、混凝土冷却降温后的降温幅度和混凝土的浇筑温度参照表1-108进行计算。

表1-108 混凝土温控措施费用计算标准参考

夏季月平均气温(℃)	降温幅度(℃)	温控措施	占混凝土总量比例(%)
20以下	5	个别高温时段,加冰或加冷水拌制混凝土	20
		加冰、加冷水拌制混凝土	35
		坝体一、二期通水冷却及混凝土表面保护	100
20~25	5~10	风或水预冷大骨料	25~35
		加冰、加冷水拌制混凝土	40~45
		坝体一、二期通水冷却及混凝土表面保护	100
	10以上	风预冷大、中骨料	35~40
		加冰、加冷水拌制混凝土	45~55
		坝体一、二期通水冷却及混凝土表面保护	100
25以上	10~15	风预冷大、中、小骨料	35~45
		加冰、加冷水拌制混凝土	55~60
		坝体一、二期通水冷却及混凝土表面保护	100
	15以上	风和水预冷大、中、小骨料	50
		加冰、加冷水拌制混凝土	60
		坝体一、二期通水冷却及混凝土表面保护	100

注:降温幅度指夏季月平均气温与混凝土出机口温度之差。

2)基本参数的选择和确定依据

(1)工程所在地区的多年月平均气温、水温、寒潮降温幅度和次数等气象数据。

(2)设计要求的混凝土出机口温度、浇筑温度和坝体的容许温差。

(3)拌制每立方米混凝土所需加冰或加水的数量、时间及相应措施的混凝土数量。

(4)混凝土骨料预冷的方式,平均预冷每立方米混凝土骨料所需消耗冷风、冷水的数量,预冷时间与温度,每立方米混凝土需预冷骨料的数量及需进行骨料预冷的混凝土数量。

(5)坝体的设计稳定温度,接缝灌浆的时间,坝体混凝土一、二期通低温水的时间、流量、冷水温度及通水区域。

(6)各制冷或冷冻系统的工艺流程,配置设备的名称、规格、型号、数量和制冷剂消耗指标等。

(7)混凝土表面保护方式,保护材料的品种、规格及每立方米混凝土的保护材料数量。

3)混凝土温控措施费用计算步骤

(1)根据夏季月平均气温、水温计算混凝土用砂、石骨料的自然温度和常温混凝土出机口温度。如常温混凝土出机口温度能满足设计要求,则不需采用特殊降温措施(计算方法见概算定额附录10表10-1)。

(2)根据温控设计确定的混凝土出机口温度,确定应预冷材料(石子、砂、水等)的冷却温度,并据此验算混凝土出机口温度能否满足设计要求。每立方米混凝土加片冰数量一般为40~60 kg,加冷水量=配合比用水量-加片冰数量-骨料含水量,机械热可用插值法计算。

(3)计算风冷骨料、冷水、片冰、坝体通水等温控措施的分项单价,然后计算出每立方米混凝土温控综合直接费。

(4)计算其他直接费、间接费、企业利润及税金,然后计算每立方米混凝土温控综合单价。

(5)根据需温控混凝土占混凝土总量的比例,计算每立方米混凝土温控加权平均单价。

5.1.1.2　交通工程

交通工程系指水利水电工程的永久对外公路、铁路、桥梁、码头等工程,其投资应采用单价法即用设计工程量乘以相应工程单价计算,也可根据工程所在地区造价指标或有关实际资料,采用指标法计算,即用设计工程量乘以扩大单位指标计算。

5.1.1.3　房屋建筑工程

1.永久房屋建筑

(1)用于生产、办公的房屋建筑面积,由设计单位按有关规定结合工程规模确定,单位造价指标根据当地相应建筑造价水平确定。

(2)值班宿舍及文化福利建筑的投资按主体建筑工程投资的百分率计算,具体见表1-109。

表1-109　值班宿舍及文化福利建筑工程概算取费标准

工程分类	费率(%)		
枢纽工程	投资≤50 000万元	50 000万元<投资≤100 000万元	投资>100 000万元
	1.0~1.5	0.8~1.0	0.5~0.8
引水工程	0.4~0.6		
河道工程	0.4		

注:在每档中,投资小或工程位置偏远者取大值;反之,取小值。

(3)除险加固工程(含枢纽工程、引水工程、河道工程)、灌溉田间工程的永久房屋建筑面积由设计单位根据有关规定结合工程建设需要确定。

2. 室外工程投资

一般按房屋建筑工程投资的15%~20%计算。

5.1.1.4 供电线路工程

根据设计的电压等级、线路架设长度及所需配备的变配电设施要求,采用工程所在地区造价指标或有关实际资料计算。

5.1.1.5 其他建筑工程

1. 安全监测设施工程

安全监测设施工程指属于建筑工程性质的内外部观测设施。安全监测工程项目投资应按设计资料计算。如无设计资料,可根据坝型或其他工程型式,按照主体建筑工程投资的百分率计算。费率标准见表1-110。工程以及地质条件复杂的,费率取大值或中值,反之取小值。

表1-110 安全监测设施工程概算费率取费标准

工程分类	当地材料坝	混凝土坝	引水式电站(引水建筑物)	堤防工程
费率(%)	0.9~1.1	1.1~1.3	1.1~1.3	0.2~0.3

2. 动力线路、照明线路、通信线路工程

动力线路、照明线路、通信线路等工程投资应按设计工程量乘以单价或采用扩大单位指标进行编制。

其余各项按设计要求分析计算。

该工程的建筑工程概算计算结果见表1-123。

5.1.2 机电设备及安装工程概算编制

机电设备及安装工程概算投资由机电设备费和其安装工程费两部分组成。机电设备及安装工程概算采用单价法计算,设备费按设备数量乘以设备费单价计算,安装工程费按设备数量乘以安装工程单价计算。

码1-44 微课:设备及安装工程概算编制

在先前根据工程实际情况,按照编制规定确定的机电设备及安装工程概算表中,"名称及规格"栏为按项目划分已划分到可以计量计价的项目;"数量"栏为根据工程量计算规则计算的工程量;在"单价"栏中分别填入对应设备的设备费单价和安装工程概算单价,单位为"元";计算时首先从最末一级项目开始,采用工程量乘以单价的方法计算合计投资,单位为"万元",然后向上逐级合并汇总,即得机电设备及安装工程概算投资。

5.1.3　金属结构设备及安装工程概算编制

金属结构设备及安装工程的概算编制方法同机电设备及安装工程的概算编制方法。

5.1.4　施工临时工程概算编制

在水利水电基本建设工程项目的施工准备阶段和建设过程中，为保证永久建筑安装工程施工的顺利进行，需要修建一系列的临时性工程。施工临时工程包括施工导流工程、施工交通工程、施工场外供电工程、施工房屋建筑工程以及其他施工临时工程。其他小型临时设施按临时设施费以其他直接费形式直接计入工程单价。

码 1-45　微课：施工临时工程概算编制

在编制概算时，应区别不同工程情况，根据施工组织设计确定的工程项目和工程量，分别采用单价法、指标法、公式法及百分率法认真编制。

5.1.4.1　施工导流工程

施工导流工程的概算编制方法与主体建筑工程概算编制方法相同，按单价法即设计工程量乘以工程单价进行计算，其调整系数见表 1-111 所示。

5.1.4.2　施工交通工程

施工交通工程的概算按设计工程量乘以工程单价进行计算，也可根据工程所在地区的造价指标或有关实际资料，采用扩大单位造价指标进行编制。

5.1.4.3　施工场外供电工程

施工场外供电工程的概算按照施工组织设计确定的电压等级、供电线路架设长度及所需配备的变配电设施要求，采用工程所在地的造价指标或有关实际资料计算。

5.1.4.4　施工房屋建筑工程

施工房屋建筑工程投资包括施工仓库和办公、生活及文化福利建筑两部分投资。

施工仓库，指为工程施工而临时兴建的设备、材料、工器具等仓库；办公、生活及文化福利建筑，指施工单位、建设单位（包括监理）及设计代表在工程建设期所需的办公室、宿舍、招待所和其他文化福利设施等房屋建筑工程。

施工房屋建筑工程不包括列入临时设施和其他施工临时工程项目内的电、风、水，通信系统，砂石料系统，混凝土拌和及浇筑系统，木工、钢筋、机修等辅助加工厂，混凝土预制构件厂，混凝土制冷、供热系统，施工排水等生产用房。

1. 施工仓库

施工仓库的建筑面积由施工组织设计确定，单位造价指标根据当地相应造价水平确定。施工仓库概算投资计算公式为：

$$施工仓库投资 = 建筑面积(m^2) \times 单位造价指标(元/m^2) \tag{1-93}$$

2. 办公、生活及文化福利建筑

(1)枢纽工程，按下列公式计算：

$$I = \frac{A \cdot U \cdot P}{N \cdot L} \cdot K_1 \cdot K_2 \cdot K_3 \tag{1-94}$$

式中 I——办公、生活及文化福利建筑工程投资；

A——建安工作量，按工程一至四部分建安工作量（不包括办公、生活及文化福利建筑和其他施工临时工程）之和乘以（1+其他施工临时工程百分率）计算；

U——人均建筑面积综合指标，按12~15 m^2/人标准计算；

P——单位造价指标，参考工程所在地的永久房屋造价指标（元/m^2）计算，其调整系数见表1-111所示；

N——施工年限，接施工组织设计确定的合理工期计算；

L——全员劳动生产率，一般按80 000~120 000元/（人·年）计算，施工机械化程度高取大值，反之取小值；采用掘进机施工为主的工程全员劳动生产率应适当提高；

K_1——施工高峰人数调整系数，取1.10；

K_2——室外工程系数，取1.10~1.15，地形条件差的可取大值，反之取小值；

K_3——单位造价指标调整系数，按不同施工年限，采用表1-111中的调整系数。

表1-111 单位造价指标调整系数

工期	系数
2年以内	0.25
2~3年	0.40
3~5年	0.55
5~8年	0.70
8~11年	0.80

（2）引水工程，按一至四部分建安工作量的百分率计算引水工程施工房屋建筑工程费费率见表1-112。

表1-112 引水工程施工房屋建筑工程费费率

工 期	费率（%）
≤3年	1.5~2.0
>3年	1.0~1.5

一般引水工程取中上限，大型引水工程取下限。掘进机施工隧洞工程按表中费率乘以0.5调整系数。

（3）河道工程，按一至四部分建安工作量的百分率计算河道工程施工房屋建筑工程费率见表1-113。

表1-113 河道工程施工房屋建筑工程费率

工 期	费率（%）
≤3年	1.5~2.0
>3年	1.0~1.5

5.1.4.5 其他施工临时工程

其他施工临时工程的投资按一至四部分建安工作量(不包括其他施工临时工程)之和的百分率计算。

各类工程的百分率取值规定如下：

(1)枢纽工程为3.0%~4.0%。

(2)引水工程为2.5%~3.0%。一般引水工程取下限,隧洞、渡槽等大型建筑物较多的引水工程、施工条件复杂的引水工程取上限。

(3)河道工程为0.5%~1.5%。灌溉田间工程取下限,建筑物较多、施工排水量大或施工条件复杂的河道工程取上限。

【例1-15】 该水库工程,施工工期为3年,U、L、K_2 及其他施工临时工程百分率均取小值,P=1 000 元/m^2,各部分投资见概算表,计算该工程办公、生活及文化福利建筑费用。

解：$$I=\frac{(18\,234.38+1\,119.64+725.15+661.57+192.00+72.40)\times(1+3\%)\times 12\times 1\,000}{3\times 80\,000}\times 1.10\times 1.10\times 0.55$$

$=719.91$(万元)

5.1.5 独立费用概算编制

独立费用是指按照基本建设工程投资统计包括范围的规定,应在投资中支付并列入建设项目概算或单项工程综合概算内,与工程直接有关而又难以直接摊入某个单位工程的其他工程和费用。

独立费用由建设管理费、工程建设监理费、联合试运转费、生产准备费、科研勘测设计费和其他六部分内容组成。

码1-46 微课:独立费用概算编制

5.1.5.1 建设管理费

(1)枢纽工程。

枢纽工程建设管理费以一至四部分建安工作量为计算基数,按表1-114所列费率,以超额累进方法计算。

表1-114 枢纽工程建设管理费费率

一至四部分建安工作量(万元)	费率(%)	辅助参数(万元)
50 000及以内	4.5	0
50 000~100 000	3.5	500
100 000~200 000	2.5	1 500
200 000~500 000	1.8	2 900
500 000以上	0.6	8 900

简化计算公式：一至四部分建安工作量×该档费率+辅助参数(下同)。

(2)引水工程。

引水工程建设管理费以一至四部分建安工作量为计算基数,按表 1-115 所列费率,以超额累进方法计算。原则上应按整体工程投资统一计算,当工程规模较大时,可分段计算。

表 1-115　引水工程建设管理费费率

一至四部分建安工作量(万元)	费率(%)	辅助参数(万元)
50 000 及以内	4.2	0
50 000~100 000	3.1	550
100 000~200 000	2.2	1 450
200 000~500 000	1.6	2 650
500 000 以上	0.5	8 150

(3)河道工程。

河道工程建设管理费以一至四部分建安工作量为计算基数,按表 1-116 所列费率,以超额累进方法计算。原则上应按整体工程投资统一计算,当工程规模较大时,可分段计算。

表 1-116　河道工程建设管理费费率

一至四部分建安工作量(万元)	费率(%)	辅助参数(万元)
10 000 及以内	3.5	0
10 000~50 000	2.4	110
50 000~100 000	1.7	460
100 000~200 000	0.9	1 260
200 000~500 000	0.4	2 260
500 000 以上	0.2	3 260

5.1.5.2　工程建设监理费

按照国家发改委发改价格〔2007〕670 号文颁布的《建设工程监理与相关服务收费管理规定》及其他相关规定执行。

建设工程监理与相关服务收费包括建设工程施工阶段的工程监理(以下简称施工监理)服务收费和勘察、设计、保修等阶段的相关服务(以下简称其他阶段的相关服务)收费。

1. 施工监理服务收费

施工监理服务收费按照下式计算:

施工监理服务收费=施工监理服务收费基价×(1±浮动幅度值)×专业调整系数×工程复杂程度调整系数×高程调整系数　(1-95)

施工监理服务收费基价按表 1-117 确定,计费额处于两个数值区间的,采用直线内插法确定施工监理服务收费基价。浮动幅度值为发包人与监理人根据项目的实际情况,在规定的浮动幅度范围内协商确定,设计阶段不计。

施工监理服务收费是以建筑安装工程费分档定额计费方式收费的,其计费额为工程概算中的建筑安装工程费。

表 1-117　施工监理服务收费基价　　单位：万元

序号	计费额	收费基价
1	500	16.5
2	1 000	30.1
3	3 000	78.1
4	5 000	120.8
5	8 000	181.0
6	10 000	218.6
7	20 000	393.4
8	40 000	708.2
9	60 000	991.4
10	80 000	1 255.8
11	100 000	1 507
12	200 000	2 712.5
13	400 000	4 882.6
14	600 000	6 835.6
15	800 000	8 658.4
16	1 000 000	10 390.1

注：计费额大于 1 000 000 万元的，以计费额乘以 1.039%的收费率计算改费基价，其他未包含的收费由双方协商议定。

施工监理服务收费调整系数包括专业调整系数、工程复杂程度调整系数和高程调整系数。

(1)专业调整系数是对不同专业建设工程的施工监理工作复杂程度和工作量差异进行调整的系数。水库工程的专业调整系数为 1.2，其他水利工程为 0.9。

(2)工程复杂程度调整系数是对同一专业建设工程的施工监理复杂程度和工作量差异进行调整的系数。工程复杂程度分为一般、较复杂和复杂三个等级，其调整系数分别为：一般(Ⅰ级) 0.85、较复杂(Ⅱ级)1.0、复杂(Ⅲ级)1.15。当计算施工监理服务收费时，工程复杂程度在相应章节的《工程复杂程度表》中查找确定。

该水库的总库容 5.15 亿 m^3>1 亿 m^3，最大坝高 102.0 m>100 m，装机容量 69 MW(3 台)，调整系数复杂(Ⅲ级)。

(3)高程调整系数：高程 2 000 m 以下为 1；高程 2 001～3 000 m 为 1.1；高程 3 001～3 500 m 为 1.2；高程 3 501～4 000 m 为 1.3；高程 4 001 m 以上的，高程调整系数由发包人和监理人协商确定。

2. 其他阶段的相关服务收费

一般按相关服务工作所需工日和《建设工程监理与相关服务人员人工日费用标准》(见表 1-118)收费。

表 1-118　建设工程监理与相关服务人员人工日费用标准

建设工程监理与相关服务人员职级	工日费用标准(元)
一、高级专家	1 000~1 200
二、高级专业技术职称的监理与相关服务人员	800~1 000
三、中级专业技术职称的监理与相关服务人员	600~800
四、初级及以下专业技术职称监理与相关服务人员	300~600

注:本表适用于提供短期服务的人工费用标准。

5.1.5.3　联合试运转费

联合试运转费费用指标见表 1-119。

表 1-119　联合试运转费费用指标

水电站工程	单机容量(万 kW)	≤1	≤2	≤3	≤4	≤5	≤6	≤10	≤20	≤30	≤40	>40
	费用(万元/台)	6	8	10	12	14	16	18	22	24	32	44
泵站工程	电力泵站	50~60 元/kW										

5.1.5.4　生产准备费

1. 生产及管理单位提前进厂费

枢纽工程按一至四部分建安工程量的 0.15%~0.35%计算,大(1)型工程取小值,大(2)型工程取大值。

引水工程视工程规模参照枢纽工程计算。

河道工程、除险加固工程、田间工程原则上不计此项费用。

2. 生产职工培训费

生产职工培训费按一至四部分建安工作量的 0.35%~0.55%计算。枢纽工程、引水工程取中上限,河道工程取下限。

3. 管理用具购置费

枢纽工程按一至四部分建安工作量的 0.04%~0.06%计算,大(1)型工程取小值,大(2)型工程取大值。

引水工程按建安工作量的 0.03%计算,河道工程按建安工作量的 0.02%计算。

4. 备品备件购置费

备品备件购置费按占设备费的 0.4%~0.6%计算。大(1)型工程取下限,其他工程取中、上限。

设备费应包括机电设备费、金属结构设备费以及运杂费等全部设备费;电站、泵站同容量、同型号机组超过一台时,只计算一台的设备费。

5. 工器具及生产家具购置费

工器具及生产家具购置费按占设备费的 0.1%~0.2%计算。枢纽工程取下限,其他工程取中、上限。

5.1.5.5　科研勘测设计费

科研勘测设计费是指为工程建设所需的科研、勘测和设计等费用，包括工程科学研究试验费和工程勘测设计费。

1. 工程科学研究试验费

工程科学研究试验费按工程建安工作量的百分率计算。其中枢纽和引水工程取 0.7%，河道工程取 0.3%，灌溉田间工程一般不计此项费用。

2. 工程勘测设计费

项目建议书、可行性研究阶段的勘测设计费及报告编制费执行国家发改委发改价格〔2006〕1352 号文颁布的《水利、水电工程建设项目前期工作工程勘察收费标准》和原国家计委计价格〔1999〕1283 号文颁布的《关于印发建设项目前期工作咨询收费暂行规定的通知》。相关文件详见《编制规定》的附录 3、4。

初步设计、招标设计及施工图设计阶段的勘测设计费执行原国家计委、建设部计价格〔2002〕10 号文件颁布的《工程勘察设计收费标准》。相关文件详见《编制规定》的附录 5。

编制计算时，应根据所完成相应勘测设计工作阶段确定工程勘测设计费，未发生的工作阶段不计相应阶段勘测设计费。

1）工程勘察收费

水利水电工程勘察按照建设项目工程概算投资额分档定额计费方法计算收费，计算公式如下：

水利水电工程勘察收费 =（工程勘察收费基价×专业调整系数×
工程复杂程度调整系数×附加调整系数+
其他勘察收费）×（1±浮动幅度值）　（1-96）

水利水电工程勘察收费基价，见表 1-120。

表 1-120　水利水电工程勘察收费基价

序号	计费额	收费基价（万元）	序号	计费额	收费基价（万元）
1	200	9	10	60 000	1 515.2
2	500	20.9	11	80 000	1 960.1
3	1 000	38.8	12	100 000	2 393.4
4	3 000	103.8	13	200 000	4 450.8
5	5 000	163.9	14	400 000	8 276.7
6	8 000	249.6	15	600 000	11 897.5
7	10 000	304.8	16	800 000	15 391.4
8	20 000	566.8	17	1 000 000	18 793.8
9	40 000	1 054	18	2 000 000	34 948.9

注：计费额>2 000 000 万元的，以计费额乘以 1.7%的收费率计算收费基价。

水利水电工程勘察专业调整系数见表1-121。

表1-121　水利水电工程勘察专业调整系数表

序号	工程类别	专业调整系数
1	水电	1.4
2	水库	1.04
3	潮汐发电	1.7
4	水土保持	0.5~0.55
5	引调水和河道治理	0.8
6	灌区田间	0.3~0.4
7	城市防护、河口整治	0.84~0.92
8	围垦	0.76~0.88

工程复杂程度调整系数，根据建筑物、地层岩性、地质构造等赋分确定勘察复杂程度分三个等级，一般(Ⅰ级) 0.85、较复杂(Ⅱ级)1.0、复杂(Ⅲ级)1.15。

附加调整系数，是对专业调整系数和工程复杂程度调整系数尚不能调整的因素进行补充调整的系数，是指对超出一般情况如发生多增坝址(坝线)比选、高坝、长隧洞、岩溶区、地震区等情况及气温、海拔等作业环境所提出的大于1的系数。附加调整系数分别列于总则和有关章节中，如在气温≥35 ℃或者≤-10 ℃条件下进行勘察作业，气温附加调整系数为1.2；在高程超过2 000 m地区进行工程勘察作业时，高程2 001~3 000 m高程附加调整系数为1.1，高程3 001~3 500 m为1.2，高程3 501~4 000 m为1.3，高程4 001 m以上的，由发包人与勘察人协商确定。当为两个或两个以上时，系数不能连乘，应将各系数相加，减去系数的个数，加上定值1，作为附加调整系数值。

调整系数浮动幅度为上下20%，由发包人和勘察人、设计人根据建设项目的实际情况在规定的浮动幅度内协商确定。

2)工程设计收费

工程设计收费采取按照建设项目工程概算投资额分档定额计费方法计算收费。工程设计收费按照下列公式计算：

工程设计收费=(工程设计收费基价×专业调整系数×工程复杂程度调整系数×附加调整系数+其他设计收费)×(1±浮动幅度值)　　(1-97)

工程设计收费基价，在表1-122中查找确定，计费额处于两个数值区间的，采用直线内插法确定工程设计收费基价。

表 1-122 工程设计收费基价

序号	计费额	收费基价（万元）	序号	计费额	收费基价（万元）
1	200	9	10	60 000	1 515.2
2	500	20.9	11	80 000	1 960.1
3	1 000	38.8	12	100 000	2 393.4
4	3 000	103.8	13	200 000	4 450.8
5	5 000	163.9	14	400 000	8 276.7
6	8 000	249.6	15	600 000	11 897.5
7	10 000	304.8	16	800 000	15 391.4
8	20 000	566.8	17	1 000 000	18 793.8
9	40 000	1 054	18	2 000 000	34 948.9

注：计费额>2 000 000 万元的，以计费额乘以 1.6%的收费率计算收费基价。

专业调整系数是对不同专业建设项目的工程设计复杂程度和工作量差异进行调整的系数。水库工程为 1.2，其他水利工程为 0.8。

工程复杂程度调整系数是对同一专业、不同建设项目的工程设计复杂程度和工作量差异进行调整的系数。工程设计按工程规模大小或赋分值等来确定工程复杂程度，分为一般（Ⅰ级）0.85、较复杂（Ⅱ级）1.0、复杂（Ⅲ级）1.15。

附加调整系数是对专业调整系数和工程复杂程度调整系数尚不能调整的因素进行补充调整的系数。附加调整系数分别列于总则和有关章节中，根据工程设计复杂程度确定，其中改扩建和技术改造建设项目，附加调整系数为 1.1~1.4。

5.1.5.6 其他

1. 工程保险费

工程保险费按工程一至四部分投资合计的 4.5‰~5.0‰计算，田间工程原则上不计此项费用。

2. 其他税费

其他税费是指按国家规定应缴纳的与工程建设有关的税费，应按国家有关规定计取。

该工程的独立费用概算计算结果见表 1-123。

表 1-123 建筑工程概算

序号	工程或费用名称	单位	数量	单价（元）	合计（万元）
	第一部分 建筑工程				18 234.38
一	挡水工程				10 391.90
（一）	面板堆石坝工程				10 391.90
1	土石方开挖工程				1 388.41
	土方开挖（运距 1.8 km）	m^3	131 570	14.64	192.62

续表 1-123

序号	工程或费用名称	单位	数量	单价(元)	合计(万元)
	石方开挖(运距 1.8 km)	m^3	60 747	37.16	225.74
	趾板石方开挖（运距 1.8 km）	m^3	106 672	34.39	366.85
	趾板石方开挖（运距 0.8 km）	m^3	79 000	44.00	347.60
	趾板石方开挖（运距 0.3 km）	m^3	60 625	42.16	255.60
2	坝体填筑工程				6 212.16
	垫层区填筑	m^3	79 174	45.45	359.85
	过渡区填筑(利用料)	m^3	22 861	17.64	40.33
	过渡区填筑(块石料场)	m^3	98 711	40.08	395.63
	盖重区填筑	m^3	41 149	3.78	15.55
	黏土填筑	m^3	22 762	22.40	50.99
	特殊垫层区填筑	m^3	7 854	47.72	37.48
	主堆石区填筑(块石料场备料)	m^3	110 000	43.30	476.30
	主堆石区填筑(块石料场)	m^3	794 725	33.25	2 642.46
	次堆石区填筑(砂砾料场)	m^3	367 177	25.04	919.41
	次堆石区填筑(块石料场)	m^3	124 143	33.25	412.78
	开挖料区填筑(利用料)	m^3	116 764	16.31	190.44
	开挖料区填筑(块石料场)	m^3	112 627	33.25	374.48
	抛填堆石	m^3	21 544	36.26	78.12
	干砌石护坡	m^3	15 737	138.74	218.34
3	混凝土工程				1 852.05
	C15 挤压式边墙混凝土	m^3	5 672	280.00	158.82
	C25 面板混凝土	m^3	13 165	341.57	449.68
	面板滑模	m^2	32 912	61.15	201.26
	C25 趾板混凝土	m^3	2 881	304.55	87.74
	模板	m^2	1 873	57.45	10.76
	C15 防浪墙混凝土	m^3	3 756	222.36	83.52
	模板	m^2	13 146	57.45	75.52
	钢筋制安	t	1 061	6 046.81	641.57
	沥青杉板	m^2	465	85.00	3.95

续表 1-123

序号	工程或费用名称	单位	数量	单价(元)	合计(万元)
	铜片止水	m	3 692	323.65	119.49
	PVC 止水带	m	3 882	50.84	19.74
4	基础处理工程				624.48
	锚杆Φ28　L=5 m	根	1 624	211.97	34.42
	固结灌浆钻孔	m	8 309	128.45	106.73
	帷幕灌浆钻孔	m	10 755	183.80	197.68
	固结灌浆	m	4 759	108.75	51.75
	帷幕灌浆	m	7 205	288.54	207.89
	C20 混凝土回填	m^3	877	196.81	17.26
	C20 混凝土截渗墙	m^3	378	231.55	8.75
5	细部结构	m^3	1 919 489	1.64	314.80
二	泄洪工程				2 833.77
(一)	一级溢洪道工程				1 606.14
1	进水段				69.61
	土方开挖(运距 0.9 km)	m^3	1 434	10.16	1.46
	石方开挖(运距 2.3 km)	m^3	3 347	46.47	15.55
	浆砌石	m^3	276	148.92	4.11
	C15 底板混凝土	m^3	1 664	212.37	35.34
	模板	m^2	499	57.45	2.87
	钢筋制安	t	17	6 046.81	10.28
2	控制段				577.69
	土方开挖	m^3	13 838	10.16	14.06
	石方开挖	m^3	32 289	42.93	138.62
	石渣回填	m^3	2 668	9.15	2.44
	C15 底板混凝土	m^3	3 317	212.37	70.44
	模板	m^2	995	57.45	5.72
	C20 溢洪道混凝土	m^3	5 178	238.03	123.25

续表 1-123

序号	工程或费用名称	单位	数量	单价(元)	合计(万元)
	模板	m^2	3 884	89.65	34.82
	C50HF 堰面混凝土	m^3	403	507.76	20.46
	模板	m^2	101	137.52	1.39
	钢筋制安	t	213	6 046.81	128.80
	锚杆Φ25　$L=2$ m	根	624	72.27	4.51
	固结灌浆	m	1 399	237.20	33.18
3	泄槽段				683.79
	土方开挖	m^3	36 729	10.16	37.32
	石方开挖	m^3	85 701	42.93	367.91
	石渣回填	m^3	1 524	9.15	1.39
	C15 泄槽混凝土	m^3	6 117	212.37	129.91
	模板	m^2	1 835	57.45	10.54
	堰面混凝土 C50HF	m^3	1 613	507.76	81.90
	模板	m^2	403	137.52	5.54
	钢筋制安	t	61	6 046.81	36.89
	锚杆Φ25　$L=2$ m	根	1 715	72.27	12.39
4	消能段				228.51
	土方开挖	m^3	19 204	10.16	19.51
	石方开挖	m^3	44 810	42.93	192.37
	石渣回填	m^3	3 430	9.15	3.14
	C20 底坎混凝土	m^3	95	238.03	2.26
	模板	m^2	119	57.45	0.68
	钢筋制安	t	2	6 046.81	1.21
	固结灌浆	m	156	237.20	3.70
	锚杆Φ25　$L=2$ m	根	780	72.27	5.64
5	细部结构	m^3	18 387	25.31	46.54
（二）	二级溢洪道工程				783.69

续表 1-123

序号	工程或费用名称	单位	数量	单价(元)	合计(万元)
	⋮				
(三)	三级溢洪道工程				443.94
	⋮				
三	引水工程				2 273.51
(一)	引水隧洞工程				2 273.51
1	进水口				659.25
	土方开挖（运距 1.7 km)	m^3	22 095	11.58	25.59
	石方开挖（运距 1.7 km)	m^3	51 555	42.59	219.57
	竖井石方开挖	m^3	2 772	113.19	31.38
	C20 竖井混凝土衬砌	m^3	2 240	328.50	73.58
	竖井滑模	m^2	3 248	99.93	32.46
	C20 进水口混凝土	m^3	2 445	240.15	58.72
	模板	m^2	1 223	57.45	7.03
	喷混凝土(ζ=10 cm)	m^3	696	466.37	32.46
	钢筋制安	t	188	6 046.81	113.68
	锚杆 ϕ25 L=3.5 m	根	150	163.38	2.45
	锚杆 ϕ25 L=7 m	根	510	221.99	11.32
	进水口连通桥	m	70	6 000	42.00
	细部结构	m^3	4 685	19.23	9.01
2	隧洞工程				1 426.77
	石方洞挖	m^3	36 340	99.06	359.98
	C20 隧洞衬砌混凝土	m^3	10 179	385.13	392.02
	锚杆 ϕ25 L=3.5 m	根	500	163.38	8.17
	回填灌浆	m^2	1 567	49.36	7.73
	固结灌浆钻孔	m	1 617	136.31	22.04
	固结灌浆	m	1 617	89.28	14.44
	钢筋制安	t	611	6 046.81	369.46
	模板	m^2	22 785	104.13	237.26
	细部结构	m^3	10 179	15.39	15.67

续表 1-123

序号	工程或费用名称	单位	数量	单价(元)	合计(万元)
3	消力池段				187.49
	土方开挖（运距 1.7 km）	m^3	5 886	11.58	6.82
	石方开挖（运距 0.5 km）	m^3	17 432	42.04	73.28
	C20 消力池混凝土	m^3	1 459	227.90	33.25
	模板	m^2	511	57.45	2.94
	锚杆 $\Phi 25$ $L=5$ m	根	108	181.37	1.96
	喷混凝土($\zeta=10$ cm)	m^3	162	466.37	7.56
	钢筋制安	t	102	6 046.81	61.68
四	发电厂工程				1 607.45
(一)	地面厂房工程				1 607.45
	土方开挖（运距 1.7 km）	m^3	3 175	11.58	3.68
	石方开挖（运距 0.2 km）	m^3	7 818	40.99	32.05
	石方开挖（运距 2 km）	m^3	2 972	45.82	13.62
	石方开挖（运距 1.7 km）	m^3	1 908	44.99	8.58
	石渣回填（利用料）	m^3	10 241	21.83	22.36
	C20 厂房上部混凝土(二级配)	m^3	1 223	245.17	29.98
	C25 厂房上部混凝土(二级配)	m^3	179	253.12	4.53
	C15 厂房下部混凝土(三级配)	m^3	1 066	200.98	21.42
	C20 厂房下部混凝土(三级配)	m^3	12 349	215.55	266.18
	C15 尾水导墙及下游重力挡墙	m^3	5 512	212.37	117.06
	C20 尾水导墙	m^3	531	227.22	12.07
	C15 压力钢管外包混凝土	m^3	4 521	210.50	95.17
	C15 回填混凝土	m^3	3 000	177.13	53.14
	C20 喷混凝土	m^3	224	466.37	10.45
	钢筋制安	t	727	6 046.81	439.60
	平面模板	m^2	22 335	86.27	192.68
	曲面模板	m^2	2 030	108.20	21.96
	牛腿模板	m^2	127	361.94	4.60
	厂房装修	m^2	1 617	700.00	113.19

续表 1-123

序号	工程或费用名称	单位	数量	单价(元)	合计(万元)
	雁型屋顶	m^2	1 115	600.00	66.90
	细部结构	m^3	20 860	37.50	78.23
五	升压变电站工程				88.44
(一)	开关站工程				88.44
	土方开挖（运距 1.7 km)	m^3	459	11.58	0.53
	石方开挖（运距 0.2 km)	m^3	1 468	40.99	6.02
	石方开挖（运距 1.7 km)	m^3	367	44.99	1.65
	石渣回填（利用料）	m^3	23 639	21.83	51.60
	C40 预制混凝土构架	m^3	150	730.43	10.96
	C15 基础混凝土	m^3	300	210.50	6.32
	模板	m^2	135	57.45	0.78
	钢筋制安	t	15	6 046.81	9.07
	细部结构	m^2	450	33.66	1.51
六	交通工程				482.00
1	右岸上坝公路	km	1.4	800 000	112.00
2	左岸厂内公路	km	0.6	500 000	30.00
3	工程区内交通及联系桥	座	3	1 000 000	300.00
4	坳下滩大桥加固	座	1	400 000	40.00
七	房屋建筑工程				385.36
1	办公用房	m^2	480	900.00	43.20
2	防汛仓库	m^2	800	250.00	20.00
3	值班宿舍及文化福利建筑	%	1.5	171 950 700	257.93
4	室外工程	%	20	3 211 300	64.23
八	其他建筑工程				171.95
1	安全监测设施工程	%	1.0	171 950 700	171.95

该工程的机电设备及安装工程概算计算结果见表 1-124。

表 1-124　机电设备及安装工程概算表

序号	工程或费用名称	单位	数量	单价(元)		合计(万元)	
				设备费	安装费	设备费	安装费
	第二部分　机电设备及安装工程					6 093. 29	1 119. 64
一	发电设备及安装工程					4 684. 47	974. 74
1	水轮机设备及安装工程					1 153. 05	125. 12
	水轮机 HLD75-LJ-200	台	3	2 893 500	328 659	868. 05	98. 60
	调速器	台	3	300 000	61 787	90. 00	18. 54
	自动化元件	套	3	500 000		150. 00	
	油压装置	套	3	150 000	26 604	45. 00	7. 98
2	发电机设备及安装工程					2 178. 00	119. 66
	发电机 SF23-18/3900	台	3	6 760 000	398 867	2 028. 00	119. 66
	励磁装置	台	3	500 000		150. 00	
3	起重设备及安装工程					150. 00	13. 71
(1)	桥式起重机					150. 00	7. 66
	桥式起重机　100/20 t	台	1	1 500 000	76 625	150. 00	7. 66
(2)	轨道及安装						6. 05
	轨道 QU100	双 10 m	5. 75		10 520		6. 05
4	主闸设备及安装工程					360. 00	22. 88
	液压蝶阀ϕ=3 000	台	3	1 200 000	76 273	360. 00	22. 88
5	水力机械辅助设备及安装工程					81. 67	62. 01
6	电气设备及安装工程					761. 75	631. 36
二	升压变电设备及安装工程					508. 10	46. 64
1	主变压器设备及安装					320. 00	24. 82
	主变压器 SFS9-63000/110	台	1	2 200 000	73 468	220. 00	7. 35
	主变压器 SF9-31500/110	台	1	1 000 000	65 413	100. 00	6. 54
	轨道 43 kg/m	双 10 m	10		10 929		10. 93
2	高压电气设备及安装					188. 10	9. 95
3	一次拉线及其他安装						11. 87
三	公用设备及安装工程					900. 72	98. 26
	⋮						

该工程的金属结构设备及安装工程概算计算结果见表1-125。

表1-125　金属结构设备及安装工程概算表

序号	工程或费用名称	单位	数量	单价(元)		合计(万元)	
				设备费	安装费	设备费	安装费
	第三部分　金属结构设备及安装工程					1 009.25	725.15
一	泄洪工程					568.25	111.85
1	溢洪道闸门及设备安装					352.30	34.59
(1)	闸门设备及安装					102.30	21.96
	弧门门叶	t	96	10 000	2 072	96.00	19.89
	埋件	t	7	9 000	2 956	6.30	2.07
(2)	启闭机设备及安装					250.00	12.63
	液压启闭机	台	2	1 250 000	63 165	250.00	12.63
2	检修门设备及安装					155.95	65.69
(1)	闸门设备及安装					57.15	14.71
	平板闸门门叶45 t/扇	t	45	9 500	2 217.18	42.75	9.98
	埋件	t	16	9 000	2 956	14.40	4.73
(2)	启闭机设备及安装					98.80	50.98
	门式启闭机　自重50 t	台	1	900 000	72 611	90.00	7.26
	自动吊梁	t	8	11 000		8.80	
	轨道 P43	双10 m	40		10 929		43.72
3	放空洞锥形阀					60.00	11.57
	锥形阀(外购)	t	20	30 000	5 783	60.00	11.57
二	引水工程					441.00	613.30
1	进水口闸门设备及安装					362.50	35.98
(1)	闸门设备及安装					112.50	21.38
	平板门叶60 t/扇(拉杆30 t)	t	90	9 500	1 473	85.50	13.26
	埋件30 t/套	t	30	9 000	2 705	27.00	8.12
(2)	启闭机设备及安装					250.00	14.60
	液压启闭机 QPPY　自重50 t	台	1	2 500 000	146 004	250.00	14.60
2	尾水闸门设备及安装					22.75	7.19
(1)	闸门设备及安装					14.75	3.74
	平板门门叶7 t/扇	t	7	9 500	1 541	6.65	1.08

续表 1-125

序号	工程或费用名称	单位	数量	单价(元)		合计(万元)	
				设备费	安装费	设备费	安装费
	埋件 3 t/套	t	9	9 000	2 956	8. 10	2. 66
(2)	启闭机设备及安装					8. 00	3. 45
	电动葫芦　自重 4 t	台	1	80 000	1 700	8. 00	0. 17
	轨道 P43	t	3		10 929		3. 28
3	进水口拦污栅设备及安装					55. 75	6. 34
	栅体	t	55	8 500	650	46. 75	3. 58
	栅槽	t	10	9 000	2 761	9. 00	2. 76
4	压力钢管制作及安装						563. 79
	直管制作及安装 ζ=30 cm	t	240		10 570		253. 68
	岔管制作及安装 ζ=30 cm	t	130		15 297		198. 86
	支管制作及安装 ζ=18 cm	t	90		12 361		111. 25

该工程的施工临时工程概算计算结果见表 1-126。

表 1-126　施工临时工程概算表

序号	工程或费用名称	单位	数量	单价(元)	合计(万元)
	第四部分　施工临时工程				2 316. 54
一	导流工程				661. 57
1	导流洞工程				471. 25
	石方洞挖	m^3	6 254	99. 06	61. 95
	C20 混凝土衬砌	m^3	1 832	385. 13	70. 56
	模板	m^2	2 840	104. 13	29. 57
	C20 进口混凝土	m^3	672	240. 15	16. 14
	模板	m^2	336	57. 45	1. 93
	回填灌浆	m^2	1 084	49. 36	5. 35
	固结灌浆	m	300	225. 58	6. 77
	喷混凝土	m^3	476	466. 37	22. 20
	C20 堵头混凝土	m^3	765	214. 85	16. 44
	C15 埋石混凝土　埋石率 15%	m^3	1 085	185. 24	20. 10
	石渣填筑	m^3	10 135	8. 28	8. 39
	黏土填筑	m^3	5 253	19. 15	10. 06
	反滤料	m^3	525	51. 99	2. 73

续表 1-126

序号	工程或费用名称	单位	数量	单价(元)	合计(万元)
	围堰拆除	m^3	15 268	11.18	17.07
	钢筋	t	169	6 046.81	102.19
	导流洞封堵闸门及埋件	t	76	10 500.00	79.80
2	土石围堰工程				190.32
	⋮				
二	施工交通工程				192.00
	新建施工道路	km	5.1	200 000	102.00
	改建施工道路	km	6	150 000	90.00
三	施工房屋建筑工程				792.31
1	施工仓库	m^2	3 620	200.00	72.40
2	办公、文化生活福利设施				719.91
四	其他施工临时工程	%	3	223 552 000	670.66

独立费用表见表 1-127。

表 1-127　独立费用表

序号	工程或费用名称	单位	数量	单价(元)	合计(万元)
	第五部分　独立费用				4 129.82
一	建设管理费	%	4.50	223 957 100	1 007.81
二	工程建设监理费	执行发改价格〔2007〕670 号文			594.93
三	联合试运转费	台	3	240 000	72.00
四	生产准备费				253.13
1	生产及管理单位提前进厂费	%	0.35	223 957 100	78.38
2	生产职工培训费	%	0.55	223 957 100	123.18
3	管理用具购置费	%	0.06	223 957 100	13.44
4	备品备件购置费	%	0.60	51 718 400	31.03
5	工器具及生产家具购置费	%	0.10	71 025 400	7.10

续表 1-127

序号	工程或费用名称	单位	数量	单价(元)	合计(万元)
五	科研勘测设计费				2 069.21
1	工程科学研究试验费	%	0.70	223 957 100	156.77
2	工程勘测设计费	执行计价格〔2002〕10 号文			1 912.44
六	其他				132.74
1	工程保险费	%	0.45	294 982 500	132.74
2	其他税费	%			

项目实训与思考

码 1-47　微课：分部工程概算计算示例

背景材料：某水利枢纽工程一至四部分工程投资计算如下：

建筑工程 28 463.35 万元，机电设备费 4 564.54 万元，机电设备安装费 1 682.34 万元，金属结构设备费 3 544.48 万元，金属结构设备安装费 846.21 万元，施工临时工程费(建筑)3 157.57 万元。

该工程安装 6 台 1.5 万 kW 的水轮发电机组(型号相同)，设备费 300 万元/台套。

说明：该工程取费是对区间取费的均取最大值。

问题：完成独立费用计算表(见表 1-128)。

表 1-128

序号	工程或费用名称	单位	数量	单价(元)	合计(万元)
一	建设管理费				
二	工程建设监理费				715.28
三	联合试运转费				
四	生产准备费				
1	生产及管理单位提前进厂费				
2	生产职工培训费				
3	管理用具购置费				
4	备品备件购置费				
5	工器具及生产家具购置费				
五	科研勘测设计费				
1	工程科学研究试验费				

续表 1-128

序号	工程或费用名称	单位	数量	单价(元)	合计(万元)
2	工程勘测设计费				862.37
六	其他				
1	工程保险费				
2	其他税费				0
	合计				

任务 5.2 编制工程总概算

学习指导

知识目标：

1. 熟知预备费和建设期融资利息的概念与计算方法；
2. 掌握工程部分总概算表及工程概算总表的编制。

技能目标：

能够根据实际工程汇总工程部分概算及工程概算总表。

重　点：

编制工程部分总概算表及工程概算总表。

码 1-48 微课：编制工程总概算

码 1-49 竞赛真题

编制总概算包括编制工程部分总概算表、工程概算总表。

工程部分总概算表包括一至五部分各分部工程概算、基本预备费；工程概算总表由工程部分、建设征地移民补偿、环境保护工程、水土保持工程四项合计，再加上价差预备费、建设期融资利息汇总而成。

总概算的编制是以任务 5.1 的一至五部分各分部工程概算表的计算结果为基础，且涉及预备费和建设期融资利息的计算。

5.2.1 预备费与建设期融资利息的计算

5.2.1.1 预备费

预备费包括基本预备费和价差预备费两项。

1. 基本预备费

基本预备费主要为解决工程建设过程中，设计变动和有关技术标准调整增加的投资以及工程遭受一般自然灾害所造成的损失和为预防自然灾害所采取的措施费用。

基本预备费的计算，根据工程规模、施工年限和地质条件等不同情况，按工程一至五部分投资合计(依据分年度投资表)的百分率进行。

基本预备费初步设计阶段为5%~8%。技术复杂、建设难度大的工程项目取大值，其他工程取中小值。

2. 价差预备费

价差预备费主要为解决在工程建设过程中，因人工工资、材料和设备价格上涨以及费用标准调整而导致投资增加的预留费用。

价差预备费的计算，根据施工年限，以资金流量表的静态投资(含基本预备费)为计算基数计算。计算公式为：

$$E = \sum_{n=1}^{N} F_n[(1 + P)^n - 1] \tag{1-98}$$

式中 E——价差预备费；

N——合理建设工期；

n——施工年度；

F_n——建设期间资金流量表内第 n 年的投资；

P——年物价指数。

5.2.1.2 建设期融资利息

建设期融资利息是指根据国家财政金融投资规定，工程在建设期内需偿还并应计入工程总投资的融资利息。

根据合理建设工期，按设计概算一至五部分分年度资金流量、基本预备费、价差预备费之和，按国家规定的贷款利率复利计息。计算公式为：

$$S = \sum_{n=1}^{N}\left[\left(\sum_{m=1}^{n} F_m b_m - \frac{1}{2}F_n b_n\right) + \sum_{m=0}^{n-1} S_m\right] i \tag{1-99}$$

式中 S——建设期融资利息；

N——合理建设工期；

n——施工年度；

m——还息年度；

F_n、F_m——在建设期资金流量表内第 n、m 年的投资；

b_n、b_m——各施工年份融资额占当年投资比例；

i——建设期投资利率；

S_m——第 m 年的付息额度。

5.2.2 编制工程部分总概算表

码 1-50 微课：工程总概算计算示例

工程部分总概算只计算到工程部分静态投资，工程一至五部分投资与基本预备费之和构成工程部分静态投资。

工程部分总概算表除了按顺序填写建筑工程、机电设备及安装工程、金属结构设备及安装工程、施工临时工程、独立费用五部分投资(列至一级项目),还应依次填写一至五部分投资合计、基本预备费、静态投资。工程一至五部分投资以计算的各分部工程概算投资为依据,基本预备费按编制规定选取的百分率进行计算。

本工程部分总概算表的计算结果见表1-129。

表1-129 工程部分总概算

单位:万元

序号	工程或费用名称	建安工程费	设备购置费	独立费用	合计	占一至五部分投资比例(%)
	第一部分 建筑工程	18 234.38			18 234.38	54.22
一	挡水工程	10 391.90			10 391.90	
二	泄洪工程	2 833.77			2 833.77	
三	引水工程	2 273.51			2 273.51	
四	发电厂工程	1 607.45			1 607.45	
五	升压变电站工程	88.44			88.44	
六	交通工程	482.00			482.00	
七	房屋建筑工程	385.36			385.36	
八	其他工程	171.95			171.95	
	第二部分 机电设备及安装工程	1 119.64	6 093.29		7 212.93	21.45
一	发电设备及安装工程	974.74	4 684.47		5 659.21	
二	升压变电站设备及安装工程	46.64	508.10		554.74	
三	公用设备及安装工程	98.26	900.72		998.98	
	第三部分 金属结构设备及安装工程	725.15	1 009.25		1 734.40	5.16
一	泄洪工程	111.85	568.25		680.10	
二	引水工程	613.30	441.00		1 054.30	
	第四部分 施工临时工程	2 316.54			2 316.54	6.89
一	导流工程	661.57			661.57	
二	施工交通工程	192.00			192.00	
三	施工房屋建筑工程	792.31			792.31	
四	其他施工临时工程	670.66			670.66	
	第五部分 独立费用				4 129.82	12.28
一	建设管理费			1 007.81	1 007.81	
二	工程建设监理费			594.93	594.93	
三	联合试运转费			72.00	72.00	

续表 1-129

序号	工程或费用名称	建安工程费	设备购置费	独立费用	合计	占一至五部分投资比例(%)
四	生产准备费			253.13	253.13	
五	科研勘测设计费			2 069.21	2 069.21	
六	其他			132.74	132.74	
	一至五部分投资合计				33 628.07	
	基本预备费				1 681.40	
	静态投资				35 309.47	

5.2.3 编制工程概算总表

工程概算总表是由工程部分的总概算表与建设征地移民补偿、环境保护工程、水土保持工程的总概算表汇总并计算而成的。

表 1-130 中Ⅰ是工程部分投资总概算表,按项目划分的五部分填表并列示至一级项目;表中Ⅱ是建设征地移民补偿投资总概算表,列示至一级项目;表中Ⅲ是环境保护工程投资总概算表;表中Ⅳ是水土保持工程投资总概算表;表中Ⅴ包括 Ⅰ~Ⅳ项合计静态总投资、价差预备费、建设期融资利息、总投资。

工程部分投资可完全按上节已计算的工程部分总概算表;建设征地移民补偿投资由移民专业按《水利工程设计概(估)算编制规定》(建设征地移民补偿)编制提供,包括农村部分补偿费、城(集)镇部分补偿费、工业企业补偿费、专业项目补偿费、防护工程费、库底清理费、其他费用等一级项目;环境保护工程投资由环评专业按《水利工程环境保护设计概(估)算编制规定》编制提供;水土保持工程投资由水土保持专业按《水土保持工程概(估)算编制规定》编制提供;各专业提供的概算表均应对照工程设计方案进行审核后使用。价差预备费、建设期融资利息按前述方法进行计算。

本工程的工程概算总表的计算结果见表 1-130。

表 1-130 工程概算总表

单位:万元

序号	工程或费用名称	建安工程费	设备购置费	独立费用	合计
Ⅰ	工程部分投资				35 309.47
	第一部分 建筑工程	18 234.38			18 234.38
一	挡水工程	10 391.90			10 391.90
二	泄洪工程	2 833.77			2 833.77
三	引水工程	2 273.51			2 273.51

续表 1-130

序号	工程或费用名称	建安工程费	设备购置费	独立费用	合计
四	发电厂工程	1 607.45			1 607.45
五	升压变电站工程	88.44			88.44
六	交通工程	482.00			482.00
七	房屋建筑工程	385.36			385.36
八	其他工程	171.95			171.95
	第二部分　机电设备及安装工程	1 119.64	6 093.29		7 212.93
一	发电设备及安装工程	974.74	4 684.47		5 659.21
二	升压变电站设备及安装工程	46.64	508.10		554.74
三	公用设备及安装工程	98.26	900.72		998.98
	第三部分　金属结构设备及安装工程	725.15	1 009.25		1 734.40
一	泄洪工程	111.85	568.25		680.10
二	引水工程	613.30	441.00		1 054.30
	第四部分　施工临时工程	2 316.54			2 316.54
一	导流工程	661.57			661.57
二	施工交通工程	192.00			192.00
三	施工房屋建筑工程	792.31			792.31
四	其他施工临时工程	670.66			670.66
	第五部分　独立费用				4 129.82
一	建设管理费			1 007.81	1 007.81
二	工程建设监理费			594.93	594.93
三	联合试运转费			72.00	72.00
四	生产准备费			253.13	253.13
五	科研勘测设计费			2 069.21	2 069.21
六	其他			132.74	132.74
	一至五部分投资合计				33 628.07

续表 1-130

序号	工程或费用名称	建安 工程费	设备 购置费	独立 费用	合计
	基本预备费				1 681.40
	静态投资				35 309.47
Ⅱ	建设征地移民补偿投资				31 858.18
一	农村部分补偿费				22 593.98
二	城(集)镇部分补偿费				2 110.53
三	专业项目补偿费				3 177.81
四	库底清理费				160.15
五	其他费用				1 735.30
	一至五项小计				29 777.77
	预备费				1 488.89
	有关税费				591.52
Ⅲ	环境保护工程投资				259.23
Ⅳ	水土保持工程投资				811.63
Ⅴ	工程投资总计				80 319.43
	静态总投资(Ⅰ~Ⅳ合计)				68 238.51
	价差预备费				6 284.00
	建设期融资利息				5 796.92
	总投资				80 319.43

项目实训与思考

背景材料:该水库工程实际情况。

问题:对比分析工程部分总概算表与工程概算总表。

任务6 资金计划、工料分析

在水利工程项目建设过程中，工料分析与资金计划是工程实施计划的两大内容，对工程的实施与技术指标起到了很大的指导作用。

码1-51 微课：编制资金计划

任务6.1 编制资金计划

学习指导

知识目标：

1. 熟练掌握价差预备费及建设期融资利息计算；
2. 掌握分年度投资、资金流量表的编制方法及其对工程总概算计算的作用。

技能目标：

能对实际工程不同资金来源进行资金计划安排。

重 点：

编制分年度投资、资金流量表。

6.1.1 编制分年度投资

分年度投资是根据施工组织设计确定的施工进度和合理工期而计算出的工程各年度预计完成的投资额。它是计算资金流量的依据。

6.1.1.1 建筑工程

建筑工程分年度投资的编制应根据施工进度的安排，对主要工程按各单项工程分年度完成的工程量和相应的工程单价计算。对于次要的和其他工程可根据施工进度按各年度所完成投资的比例，摊入分年度投资表。

建筑工程分年度投资的编制可视不同情况按项目划分列示至一级项目或二级项目。

6.1.1.2 设备及安装工程

设备及安装工程分年度投资的编制应根据施工组织设计确定的设备安装进度计算各年预计完成的设备费和安装费。

6.1.1.3 独立费用

独立费用根据费用的性质、用途及费用发生的时段，按相应年度分别计算。建设管理费、工程建设监理费应在工程总工期内分摊计算；联合试运转费可在第一台机组发电前半年至工程竣工的时段内分摊计算；生产准备费可在主体工程开工至第一台机组发电或水库蓄水前的施工时段内分摊计算；科研勘测设计费可按工程总工期分摊，但都向前平移一个年度使用，其中第一个超前年度的投资计入第一个施工年度内。

本工程基本预备费费率为5%，物价上涨指数为6%，各年贷款比例为年投资额的65%，银行贷款利率为5.83%。其分年度投资见表1-131。

表 1-131　分年度投资表　　单位:万元

序号	项目	合计	建设工期(年)		
			1	2	3
Ⅰ	工程部分投资	35 309.47	9 962.88	17 705.58	7 641.01
一	建筑工程	20 550.92	7 335.08	9 040.19	4 175.65
1	建筑工程	18 234.38	5 761.72	8 570.62	3 902.04
	挡水工程	10 391.90	3 117.57	4 988.11	2 286.22
	泄洪工程	2 833.77	736.78	1 360.21	736.78
	引水工程	2 273.51	1 364.11	909.40	
	发电厂工程	1 607.45	417.94	771.58	417.93
	升压变电站工程	88.44		42.45	45.99
	交通工程	482.00	125.32	231.36	125.32
	房屋建筑工程	385.36		184.97	200.39
	其他工程	171.95		82.54	89.41
2	施工临时工程	2 316.54	1 573.36	469.57	273.61
	导流工程	661.57	562.33		99.24
	施工交通工程	192.00	163.20	28.80	
	施工房屋建筑工程	792.31	673.46	118.85	
	其他施工临时工程	670.66	174.37	321.92	174.37
二	安装工程	1 844.79		885.50	959.29
1	机电设备安装工程	1 119.64		537.43	582.21
	发电设备安装工程	974.74		467.88	506.86
	升压变电站设备安装工程	46.64		22.39	24.25
	公用设备安装工程	98.26		47.16	51.10
2	金属结构设备安装工程	725.15		348.07	377.08
	泄洪工程	111.85		53.69	58.16
	引水工程	613.30		294.38	318.92
三	设备购置费	7 102.54	1 065.38	5 326.91	710.25
1	机电设备	6 093.29	913.99	4 569.97	609.33
2	金属结构设备	1 009.25	151.39	756.94	100.92
四	独立费用	4 129.82	1 088.00	1 609.86	1 431.96
1	建设管理费	1 007.81	151.17	483.75	372.89
2	工程建设监理费	594.93	89.24	285.57	220.12

续表 1-131

序号	项目	合计	建设工期(年)		
			1	2	3
3	联合试运转费	72.00		34.56	37.44
4	生产准备费	253.13		121.50	131.63
5	科研勘测设计费	2 069.21	827.68	620.76	620.77
6	其他	132.74	19.91	63.72	49.11
	一至四项合计	33 628.07	9 488.46	16 862.46	7 277.15
	基本预备费	1 681.4	474.42	843.12	363.86
	静态投资	35 309.47	9 962.88	17 705.58	7 641.01
Ⅱ	建设征地移民补偿投资	31 858.18	31 858.18		
Ⅲ	环境保护工程投资	259.23	103.69	77.77	77.77
Ⅳ	水土保持工程投资	811.63	324.65	243.49	243.49
Ⅴ	工程投资总计	80 319.43	45 632.91	22 385.31	12 301.21
	静态总投资(Ⅰ~Ⅳ合计)	68 238.51	42 249.40	18 026.84	7 962.27
	价差预备费	6 284.00	2 534.96	2 228.12	1 520.92
	建设期融资利息	5 796.92	848.55	2 130.35	2 818.02
	总投资	80 319.43	45 632.91	22 385.31	12 301.21

以第一年为例,说明表中价差预备费、建设期融资利息数据的具体计算:

价差预备费:$42\ 249.40\times[(1+6\%)^{1}-1]=2\ 534.96$(万元)

建设期融资利息:

$[(42\ 249.40+2\ 534.96)\times65\%-0.5\times(42\ 249.40+2\ 534.96)\times65\%]\times5.83\%=848.55$(万元)

6.1.2　编制资金流量

资金流量是为满足工程项目在建设过程中各时段的资金需求,按工程建设所需资金投入时间计算的各年度使用的资金量。资金流量表的编制以分年度投资表为依据及格式进行编制,并按建筑及安装工程资金流量、永久设备购置费资金流量及独立费用资金流量三种不同类型来调整。

6.1.2.1　建筑及安装工程资金流量

(1)资金流量是在分年度投资的基础上,考虑预付款、预付款的扣回、保留金、保留金的偿还等编制出的分年度资金安排。

(2)预付款。预付款一般可划分为工程预付款和工程材料预付款两部分。

工程预付款。按划分的单个工程项目的建安工作量的10%~20%计算,工期在3年以内的工程全部安排在第一年,工期在 3 年以上的可安排在前两年。工程预付款的扣回,从完成建安工作量的 20%~30%扣回至预付款全部回收完毕。对于需要购置特殊施工机械设备或施工难度较大的项目,工程预付款可取大值,其他项目取中小值。

工程材料预付款。水利工程一般规模较大,所需材料的种类及数量较多,提前备料所需资金较大,因此可考虑向承包商支付一定数量的材料预付款。可按分年度投资中次年完成建安工作量的 20%在本年提前支付,并于次年扣回,依次类推,直至本项目竣工。

(3)保留金。水利工程的保留金,按建安工作量的 2.5%计算。在概算资金流量计算时,按分项工程分年度完成建安工作量的 5%扣留至该项工程全部建安工作量的 2.5%时终止(即完成建安工作量的 50%时),并将所扣的保留金 100%计入该项工程终止后一年(如该年已超出总工期,则此项保留金计入工程的最后一年)的资金流量表内。

6.1.2.2 永久设备购置费资金流量

永久设备购置费资金流量的计算,划分为主要设备和一般设备两种类型分别计算。

(1)主要设备的资金流量计算,按设备到货周期确定各年资金流量比例,具体比例见表 1-132。

表 1-132 主要设备资金流量比例

到货周期	年份					
	第 1 年	第 2 年	第 3 年	第 4 年	第 5 年	第 6 年
1 年	15%	75% *	10%			
2 年	15%	25%	50% *	10%		
3 年	15%	25%	10%	40% *	10%	
4 年	15%	25%	10%	10%	30% *	10%

注:1. 表中带 * 号的年份为设备到货年份;
2. 主要设备为水轮发电机组、大型水泵、大型电机、主阀、主变压器、桥机、门机、高压断路器或高压组合电器、金属结构闸门启闭设备等。

(2)其他设备资金流量的计算,按到货前一年预付 15%订金,到货年支付 85%的剩余价款。

6.1.2.3 独立费用资金流量

独立费用资金流量主要是勘测设计费的支付方式应考虑质量保证金的要求,其他项目均按分年度投资表中的资金安排计算。

(1)可行性研究和初步设计阶段勘测设计费按合理工期分年平均计算。

(2)技施阶段勘测设计费的 95%按合理工期分年平均计算,其余 5%的费用作为设计保证金计入最后一年的资金流量表内。

由于资金流量计算方法及表格格式同分年度投资表,只是考虑了预付款和保留金,因此在此不再列表。

项目实训与思考

背景材料:根据某枢纽工程资金流量表中给定的资金流量条件,并已知基本预备费费率为5%，物价指数6%，融资利率8%，融资比例70%。

问题：将表1-133中空白项填写完整。

表1-133 资金流量 单位：万元

项目	合计	建设工期(年)		
		1	2	3
一、建筑工程	15 300.00	5 150.00	8 100.00	2 050.00
二、安装工程	800.00	140.00	300.00	360.00
三、设备工程	100.00	10.00	50.00	40.00
四、独立费用	900.00	400.00	300.00	200.00
一至四部分合计	17 100.00	5 700.00	8 750.00	2 650.00
基本预备费				
静态总投资				
价差预备费				
建设期融资利息				
总投资				

任务6.2 工料分析

学习指导

知识目标：

掌握工时、主要材料用量并进行统计分析。

技能目标：

能对工程项目进行主要工程量汇总。

重　点：

编制工时、主要材料用量汇总表。

码1-52 微课：工料分析

工料分析就是对工程建设项目所需的人工及主要材料数量进行分析计算，进而统计出单位工程及分部分项工程所需的人工数量和主要材料用量。

进行工料分析的主要目的是为施工企业调配劳动力、做好备料及组织材料供应、合理安排施工及进行工程成本核算提供依据。工料分析是工程概算的一项基本内容，也是施工组织设计中安排施工进度不可缺少的重要工作。

6.2.1 主要工程量汇总

主要工程量汇总，是通过对建筑工程概算表、施工临时工程概算表中的土建工程项目按工程类别进行汇总,目前根据《编制规定》一般分为土石方明挖、石方洞挖、土石方填筑、混凝土、模板、钢筋、帷幕灌浆、固结灌浆等,表中统计的工程类别可根据工程实际情况调整。建议在实际操作中,将土石方明挖分为土方开挖、石方开挖,土石方填筑分为土方填筑、砂石垫层、干砌、浆砌,以便后面的工料分析。

主要工程量汇总表的表格格式见表 1-134。

表 1-134 主要工程量汇总表

序号	项目	土石方明挖 (m^3)	石方洞挖 (m^3)	土石方填筑 (m^3)	混凝土 (m^3)	模板 (m^2)	钢筋 (t)	帷幕灌浆 (m)	固结灌浆 (m)

6.2.2 工料分析计算

主要材料一般包括钢筋、木材、水泥、汽油、柴油、炸药、粉煤灰、沥青、砂石料等,表中统计的主要材料种类可根据工程实际情况调整。

工料分析计算就是按照概算项目内容中所列的工程数量乘以相应单价中所需的定额人工数量及定额材料用量,计算出每一工程项目所需的工时、材料用量,然后按照概算编制的步骤逐级向上合并汇总。工时、主要材料计算表格见表 1-135、表 1-136。

表 1-135 工时数量汇总

序号	项目	工时数量	备注

表 1-136 主要材料量汇总

序号	项目	水泥 (t)	钢筋 (t)	钢材 (t)	木材 (m^2)	炸药 (t)	沥青 (t)	粉煤灰 (t)	汽油 (t)	柴油 (t)

计算步骤及填写说明如下:

(1)填写工程项目及工程数量,按照概算项目分级顺序逐项填写表格中的工程项目名称及工程数量,对应填写所采用的单价编号。工程项目的填写范围为枢纽工程(主体建筑物)和施工导流工程。

(2)填写单位定额用工、材料用量,按照各工程项目对应的单价编号,查找该单价所需的单位定额用工数量及单位定额材料用量、单位定额机械台时用量,逐项填写。对于汽油、柴油用量计算,除填写单位定额机械台时用量外,还要填写不同施工机械的台时用油数量(查施工机械台时费定额)。计算单位定额用工数量时要注意考虑施工机械的用工数量,不能漏算。

(3)计算工时及材料数量。表中的定额用量是指单位定额用量,工时用量及水泥、钢筋、钢材、木材、炸药、粉煤灰、沥青等材料用量，按照单位定额工时、材料用量分别乘以本项工程数量即得本工程项目工时及材料合计数量；汽油、柴油材料用量，按照单位定额台时用量乘以台时耗油量，再乘以本项工程数量，即得本项汽油、柴油合计用量。

(4)按照上述第(3)项计算方法逐项计算，再逐项向上合并汇总，即得所需计算的工时、材料用量。

(5)按照概算表格要求填写主体工程工时数量汇总表及主体工程主要材料量汇总表。

项目实训与思考

背景材料：本工程的建筑工程概算表中的隧洞衬砌C20混凝土项目。

问题：计算其砂、人工的用量。

任务7 编写编制说明及整理文件

学习指导

知识目标：

1. 掌握概算文件的组成内容；
2. 掌握编制说明的编写方法和要求。

技能目标：

能对实际工程编制说明及整理文件。

重 点：

编写编制说明。

码1-53 竞赛真题

概算文件由概算正件(编制说明、工程概算总表、工程部分概算表、概算附表)、概算附件、投资对比分析报告组成，在概算表格计算完成后，应按组成内容进行目录的编制。

7.0.1 概算正件

7.0.1.1 编制说明

1. 工程概况

流域、河系、兴建地点、工程规模、工程效益、工程布置型式、主体建筑工程量、主要材料用量、施工总工期等。

2. 投资主要指标

工程总投资和静态总投资、年度价格指数、基本预备费率、建设期融资额度、利率和利息等。

3. 编制原则和依据

(1)概算编制原则和依据。

(2)人工预算单价,主要材料,施工用电、水、风,砂石料等基础单价的计算依据。

(3)主要设备价格的编制依据。

(4)建筑安装工程定额、施工机械台时费定额和有关指标的采用依据。

(5)费用计算标准及依据。

(6)工程资金筹措方案。

4. 概算编制中其他应说明的问题

此处内容省略。

5. 主要技术经济指标表

此处内容省略。

7.0.1.2 工程概算总表

工程概算总表应汇总工程部分、建设征地移民补偿、环境保护工程、水土保持工程等总概算表。

7.0.1.3 工程部分概算表

1. 概算表

(1)工程部分总概算表。

(2)建筑工程概算表。

(3)机电设备及安装工程概算表。

(4)金属结构设备及安装工程概算表。

(5)施工临时工程概算表。

(6)独立费用概算表。

(7)分年度投资表。

(8)资金流量表(枢纽工程)。

2. 概算附表

(1)建筑工程单价汇总表。

(2)安装工程单价汇总表。

(3)主要材料预算价格汇总表。

(4)次要材料预算价格汇总表。

(5)施工机械台时费汇总表。

(6)主要工程量汇总表。

(7)主要材料量汇总表。

(8)工时数量汇总表。

7.0.2 概算附件

概算附件由以下部分组成:

(1)人工预算单价计算表。

(2)主要材料运输费用计算表。

(3)主要材料预算价格计算表。

(4)施工用电价格计算书(附计算说明)。

(5)施工用水价格计算书(附计算说明)。
(6)施工用风价格计算书(附计算说明)。
(7)补充定额计算书(附计算说明)。
(8)补充施工机械台时费计算书(附计算说明)。
(9)砂石料单价计算书(附计算说明)。
(10)混凝土材料单价计算表。
(11)建筑工程单价表。
(12)安装工程单价表。
(13)主要设备运杂费费率计算书(附计算说明)。
(14)施工房屋建筑工程投资计算书(附计算说明)。
(15)独立费用计算书(勘测设计费可另附计算书)。
(16)分年度投资计算表。
(17)资金流量计算表。
(18)价差预备费计算表。
(19)建设期融资利息计算书(附计算说明)。
(20)计算人工、材料、设备预算价格和费用依据的有关文件、询价报价资料及其他。

7.0.3 投资对比分析报告

应从价格变动、项目及工程量调整、国家政策性变化等方面进行详细分析,说明初步设计阶段与可行性研究阶段(或可行性研究阶段与项目建议书阶段)相比较的投资变化原因和结论,编写投资对比分析报告。工程部分报告应包括以下附表:
(1)总投资对比表。
(2)主要工程量对比表。
(3)主要材料和设备价格对比表。
(4)其他相关表格。

投资对比分析报告应汇总工程部分、建设征地移民补偿、环境保护、水土保持各部分对比分析内容。

说明:
(1)设计概算报告(正件)、投资对比分析报告可单独成册,也可作为初步设计报告(设计概算章节)的相关内容。
(2)设计概算附件宜单独成册,并应随初步设计文件报审。

项目实训与思考

1. 背景材料:已完成的概算表格。

问题:链接完成建筑工程单价汇总表、安装工程单价汇总表、主要材料预算价格汇总表、施工机械台时费汇总表。

2. 背景材料:已完成的概算表格。

问题:完成编制说明的编写。

思政故事

三峡工程　大国重器

三峡水利枢纽工程位于长江西陵峡段,坝址控制流域面积 100 万 km^2,总库容 393 亿 m^3(防洪库容 221.5 亿 m^3),电站装机总容量 2 240 万 kWh,枢纽建筑物主要由混凝土重力坝、电站厂房、船闸及升船机组成。

工程于 1994 年动工,历时 17 年分三期建成,动态总投资 2 485 亿元,建设期间突破多项水利难题。"人造江底、江水变浅"预平抛垫底截流方案,跻身当年世界十大科技成就之列;破解二期围堰防渗墙世界级难题、双线五级船闸高边坡开挖稳定问题;创新混凝土温控防裂技术;自主研制 70 万 kW 水轮机组,终结国外技术垄断等,实现水利工程从技术引进到自主创新的跨越式发展。

工程建成后,年发电量超 1 000 亿 kWh,占全国水电发电量的 10%;改善长江航运条件,使运输成本降低 35%~37%;精准防洪抗旱调度,同时兼顾旅游效益,是一座集防洪、发电、航运、水资源利用等为一体超级民生工程。

精神图谱

三峡工程以 2 485 亿元动态投资统筹国家战略资源,彰显我国"集中力量办大事"的制度优势,同时需统筹经济性与公益性。破解世界级难题、自主研制水轮机组等,凝聚着水利人攻坚克难、自主创新的精神品格,为世界贡献中国方案,更激励新时代建设者赓续"担当、科学、创新"的水利精神。

项目 2　水利工程预算编制

学习指导

知识目标：

1. 掌握预算的内容与编制依据；

2. 掌握预算与概算的关系；

3. 掌握施工图预算编制。

技能目标：

在对实际工程概算的基础上,合理编制预算并进行合理性分析。

重　点：

在概算文件基础上编制预算文件。

施工图预算是指在施工图(技施)设计阶段,设计单位根据施工图设计文件、施工组织设计、国家颁布的预算定额及有关费用标准、工程量计算规则、基础单价、国家及地方有关规定等进行的预算,施工图预算又称设计预算。水利工程预算的编制方法基本与概算编制相同,施工图预算应在已批准的设计概算控制下进行编制。

任务 1　预算的内容与编制依据

码 2-1　微课:预算的内容与编制依据

2.1.1　预算的作用

(1)施工图预算是确定单位工程项目造价的依据。

预算比主要起控制造价作用的概算更为详细和具体,因而可以起到确定造价的作用。如果施工图预算超过了设计概算,应由建设单位会同设计部门报请上级主管部门核准,并对原设计概算进行修改。

(2)施工图预算是签订工程承包合同,实行投资包干和办理工程价款结算的依据。

因预算确定的投资较概算准确,故对于不进行招投标的特殊或紧急的工程项目等,常采用预算包干。按照规定程序,经过工程量增减、价差调整后的预算可作为结算依据。

(3)施工图预算是施工企业内部进行经济核算和考核工程成本的依据。

施工图预算确定的工程造价是工程项目的预算成本,其与实际成本的差额即为施工利润,是企业利润总额的主要组成部分。这就促使施工企业必须加强经济核算,提高经济管理水平,以降低成本,提高经济效益。

(4)施工图预算是进一步考核设计经济合理性的依据。

施工图预算的成果,因其更详尽和切合实际,可以进一步考核设计方案的技术先进性和经济合理程度。施工图预算也是编制固定资产的依据。

2.1.2 预算的内容和编制依据

2.1.2.1 施工图预算的内容

施工图预算有单位工程预算、单项工程预算和建设项目总预算。单位工程预算是根据施工图设计文件、现行预算定额、单位估价表、费用标准以及人工、材料、机械台时(班)等预算价格资料,按一定方法编制的单位工程的施工图预算,然后汇总所有各单位工程施工图预算,成为单项工程施工图预算,再汇总所有单项工程施工图预算,便是一个建设项目建筑安装工程的总预算。

施工图预算的内容与初步设计概算中工程部分的内容在组成上基本相同。

2.1.2.2 施工图预算的编制依据

(1)施工图纸及说明书和标准图集。经审定的施工图纸、说明书和标准图集,完整地反映了工程的具体内容、各部分的具体做法、结构尺寸、技术特征以及施工方法,是编制施工图预算的重要依据。

(2)现行预算定额及编制办法。它是编制施工图预算确定分项工程子目、计算工程量、计算工程单价的主要依据。对于大型水利项目和报送水利部、流域机构审批的中型水利项目执行水利部水总〔2014〕429 号文颁发的《水利工程设计概(估)算编制规定》、水总〔2002〕116 号文颁发的《水利建筑工程预算定额》、《水利工程施工机械台时费定额》、水总〔2005〕389 号文颁发的《水利工程概预算补充定额》、水建管〔1999〕523 号文颁发的《水利水电设备安装工程预算定额》、水建〔1993〕63 号文颁发的《中小型水利水电安装工程预算定额》;对于其他水利项目,执行省编规及配套定额。

(3)施工组织设计或施工方案。因为施工组织设计或施工方案中包括了与编制施工图预算必不可少的有关资料,如建设地点的土质、地质情况、土石方开挖的施工方法及余土外运方式与运距、施工机械使用情况、重要或特殊机械设备的安装方案等。

(4)人工、材料、机械台时(班)预算价格及调价规定。人工、材料、机械台时(班)预算价格是预算定额的三要素,是构成直接工程费的主要因素。尤其是材料费在工程成本中占的比重大,而且在市场经济条件下,人工、材料、机械台时(班)的价格是随市场而变化的。为使预算造价尽可能接近实际,国家和地方主管部门对此都有明确的调价规定。因此,合理确定人工、材料、机械台时(班)预算价格及其调价规定是编制施工图预算的重要依据。

(5)国家、水利部颁发的其他造价有关文件和政策。

(6)有关预算的手册及工具书。预算工作手册和工具书包括了计算各种结构面积和体积的公式,钢材、木材等各种材料规格、型号及用量数据,各种单位的换算比例等,这些资料是常用的。

任务 2 预算与概算的关系

建设项目概预算中的设计概算和施工图预算,在编制年度基本建设计划、确定工程造价、评价设计方案、签订工程合同,建设银行据以进行拨款、贷款和竣工结算等方面有着共同的作用,都是业主对基本建设进行科学管理和监督的有效手段,在编制方法上也有相似之处。但由于二者的编制时间、依据和要求不同,它们还是有区别的,具体表现在以下几个方面。

码 2-2 微课:预算与概算的关系

2.2.1 编制范围不同

设计概算包括建设项目从筹建开始至全部项目竣工和交付使用为止的全部建设费用。施工图预算包括建筑工程预算、设备及安装工程预算、施工临时工程预算、独立费用预算等。建设项目的设计概算除包括施工图预算的内容外,还应包括移民和环境部分的费用。

2.2.2 编制阶段不同

建设项目设计概算的编制,是在初步设计阶段进行的,完整地反映整个建设项目所需要的投资。施工图预算是在施工图设计完成后,由设计单位通常以单位工程为单位编制的,各单项工程单独成册,最后汇总成总预算。

2.2.3 编制的主要作用和审批过程不同

设计概算是初步设计文件的组成部分,由有关主管部门审批,作为建设项目立项和正式列入年度基本建设计划的依据。只有在初步设计图纸和设计概算经审批同意后,施工图设计才能开始,因此它是控制施工图设计和预算总额的依据。施工图预算是先报建设单位初审,再送上级行业主管部门及财政部门审查认定,可作为拨付工程价款的依据。

2.2.4 编制方法不同

施工图是工程实施的蓝图,建筑物的细部结构构造、尺寸,设备及装置性材料的型号、规格都已明确,所以据此编制的施工图预算,较概算编制要精细。编制方法上的不同之处主要有以下几点。

2.2.4.1 主体工程

施工图预算与概算都采用工程量乘单价的方法计算投资,但深度不同。设计概算根据概算定额和初步设计工程量编制,其三级项目经综合扩大,概括性强,而预算则依据预算定额和施工图设计工程量编制,其三级项目较为详细。如概算的闸、坝工程,一般只套用定额中的综合项目计算其综合单价;而施工图预算根据预算定额中按各部位划分更为详细的三级项目(如水闸工程的底板、垫层、铺盖、闸墩、胸墙等),分别计算单价。

2.2.4.2 非主体工程

概算中的非主体工程以及主体中的细部结构工程采用综合指标(如道路以元/km计)或百分率乘二级项目工程量的方法估算投资;而预算则均要求按三级项目工程量乘工程单价的方法计算投资。

2.2.4.3 造价文件的结构

概算是初步设计报告的组成部分,于初步设计阶段一次完成,完整地反映整个建设项目所需要的投资。由于施工图设计大多以满足施工为前提,设计更详细 ,需视工程实际情况来定。对于中小型工程,一般也一次性完成预算编制;但对于大工程,其工作量大、历时长,施工图为陆续出图,施工图预算通常以单项工程为单位,陆续编制,各单项工程单独成册,最后汇总成总预算。

项目实训与思考

背景材料:根据(技施)设计图纸、工程量计算规定及预算定额子目,将概算工程量核定为预算工程量,并以该水库工程的基础单价为基础。

问题:编制该工程的施工图预算文件。

思政故事

都江堰治水智慧

战国时期李冰父子主持建造的都江堰,以"无坝引水"为核心,由鱼嘴、飞沙堰、宝瓶口三大工程构成。其"乘势利导、因时制宜"的生态智慧,通过弯道环流实现"四六分洪、二八排沙",以竹笼杩槎技术破解截流难题,用火烧水浇法开凿玉垒山,创造了两千多年持续灌溉千万亩良田、护卫成都平原防洪安澜的奇迹。工程蕴含"深淘滩、低作堰"等科学管护思想,形成古代水利可持续治理范本。

精神图谱

天人合一的生态观:顺应自然规律,实现人水和谐,为当代生态文明提供历史智慧。实践创新的工匠精神:因地制宜的技术突破展现中华民族的科技创造力。系统治理的哲学思维:分水排沙体系彰显整体性、协同性治水方略。功在千秋的担当意识:岁修制度与千年效益,诠释"利民之事,丝发必兴"的治理初心。文化自信的活态载体:世界最古老水利工程持续运行,印证中华文明的持久生命力与当代价值。

项目3　水利工程估算编制

学习指导

知识目标：

1. 掌握估算的内容与编制依据；
2. 掌握估算与概算的关系。

技能目标：

能够在项目建设前期规划阶段合理编制工程估算。

重　点：

在概算文件基础上编制估算文件。

投资估算是指在项目建议书阶段、可行性研究阶段，按照国家和主管部门规定的编制方法，依据估算指标、各项取费标准，现行的人工、材料、设备价格，以及工程具体条件编制的技术经济文件。

投资估算是可行性研究报告的重要组成部分，是建设项目进行经济评价及投资决策的依据，是基本建设前期工作的关键性环节。其准确性将直接影响国家或业主对项目选定的决策。投资估算对建设项目总造价起控制作用，可行性研究报告一经批准，其投资估算就成为该建设项目初步设计概算静态总投资的最高限额，不得任意突破。

任务1　估算的内容与编制依据

码 3-1　微课：估算的内容与编制依据

3.1.1　估算的作用

由于投资决策过程可进一步划分为规划阶段、项目建议书阶段、可行性研究阶段、编制设计任务书等四个阶段，所以投资估算工作也相应分为四个阶段。不同阶段所具备的条件和掌握的资料不同，投资估算的准确程度不同，进而每个阶段投资估算所起的作用也不同。总的来说，投资估算是前期各个阶段工作中，作为论证拟建项目是否经济合理的重要文件。它具有下列作用：

（1）投资估算是国家决定拟建项目是否继续进行研究的依据。

规划阶段的投资估算，是国家根据国民经济和社会发展的要求，制定区域性、行业性发展规划阶段编制的经济文件。投资估算作为一项参考的经济指标，是国家决策部门判断拟建项目是否继续进行研究的依据之一。

（2）投资估算是国家审批项目建议书的依据。

项目建议书阶段的投资估算，是国家决策部门审批项目建议书的依据之一。项目建议书阶段的估算,作为决策过程中的一项参考性经济文件,可用来判断拟建项目在经济上是否列入经济建设的长远规划、基本建设前期工作计划。

(3)投资估算是国家批准设计任务书的重要依据。

可行性研究的投资估算,是研究分析拟建项目经济效果和各级主管部门决定立项的重要依据。因此,它是决策性质的经济文件。可行性研究报告被批准后,投资估算就作为控制设计任务书下达的投资限额,对初步设计概算编制起控制作用,也可作为筹集资金和向银行贷款的依据。

(4)投资估算是国家编制中长期规划、保持合理比例和投资结构的重要依据。

拟建项目的投资,是编制固定资产长远投资规划和制订国民经济中长期发展计划的重要依据。根据各个拟建项目的投资估算,可以准确核算国民经济的固定资产投资需要量,确定国民经济积累的合理比例,保持适度的投资规模和合理的投资结构。

3.1.2 估算文件的内容和编制依据

3.1.2.1 投资估算文件的内容

投资估算与初步设计概算在组成内容、项目划分和费用构成上基本相同,但两者设计深度不同,投资估算可根据《水利水电工程项目建议书编制规程》或《水利水电工程可行性研究报告编制规程》的有关规定,对初步设计概算编制规定中部分内容进行适当简化、合并或调整。

3.1.2.2 投资估算的编制依据

投资估算编制的主要依据有:

(1)经批准的项目建议书投资估算文件。

(2)水利部《水利水电工程可行性研究报告编制规程》(SL 618—2013)。

(3)水利部《水利工程设计概(估)算编制规定》(水总〔2014〕429 号)。

(4)可行性研究报告提供的工程规模、工程等级、主要工程项目的工程量等资料。

(5)现行水利水电工程投资估算指标、概算指标、概算定额。

(6)建设项目中的有关资金筹措的方式、实施计划、贷款利息、对建设投资的要求等。

(7)工程所在地的人工工资标准、材料供应价格、运输条件、运费标准及地方性材料储备量等资料。

(8)当地政府有关征地、拆迁、补偿标准等文件或通知。

(9)编制可行性研究报告的委托书、合同或协议。

任务 2 估算与概算的关系

码 3-2 微课:估算与概算的关系

投资估算与设计概算在组成内容、项目划分和费用构成上基本相同,由于初步设计阶段对建筑物的布置、结构形式、主要尺寸以及机电设备型号、规格等均已确定,所以设计概算不得突破投资估算,两者的不同之处具体表现在以下几个方面。

3.2.1 编制阶段不同

投资估算是在项目建议书和可行性研究阶段编制的。设计概算是在初步设计阶段，设计单位为确定拟建基本建设项目所需的投资额或费用而编制的。

3.2.2 编制依据不同

投资估算是依据估算指标和类似工程的有关资料编制的。设计概算是依据国家发布的有关法律、法规、批准的可行性研究报告及投资估算，现行概算定额或概算指标，费用定额，设计图，有关部门发布的人工、设备、材料价格指数等资料编制的。如采用概算定额编制估算单价，要考虑10%的扩大系数。

3.2.3 编制范围不同

投资估算是建设工程造价的预测，它考虑工程建设期间多种可能的需要、风险、价格上涨等因素，是工程投资的最高限额。设计概算包括建设项目从筹建开始至全部项目竣工和交付使用前的全部建设费用。

3.2.4 编制的主要作用和审批过程不同

投资估算是决策、筹资和控制造价的主要依据，它由国家或主管部门审批。设计概算是初步设计文件的组成部分，由有关主管部门审批，作为建设项目立项和正式列入年度基本建设计划的依据。

3.2.5 编制方法不同

水利水电工程中的主体建筑工程采用与概算相同的项目划分，并以工程量乘以工程单价的方法计算其投资。在编制投资估算时，厂坝区动力线路工程、厂坝区照明线路及设施工程、通信线路工程、供水工程、供热工程、排水及绿化工程、环保工程、水情测报系统工程、建筑内部观测工程等很难提出具体的工程数量，按主体建筑工程投资的百分率来粗略计算；止水、伸缩缝、灌浆管、通气管、消防、栏杆、坝顶、路面、照明、爬梯、建筑装修及其他细部结构等采用综合指标来计算。

主要机电设备及安装工程基本与概算相同。其他机电设备及安装工程可根据装机规模按占主要机电设备费的百分率或单位千瓦指标计算。

3.2.6 留取的余度不同

由于可行性研究的设计深度较初步设计浅，对有些问题的研究还未深化，为了避免估算总投资失控，故编制估算所留的余地较概算要大。主要表现在：估算的工程量阶段系数值较初设概算要大；基本预备费率，估算采用的费率要大。

任务3　估算的编制方法及计算标准

码 3-3　微课:估算的编制方法及计算标准

投资估算的编制,应同初步设计概算一样,首先判断项目的大小及其来源,采取相应的编制规定及配套定额,对于大型水利项目和报送水利部、流域机构审批的中型水利项目执行水利部水总〔2014〕429 号文颁发的《水利工程设计概(估)算编制规定》及配套的水利部定额。

3.3.1　基础单价

基础单价编制与设计概算相同。

3.3.2　建筑、安装工程单价

建筑、安装工程单价编制与设计概算相同,一般采用概算定额,但考虑投资估算工作深度和精度,应乘以扩大系数。扩大系数见表 3-1。

表 3-1　建筑、安装工程单价扩大系数

序号	工程类别	单价扩大系数(%)
一	建筑工程	
1	土方工程	10
2	石方工程	10
3	砂石备料工程(自采)	0
4	模板工程	5
5	混凝土浇筑工程	10
6	钢筋制安工程	5
7	钻孔灌浆及锚固工程	10
8	疏浚工程	10
9	掘进机施工隧洞工程	10
10	其他工程	10
二	机电、金属结构设备及安装工程	
1	水力机械设备、通信设备、起重设备及闸门等设备安装工程	10
2	电气设备、变电站设备安装工程及钢管制作安装工程	10

3.3.3　分部工程估算编制

(1)建筑工程。主体建筑工程、交通工程、房屋建筑工程编制方法与设计概算基本相同。主体建筑工程采用工程量乘以相应的投资估算单价;其他建筑工程可视工程具体情况和规模按主体建筑工程投资的 3%~5%计算。

(2)机电设备及安装工程。主要机电设备及安装工程编制方法基本与概算相同。其他机电设备及安装工程原则上根据工程项目计算投资,若设计深度不满足要求,可根据装机规模,按占主要机电设备费的百分率或单位千瓦指标计算。

(3)金属结构设备及安装工程。编制方法基本与概算相同。

(4)施工临时工程。编制方法及计算标准与概算相同。

(5)独立费用。编制方法及计算标准与概算相同。

3.3.4 分年度投资及资金流量

由于可行性研究阶段的工作深度较浅，投资估算仅计算分年度投资而不计算资金流量。

3.3.5 预备费、建设期融资利息、静态总投资和总投资

(1)预备费分为基本预备费和价差预备费。基本预备费以上述5项费用之和为基数计算，基本预备费费率在可行性研究阶段取10%～12%，在项目建议书阶段取15%～18%。价差预备费根据施工年限及预测的物价指数计算，和初步设计概算相同。

(2)建设期融资利息，应根据分年度投资计划计算复利。

(3)静态总投资和总投资的计算方法与设计概算编制方法相同。

项目实训与思考

背景材料：根据工程量计算规定，将概算工程量转换为估算工程量，并以该水库工程的基础单价为基础。

问题：编制该工程的可行性研究估算文件。

思政故事

世纪水脉的东方答卷

南水北调工程历时数十年规划建设，跨越长江、黄河、淮河、海河四大流域，以“四横三纵”骨干水网改写中国水资源格局。东线依托古运河升级泵站群“攀越”黄河，中线穿黄隧洞深埋地下60 m破解地质难题，西线筹划高原调水守护战略水源。工程以“节水优先、精准调度”为核心，实施丹江口水库移民搬迁43万人，构建水质监测“天眼”系统保障一泓清水北上，年均调水超500亿m^3，惠及1.5亿人，复苏华北地下水、回补白洋淀生态。从“人工天河”到智慧输水，从“南北共饮”到河湖复苏，书写了当代治水的史诗。

精神图谱

南水北调以“全国一盘棋”的系统思维重塑水脉国运，彰显中国共产党集中力量办大事的制度优势；以穿黄盾构、智能监测等自主创新突破展现科技强国担当；以“先治污后通水”“移民稳迁安”践行人民至上理念，诠释“江山就是人民”的执政初心；以跨流域生态修复与长效管护探索人水共生新路径，为全球水资源治理贡献中国智慧，激活新时代生态文明建设的文化自信与历史自觉。

项目4 水利工程工程量清单编制

学习指导

知识目标：

1. 掌握水利工程工程量清单编制；
2. 掌握水利工程工程量清单计价编制。

技能目标：

1. 能够完成水利工程工程量清单编制；
2. 能编制符合招标投标要求的完整工程量清单及计价文件。

重　点：

工程量清单及计价文件的编制。

水利工程招标投标、施工及竣工验收阶段为市场行为，在计量计价过程中均执行《水利工程工程量清单计价规范》(GB 50501—2007)(以下简称《计价规范》)。推行该规范，统一水利工程工程量清单的编制和计价方法，对规范水利工程招标投标的工程量清单编制与计价行为，规范合同价款的确定与调整，以及工程价款的结算，健全和维护水利建设市场竞争秩序具有重要意义。

招标标底及投标报价编制，均执行该计价规范。

任务1 工程量清单编制

工程量清单是由建设工程招标人发出的，对招标工程的全部项目，按统一的项目编码、工程量计算规则、项目划分和计量单位计算出的工程数量列出的表格。

码4-1 微课：工程量清单编制　　码4-2 竞赛真题

工程量清单可以由招标人自行编制，也可以由其委托有相应资质的招标代理机构或咨询单位编制。工程量清单是招标文件的重要组成部分，具有强制性、实用性、竞争性等特点。

工程量清单由招标人统一提供，避免了由于计算不准确、项目不一致等人为因素造成的不公正影响，创造了一个公平的竞争环境。工程量清单是计价和询标、评标的基础，无论是标底的编制还是企业投标报价,都必须以工程量清单为基础进行,同样也为今后的招标、评标奠定了基础。工程量清单为施工过程中的进度款支付、办理工程结算及工程索赔提供了依据。设有标底价格的招标工程,招标人利用工程量清单编制标底价格,供评标时参考。

4.1.1 工程量清单编制的原则与依据

4.1.1.1 工程量清单编制的原则

(1)遵循市场经济活动的基本原则,即客观、公正、公平。工程量清单的编制要实事求是,不弄虚作假,招标要机会均等,一律公平地对待所有投标人。

(2)符合该计价规范的原则。清单分项类别、分项名称、分项编码、计量单位、主要技术条款编码、特征或工作内容备注等,都必须符合计价规范的规定和要求。

(3)符合工程量实物分项与描述准确的原则。工程量清单是传达招标人要求,便于投标人响应和完成招标工程实体、工程任务目标及相应分项工程数量,全面反映投标报价要求的直接依据。能否编制出完整、严谨、准确的工程量清单,是招标成败的关键。因此,招标人向投标人所提供的清单,必须与设计的施工图纸相符合,能充分体现设计意图,充分反映施工现场的实际施工条件,为投标人合理报价创造有利的条件。

(4)工作认真、审慎的原则。应当认真理解计价规范、相关政策法规、工程量计算规则、施工图纸、工程地质与水文资料和相关的技术资料等。熟悉施工现场情况,注重现场施工条件分析。对初定的工程量清单的各个分项,按有关的规定进行认真核对、审核,避免错漏项、少算或多算工程数量等现象发生,对措施项目与其他措施工程量项目清单也应当认真反复核实,最大限度地减少人为因素的错误发生。重要的问题在于,不留缺口,防止日后追加工程投资,增加工程造价。

4.1.1.2 工程量清单的编制依据

工程量清单的编制,主要是以计价规范、预算定额、设计文件(含设计报告、设计图集、设计概预算书)、招标文件及技术条款、有关的工程施工规范与工程验收规范、相关的法律、法规及本地区相关的计价条例等为依据的。

4.1.2 工程量清单编制的程序与步骤

工程量清单编制的内容,应包括分类分项工程量清单、措施项目清单、其他项目清单,且必须严格按照《计价规范》规定的计价规则和标准格式进行。在编制工程量清单时,应根据规范和招标图纸及其他有关要求对清单项目进行准确详细的描述,以保证投标企业正确理解各清单项目的内容,合理报价。

工程量清单编制的程序与步骤为:

(1)收集、熟悉有关资料文件,分析图纸,确定清单分项。

(2)按分项及计算规则计算清单工程量,编制分类分项工程量清单、措施项目清单和其他项目清单。

(3)按规范格式整理工程量清单,并提供工程量清单规范格式。

4.1.3 工程量清单的编制

4.1.3.1 收集并熟悉有关资料文件，分析图纸，确定清单分项

收集设计文件（含设计报告、设计图集、设计概预算书）、招标文件初稿及技术条款、本地区相关的计价条例及造价信息，了解工程项目现场施工条件及业主的指导性意见等。分析设计图纸确定清单分项。

工程量清单应由分类分项工程量清单、措施项目清单、其他项目清单和零星工作项目清单四部分组成。

4.1.3.2 按分项及计算规则计算清单工程量，编制分类分项工程量清单、措施项目清单和其他项目清单等

根据设计文件及工程项目实际情况，依据计价规范、预算定额对原设计的五部分工程量进行重新计算并认真核对、审核，避免错漏项、少算或多算工程数量等现象发生。

1.分类分项工程量清单

分类分项工程量清单应包括序号、项目编码、项目名称、计量单位、工程数量、主要技术条款编码和备注，根据《规范计价》附录 A 和附录 B 规定的项目编码、项目名称、项目主要特征、计量单位、工程量计算规则、主要工作内容和一般适用范围进行编制。主要满足以下要求：一是通过序号正确反映招标项目的各层次项目划分；二是通过项目编码严格约束各分类分项工程项目的主要特征、主要工作内容、适用范围和计量单位；三是通过工程量计算规则，明确招标项目计列的工程数量一律为有效工程量，施工过程中一切非有效工程量发生的费用均应摊入有效工程量的工程单价中，防止和杜绝以往工程价款结算由于工程量计量不规范而引发的合同变更和索赔纠纷；四是应列明完成该分类分项工程项目应执行的相应主要技术条款，以确保施工质量符合国家标准；五是除上述要求以外的一些特殊因素，可在备注栏中予以说明。

项目编码：采用十二位阿拉伯数字表示（由左至右计位）。一至九位为统一编码，其中，一、二位为水利工程顺序码（50），三、四位为专业工程顺序码（建筑工程为 01，安装工程为 02），五、六位为分类工程顺序码（按工程分类进行编码，建筑工程分为 14 节 130 个子目，安装工程分为 3 节 56 个子目），七、八、九位为分项工程顺序码，十至十二位为清单项目名称顺序码。一至九位按本规范附录 A 和附录 B 的规定设置，不得变动；十至十二位根据招标工程的工程量清单项目名称由编制人设置，自 001 起顺序编码。

当缺某分类分项工程时，九位编码数会间断不连续，当在不同部位有相同分类分项工程时，则会重复出现相同的前九位编码；同一分类分项工程为了区分不同的部位、质量、材料、规格等，会划分出多个清单项目，无论这些清单项目编排位置相隔多远，都要在相同的前九位编码之后，十至十二位按清单项目出现的先后次序，自 001 起不间断、不重复、不颠倒的顺序编制十至十二位自编码；不同分类工程中的不同分项工程子目应按照主次原则或实际需要在工程量清单中以主要分类分项工程列项计价，次要分类分项工程的费用摊入到主要分类分项工程有效工程量的单价中。

项目名称：应按本规范附录 A 和附录 B 的项目名称及招标项目规模和范围，参照行业有关规定，并结合工程实际情况设置，分类分项工程量清单项目见表 4-1。若出现本规

范附录 A、附录 B 中未包括的项目，编制人可作补充。

表 4-1 分类分项工程量清单项目

节数	子目		备注
	项目编码	项目名称	
土方开挖工程（编码 500101）	500101001×××	场地平整	
	500101002×××	一般土方开挖	
	500101003×××	渠道土方开挖	
	500101004×××	沟、槽土方开挖	
	500101005×××	坑土方开挖	
	500101006×××	砂砾石开挖	
	500101007×××	平洞土方开挖	
	500101008×××	斜洞土方开挖	
	500101009×××	竖井土方开挖	
	500101010×××	其他土方开挖	
石方开挖工程（编码 500102）	500102001×××	一般石方开挖	
	500102002×××	坡面石方开挖	
	500102003×××	渠道石方开挖	
	500102004×××	沟、槽石方开挖	
	500102005×××	坑石方开挖	
	500102006×××	保护层石方开挖	
	500102007×××	平洞石方开挖	
	500102008×××	斜洞石方开挖	
	500102009×××	竖井石方开挖	
	500102010×××	洞室石方开挖	
	500102011×××	窑洞石方开挖	
	500102012×××	预裂爆破	
	500102013×××	其他石方开挖	

续表 4-1

节数	子目		备注
	项目编码	项目名称	
土石方填筑工程（编码 500103）	500103001×××	一般土方填筑	
	500103002×××	黏土料填筑	
	500103003×××	人工掺合料填筑	
	500103004×××	防渗风化料填筑	
	500103005×××	反滤料填筑	
	500103006×××	过渡层料填筑	
	500103007×××	垫层料填筑	
	500103008×××	堆石料填筑	
	500103009×××	石渣料填筑	
	500103010×××	石料抛投	
	500103011×××	钢筋笼块石抛投	
	500103012×××	混凝土块抛投	
	500103013×××	袋装土方填筑	
	500103014×××	土工合成材料铺设	
	500103015×××	水下土石填筑体拆除	
	500103016×××	其他土石方填筑	
疏浚和吹填工程（编码 500104）	500104001×××	船舶疏浚	
	500104002×××	其他机械疏浚	
	500104003×××	船舶吹填	
	500104004×××	其他机械吹填	
	500104005×××	其他疏浚或吹填	

续表 4-1

节数	子目		备注
	项目编码	项目名称	
砌筑工程（编码 500105）	500105001×××	干砌块石	
	500105002×××	钢筋（铅丝）石笼	
	500105003×××	浆砌块石	
	500105004×××	浆砌卵石	
	500105005×××	浆砌条（料）石	
	500105006×××	砌砖	
	500105007×××	干砌混凝土预制块	
	500105008×××	浆砌混凝土预制块	
	500105009×××	砌体拆除	
	500105010×××	砌体砂浆抹面	
	500105011×××	其他砌筑工程	
锚喷支护工程（编码 500106）	500106001×××	注浆黏结锚杆	
	500106002×××	水泥卷锚杆	
	500106003×××	普通树脂锚杆	
	500106004×××	加强锚杆束	
	500106005×××	预应力锚杆	
	500106006×××	其他黏结锚杆	
	500106007×××	岩体预应力锚索（单锚头）	
	500106008×××	岩体预应力锚索（双锚头）	
	500106009×××	岩石面喷浆	
	500106010×××	混凝土面喷浆	
	500106011×××	岩石面喷混凝土	
	500106012×××	岩石面喷钢纤维混凝土	
	500106013×××	钢支撑安装	
	500106014×××	木支撑安装	
	500106015×××	其他锚喷支护工程	

续表 4-1

节数	子目		备注
	项目编码	项目名称	
钻孔和灌浆工程（编码 500107）	500107001×××	砂砾石层帷幕灌浆(含钻孔)	
	500107002×××	土坝(堤)劈裂灌浆(含钻孔)	
	500107003×××	岩石层钻孔	
	500107004×××	混凝土层钻孔	
	500107005×××	岩石层帷幕灌浆	
	500107006×××	岩石层固结灌浆	
	500107007×××	回填灌浆(含钻孔)	
	500107008×××	岩石层检查孔钻孔	
	500107009×××	岩石层检查孔压水试验	
	500107010×××	检查孔灌浆	
	500107011×××	接缝灌浆	
	500107012×××	接触灌浆	
	500107013×××	排水孔钻孔	
	500107014×××	化学灌浆	
	500107015×××	其他灌浆	
基础防渗和地基加固工程（编码 500108）	500108001×××	混凝土地下连续墙	
	500108002×××	高压喷射注浆连续防渗墙	
	500108003×××	高压喷射水泥搅拌桩	
	500108004×××	混凝土灌注桩(泥浆护壁钻孔灌注桩、锤击或振动沉管灌注桩)	
	500108005×××	钢筋混凝土预制桩	
	500108006×××	振冲桩加固地基	
	500108007×××	钢筋混凝土沉井	
	500108008×××	钢制沉井	
	500108009×××	其他防渗及地基加固	

续表 4-1

节数	子目		备注
	项目编码	项目名称	
混凝土工程（编码 500109）	500109001×××	普通混凝土	
	500109002×××	碾压混凝土	
	500109003×××	水下浇筑混凝土	
	500109004×××	模袋混凝土	
	500109005×××	预应力混凝土	
	500109006×××	二期混凝土	
	500109007×××	沥青混凝土	
	500109008×××	止水工程	
	500109009×××	伸缩缝	
	500109010×××	混凝土凿除	
	500109011×××	其他混凝土	
模板工程（编码 500110）	500110001×××	普通模板	
	500110002×××	滑动模板	
	500110003×××	移置模板	
	500110004×××	其他模板	
钢筋加工及安装工程（编码 500111）	500111001×××	钢筋加工及安装	
	500111002×××	钢构件加工及安装	
预制混凝土工程（编码 500112）	500112001×××	预制混凝土构件	
	500112002×××	预制混凝土模板	
	500112003×××	预制预应力混凝土构件	
	500112004×××	预应力钢筒混凝土（PCCP）输水管道安装	
	500112005×××	混凝土预制件吊装	
	500112006×××	其他预制混凝土	

续表 4-1

节数	子目		备注
	项目编码	项目名称	
原料开采及加工工程（编码 500113）	500113001×××	黏性土料	
	500113002×××	天然砂料	
	500113003×××	天然卵石料	
	500113004×××	人工砂料	
	500113005×××	人工碎石料	
	500113006×××	块石料	
	500113007×××	条(料)石料	
	500113008×××	混凝土半成品料	
	500113009×××	其他原料	
其他建筑工程（编码 500114）	500114001×××	其他永久建筑工程	
	500114002×××	其他临时建筑工程	
机电设备安装工程（编码 500201）	500201001001	水轮机设备安装	
	500201002001	水泵-水轮机设备安装	
	500201003001	大型泵站水泵设备安装	
	500201004001	调速器及油压装置设备安装	
	500201005001	发电机设备安装	
	500201006001	发电机-电动机设备安装	
	500201007001	大型泵站电动机设备安装	
	500201008001	励磁系统设备安装	
	500201009001	主阀设备安装	
	500201010001	桥式起重机设备安装	
	500201011001	轨道安装	
	500201012001	滑触线安装	
	500201013001	水力机械辅助设备安装	
	500201014001	发电电压设备安装	

续表 4-1

节数	子目		备注
	项目编码	项目名称	
机电设备安装工程（编码 500201）	500201015001	发电机-电动机静止变频启动装置安装	
	500201016001	厂用电系统设备安装	
	500201017001	照明系统安装	
	500201018001	电缆安装及敷设	
	500201019001	发电电压母线安装	
	500201020001	接地装置安装	
	500201021001	主变压器设备安装	
	500201022001	高压电气设备安装	
	500201023001	一次拉线安装	
	500201024001	控制、保护、测量及信号系统设备安装	
	500201025001	计算机监控系统设备安装	
	500201026001	直流系统设备安装	
	500201027001	工业电视系统设备安装	
	500201028001	通信系统设备安装	
	500201029001	电工试验室设备安装	
	500201030001	消防系统设备安装	
	500201031001	通风、空调、采暖及其监控设备安装	
	500201032001	机修设备安装	
	500201033001	电梯设备安装	
	500201034001	其他设备安装	
金属结构设备安装工程（编码 500202）	500202001000	门式起重机设备安装	
	500202002000	油压启闭机设备安装	
	500202003000	卷扬式启闭机设备安装	
	500202004000	升船机设备安装	
	500202005000	闸门设备安装	
	500202006000	拦污栅设备安装	
	500202007000	一期埋件安装	
	500202008000	压力钢管安装	
	500202009000	其他金属结构设备安装	

续表 4-1

节数	子目		备注
	项目编码	项目名称	
安全监测设备采购及安装工程(编码 500203)	500203001000	工程变形监测控制网设备采购及安装	
	500203002000	变形监测设备采购及安装	
	500203003000	应力、应变及温度监测设备采购及安装	
	500203004000	渗流监测设备采购及安装	
	500203005000	环境量监测设备采购及安装	
	500203006000	水力学监测设备采购及安装	
	500203007000	结构振动监测设备采购及安装	
	500203008000	结构强振监测设备采购及安装	
	500203009000	其他专项监测设备采购及安装	
	500203010000	工程安全监测自动化采集系统设备采购及安装	
	500203011000	工程安全监测信息管理系统设备采购及安装	
	500203012000	特殊检测设备采购及安装	
	500203013000	施工期观测、设备维护、资料整理分析	

计量单位:应按《计价规范》附录 A 和附录 B 中规定的计量单位确定。

工程数量:应按《计价规范》附录 A 和附录 B 中规定的工程量计算规则和相关条款说明计算,具体详见《计价规范》附录 A 和附录 B。其有效位数应遵守:以“立方米”“平方米”“米”“公斤”“个”“项”“根”“块”“台”“组”“面”“只”“相”“站”“孔”“束”为单位的,应取整数;以“吨”“公里”为单位的,应保留小数点后 2 位数字,第 3 位数字 4 舍 5 入。

主要技术条款编码:应按招标文件中相应技术条款的编码填写。

2. 措施项目清单

措施项目为完成工程项目施工,发生于该工程施工前和施工过程中招标人不要求列示工程量的施工措施项目。

措施项目清单,应根据招标工程的具体情况,参照表 4-2 中项目列项。

编制措施项目清单,当出现上表未列项目时,根据招标工程的规模、涵盖的内容等具体情况,编制人可作补充;一般情况下,措施项目清单应编制一个“其他”作为最末项。凡能列出工程数量并按单价结算的措施项目,均应列入分类分项工程量清单。

表 4-2　措施项目一览表

序号	项目名称
1	环境保护
2	文明施工
3	安全防护措施
4	小型临时工程
5	施工企业进退场费
6	大型施工设备安拆费
⋮	⋮

3. 其他项目清单

其他项目为完成工程项目施工，发生于该工程施工过程中招标人要求计列的费用项目，该费用项目列由招标人掌握，为暂定项目和可能发生的合同变更而预留的费用。编制人在符合法规的前提下，可根据招标工程具体情况调整补充。

其他项目清单，一般包括暂定金额（或称预留金）和暂估价。

4. 零星工作项目清单

零星工作项目（或称计日工）指为完成招标人提出的零星工作项目所需的人工、材料、机械单价。

对于零星工作项目清单，编制人应根据招标工程具体情况，对工程实施过程中可能发生的变更或新增加的零星项目，列出人工（按工种）、材料（按名称和型号规格）、机械（按名称和型号规格）的计量单位，不列出具体数量，并随工程量清单发至投标人。零星工作项目清单的单价由投标人填报。

4.1.3.3　按规范格式整理工程量清单，并提供工程量清单及其计价规范格式

工程量清单应采用《计价规范》规定的统一格式，工程量清单格式由封面、填表须知、总说明、分类分项工程量清单、措施项目清单、其他项目清单、零星工作项目清单和其他辅助表格（包括招标人供应材料价格表、招标人提供施工设备表、招标人提供施工设施表）组成。

招标人对发给投标人的工程量清单中的任何内容不得随意增加、删除或涂改，若需要修改或补充，招标人必须在招标文件规定的时间内，采取发书面补充通知的方式通知所有投标人对工程量清单进行修改或补充。

任务2　工程量清单计价

工程量清单计价是指在建设工程招标时由招标人计算出工程量，并作为招标文件内容提供给投标人，再由投标人根据招标人提供的工程量自主报价或由招标人拟定标底的一种计价行为。就投标单位而言，工程量清单计价可称为工程量清单报价。

码 4-3 微课:工程量清单计价

码 4-4 竞赛真题

4.2.1 工程量清单报价编制的原则与依据

4.2.1.1 工程量清单报价编制的原则

1.格式和内容要完全统一,不得随意更改

由于工程量清单为招标文件必不可少的重要组成部分,且其提供的工程量清单计价格式为统一格式或是针对招标项目的具体情况做了适度调整和增减,故投标人不得随意增加、删除或涂改招标人提供的工程量清单中的任何内容及其计价格式。对于其中个别带有“参考格式”的表格,根据实际需要,可对其进行修改或扩展。

报价表中所有要求签字、盖章的地方,必须由规定的单位和人员签字、盖章(其中法定代表人也可由其授权的委托代理人签字、盖章)。

2.计价规则和计算结果不得偏差

工程量清单报价一定要按照招标文件要求、计价规则、编制办法、预算定额来编制,报价表中的每一个表格均要计算准确无误。

4.2.1.2 工程量清单报价编制的依据

(1)招标文件的合同条款、技术条款、工程量清单、招标图纸等。

(2)水利工程设计概(估)算编制规定。

(3)预算定额或企业定额。

(4)市场人工、材料和施工设备使用价格。

(5)企业自身的管理水平、生产能力。

4.2.2 工程量清单报价编制的程序与步骤

工程量清单编制的程序与步骤为:

(1)编制人工、材料、机械、混凝土配合比材料、电水风等基础单价和费(税)率选取。

(2)编制工程单价计算表。

(3)编制分类分项工程量清单、措施项目清单、其他项目清单、零星工作项目等四部分计价表(含总价项目分类分项工程分解表)。

(4)编制工程项目总价表,并根据投标策略调整材料预算价格、费(税)率。

(5)编制编制说明。

(6)编制其他表格(封面、投标总价、工程单价汇总表等相关表格),并按装订顺序进行排序。

4.2.3　工程量清单报价的编制

工程量清单报价表的填写按工程量清单报价的规定进行。

(1)编制人工、材料、机械、混凝土配合比材料、电水风等基础单价和费(税)率选取。

人工预算单价,按工程所在地规定确定或进行计算;材料预算价格,按市场价格+运杂费+运输保险费+采购及保管费进行计算确定;施工机械台时费,根据施工机械台时费定额计算出其一、二类费用之和;施工用电水风价格,根据施工组织设计确定方案按编制规定的计算方法进行计算;工程单价费费(税)率、施工管理费、企业利润应根据工程实际情况和本企业管理能力、技术水平确定,并将其费率控制在《编制规定》的数值范围内,税金按国家税法规定计取。

(2)编制工程单价计算表。

工程单价分为建筑工程单价和安装工程单价,其中建筑工程单价计算程序如表 4-3 所示,安装工程单价计算程序如表 4-4 所示。

表 4-3　建筑工程单价计算程序

序 号	项目名称	计算方法
1	直接费	1.1+1.2+1.3
1.1	人工费	Σ定额劳动量(工时)×人工预算单价(元/工时)
1.2	材料费	Σ定额材料用量×材料预算价格
1.3	施工机械使用费	Σ定额机械使用量(台时)×施工机械台时费(元/台时)
2	施工管理费	1×施工管理费费率
3	企业利润	(1+2)×企业利润率
4	税金	(1+2+3)×税率
5	合计	1+2+3+4
6	单价	合计/定额单位

表 4-4　安装工程单价计算程序

序 号	项目名称	计算方法
1	直接费	1.1+1.2+1.3
1.1	人工费	Σ定额劳动量(工时)×人工预算单价(元/工时)
1.2	材料费	Σ定额材料用量×材料预算价格
1.3	施工机械使用费	Σ定额机械使用量(台时)×施工机械台时费(元/台时)
2	施工管理费	1.1×施工管理费费率
3	企业利润	(1+2)×企业利润率
4	税金	(1+2+3)×税率
5	合计	1+2+3+4
6	单价	合计/定额单位

其工程单价为针对招标文件提供的工程量清单中所有项目的单价，应根据预算定额和工程项目拟订的施工方案进行编制。

(3)编制分类分项工程量清单、措施项目清单、其他项目清单、零星工作项目等四部分计价表(含总价项目分类分项工程分解表)。

根据招标文件提供的工程量清单和所计算出来的工程单价，分别先后计算出分类分项工程量清单计价表、措施项目清单计价表、其他项目清单计价表、零星工作项目计价表，总价项目分类分项工程分解表。

(4)编制工程项目总价表，并根据投标策略调整材料预算价格、费(税)率。

根据所计算出来的分类分项工程量清单计价表、措施项目清单计价表、其他项目清单计价表、零星工作项目计价表四部分小计，汇总计算出工程项目总价，再根据项目的上限值或拟订的工程总报价，以及投标策略调整材料预算价格、费(税)率来达到拟定的工程总报价。

(5)编制编制说明。

根据招标文件的工程量清单说明、工程量清单报价说明，编制详细的投标报价编制说明，内容包括报价的编制原则、基础资料、取费标准等。

(6)编制其他表格(投标总价、封面、工程单价汇总表等相关表格)，并按装订顺序进行排序。

根据工程量清单和计价格式，补充编制其他表格(封面、投标总价、工程单价汇总表等相关表格)，并按装订顺序进行排序、汇总。

4.2.4　工程量清单计价格式

工程量清单计价应采用统一格式，填写工程量清单报价表。

4.2.4.1　工程量清单报价表的内容组成

(1)封面。

(2)投标总价。

(3)工程项目总价表。

(4)分类分项工程量清单计价表。

(5)措施项目清单计价表。

(6)其他项目清单计价表。

(7)零星工作项目计价表。

(8)工程单价汇总表。

(9)工程单价费(税)率汇总表。

(10)投标人生产电、风、水、砂石基础单价汇总表。

(11)投标人生产混凝土配合比材料费表。

(12)招标人供应材料价格汇总表。

(13)投标人自行采购主要材料预算价格汇总表。

(14)招标人提供施工机械台时(班)费汇总表。

(15)投标人自备施工机械台时(班)费汇总表。

(16)总价项目分类分项工程分解表。

(17)工程单价计算表。

4.2.4.2　**工程量清单报价表的填写规定**

(1)工程量清单报价表的内容应由投标人填写。

(2)投标人不得随意增加、删除或涂改招标人提供的工程量清单中的任何内容。

(3)工程量清单报价表中所有要求盖章、签字的地方,必须由规定的单位和人员盖章、签字(其中法定代表人也可由其授权委托的代理人盖章、签字)。

(4)投标总价应按工程项目总价表合计金额填写。

(5)工程项目总价表填写。表中一级项目名称按招标人提供的招标项目工程量清单中的相应名称填写,并按分类分项工程量清单计价表中相应项目合计金额填写。

(6)分类分项工程量清单计价表填写。

①表中的序号、项目编码、项目名称、计量单位、工程数量、主要技术条款编码,按招标人提供的分类分项工程量清单中的相应内容填写。

②表中列明的所有需要填写的单价和合价,投标人均应填写;未填写的单价和合价,视为此项费用已包含在工程量清单的其他单价和合价中。

(7)措施项目清单计价表填写。表中的序号、项目名称,按招标人提供的措施项目清单中的相应内容填写,并填写相应措施项目的金额和合计金额。

(8)其他项目清单计价表填写。表中的序号、项目名称、金额,按招标人提供的其他项目清单中的相应内容填写。

(9)零星工作项目计价表填写。表中的序号、人工、材料、机械的名称、型号规格以及计量单位,按招标人提供的零星工作项目清单中的相应内容填写,并填写相应项目单价。

(10)辅助表格填写。

①工程单价汇总表,按工程单价计算表中的相应内容、价格(费率)填写。

②工程单价费(税)率汇总表,按工程单价计算表中的相应费(税)率填写。

③投标人生产电、风、水、砂石基础单价汇总表,按基础单价分析计算成果的相应内容、价格填写,并附相应基础单价的分析计算书。

④投标人生产混凝土配合比材料费表,按表中工程部位、混凝土和水泥强度等级、级配、水灰比、相应材料用量和单价填写,填写的单价必须与工程单价计算表中采用的相应混凝土材料单价一致。

⑤招标人供应材料价格汇总表,按招标人供应的材料名称、型号规格、计量单位和供应价填写,并填写经分析计算后的相应材料预算价格,填写的预算价格必须与工程单价计算表中采用的相应材料预算价格一致。

⑥投标人自行采购主要材料预算价格汇总表,按表中的序号、材料名称、型号规格、计量单位和预算价填写,填写的预算价必须与工程单价计算表中采用的相应材料预算价格一致。

⑦招标人提供施工机械台时(班)费汇总表,按招标人提供的机械名称、型号规格和招标人收取的台时(班)折旧费填写;投标人填写的台时(班)费用合计金额必须与工程单价计算表中相应的施工机械台时(班)费单价一致。

⑧投标人自备施工机械台时(班)费汇总表,按表中的序号、机械名称、型号规格、一类费用和二类费用填写,填写的台时(班)费合计金额必须与工程单价计算表中相应的施工机械台时(班)费单价一致。

⑨投标金额大于或等于投标总标价万分之五的工程项目,必须编报工程单价计算表。工程单价计算表应按表中的施工方法、序号、名称、型号规格、计量单位、数量、单价、合价填写,填写的人工、材料和机械等基础价格,必须与人工费价汇总表、基础材料单价汇总表、主要材料预算价格汇总表及施工机械台时(班)费汇总表中的单价相一致,填写的施工管理费、企业利润和税金等费(税)率必须与工程单价费(税)率汇总表中的费(税)率相一致。

⑩投标人应参照分类分项工程量清单计价表格式编制总价项目分类分项工程分解表,每个总价项目分类分项工程一份。

⑪人工费单价汇总表应按人工费单价计算表的内容、价格填写,并附相应的人工费单价计算表。

项目实训与思考

背景材料:该工程概算表按工程量清单计价规范。

问题:编制工程量清单,并编制工程量清单报价表。

思政故事

红旗渠:太行山腰镌刻的初心长河

20世纪60年代,林县人民十年凿壁,削平1 250座山头,架设152座渡槽,在太行绝壁开凿1 500 km“人工天河”。时任林县县委书记杨贵带领党员先锋队,以“崖当房、石当床”的坚韧,用铁锤钢钎破岩,石灰黏土固缝,创造“连环炮”“瓦缸窑”等土法技术。工程贯通时,渠首青年洞岩壁上仍留有300名青年突击队员血手印拓片。今日红旗渠纪念馆内,陈列着当年扁担、马灯与《修渠账本》,记录民工每日0.5斤粮、2分钱补贴的奉献史诗。漳河水润泽54万亩旱地时,“红旗渠精神”已化作千座渡槽上的精神图腾。

精神图谱

红旗渠以“重新安排林县河山”的豪情印证中国共产党领导下人民创造历史的唯物史观,用“干部先试验、党员凿险段”的担当诠释先锋队的政治本色,借“一渠水激活一座城”的实践演绎“绿水青山就是金山银山”的辩证法则,更以“土法创新+群众智慧”的修渠范式彰显独立自主、艰苦奋斗的精神丰碑,成为新时代水利人传承红色基因、永葆为民初心的鲜活教材。

项目 5 水利工程施工预算编制

学习指导

知识目标：

1. 掌握施工预算的编制方法；

2. 掌握施工预算与施工图预算的区别。

技能目标：

能够对实际工程进行施工预算的编制。

重 点：

编制施工预算。

施工预算是指在施工阶段，施工单位根据施工图纸、施工措施及施工定额等编制的建筑安装工程在单位工程或分部分项工程上的人工、材料、施工机械台班(时)消耗数和直接费标准，是建筑安装产品及企业基层成本的计划文件。

任务 1 施工预算的作用

施工预算的作用如下所述。

(1)施工预算是编制施工作业计划的依据。

施工作业计划是施工企业计划管理的中心环节，也是计划管理的基础和具体化。编制施工作业计划，必须依据施工预算计算的单位工程或分部分项工程的工程量、构配件、劳力等。

(2)施工预算是施工单位向施工班组签发施工任务单和限额领料的依据。

施工任务单是把施工作业计划落实到班组的计划文件，也是记录班组完成任务情况和结算班组工人工资的凭证。施工任务单的内容可分为两部分：一部分是下达给班组的工程任务，另一部分是实际任务完成的情况记录和工资结算。其主要工程量、工日消耗量、材料品种和数量均来自施工预算。

(3)施工预算是计算超额奖和计算计件工资、实行按劳分配的依据。

施工预算和建筑安装工程预算之间的差额，反映了企业个别劳动量与社会劳动量之间的差别，能体现降低工程成本计划的要求。施工预算所确定的人工、材料、机械使用量与工程量的关系是衡量工人劳动成果、计算应得报酬的依据。它把工人的劳动成果与劳动报酬联系起来，很好地体现了多劳多得的按劳分配原则。

(4)施工预算是施工企业进行经济活动分析的依据。

进行经济活动分析是企业加强经营管理，提高经济效益的有效手段。经济活动分析，主要是应用施工预算的人工、材料和机械台时数量等与实际消耗量对比，同时与施工图预算的人工、材料和机械台时数量进行对比,分析超支、节约的原因,改进操作技术和管理手段,有效地控制施工中的消耗,节约开支。

任务 2　施工预算的编制依据

编制施工预算的依据主要有施工图纸、施工定额及补充定额、施工组织设计和实施方案、有关的手册资料等。

5.2.1　施工图纸

施工图纸和说明书必须是经过建设单位、设计单位和施工单位会审通过的,不能采用未经会审通过的图纸,以免返工。

5.2.2　施工定额

施工定额包括全国建筑安装工程统一劳动定额和各部、各地区颁发的专业施工定额。凡是已有施工定额可以查照使用的,应参照施工定额,编制施工预算中的人工、材料及机械使用费。在缺乏施工定额的情况下,可按有关规定自行编制补充定额。施工定额是编制施工预算的基础。

5.2.3　施工组织设计或施工方案

由施工单位编制详细的施工组织设计,据以确定应采取的施工方法、进度以及所需的人工、材料和施工机械,作为编制施工预算的基础。例如土方开挖,应根据施工图设计,结合具体的工程条件,确定其边坡系数、开挖采用人工还是机械、运土的工具和运输距离等。

5.2.4　有关的手册资料

建筑材料手册,人工、材料、机械台时费用标准等。

任务 3　施工预算的编制

5.3.1　编制步骤

编制施工预算和编制施工图预算的步骤相似。为了便于与施工图预算相比较,编制施工预算时,应尽可能与施工图预算的分部、分项项目相对应。具体步骤如下:

(1)熟悉设计图纸及施工定额,了解工程现场情况及施工组织情况。

(2)计算工程实物量。

工程实物量的计算是编制施工预算的基本工作,要认真、细致、准确,不得错算、漏算、重算。凡是能够利用施工图预算的工程量,就不必再算,但工程项目、名称和单位一定要符合施工定额。工程量计算完毕并仔细核对无误后,根据施工定额的内容和要求,按工程项目的划分逐项汇总。

(3)按施工图纸内容进行分项工程计算。

套用的施工定额必须与施工图纸的内容相一致。分项工程的名称、规格、计量单位必须与施工定额所列的内容相一致,逐项计算分部分项工程所需人工、材料、机械台时使用量。

(4)工料分析和汇总。

有了工程量后,按照工程的分项名称顺序,套用施工定额的单位人工、材料和机械台时消耗量,逐一计算出各个工程项目的人工、材料和机械台时的用工用料量,最后将同类项目工料予以汇总,便成为一个完整的分部分项工程工料汇总表。

(5)编写编制说明。

编制说明包括的内容有编制依据(包括采用的图纸名称及编号、采用的施工定额、施工组织设计或施工方案)、遗留项目或暂估项目的原因和存在的问题,以及处理的办法等。

5.3.2　编制方法

编制施工预算的方法有实物法和实物金额法。

5.3.2.1　实物法

实物法是根据施工图和说明书,按照劳动定额或施工定额规定计算工程量,汇总、分析人工和材料数量,向施工班组签发施工任务单和限额领料单,实行班组核算。与施工图预算的人工和主要材料进行对比,分析超支、节约原因,以加强企业管理。实物法的应用比较普遍。

5.3.2.2　实物金额法

实物金额法是根据实物法编制的施工预算的人工和材料数量分别乘以人工和材料单价,求得直接费,或根据施工定额规定计算工程量、套用施工定额单价,计算直接费。其实物量用于向施工班组签发施工任务单和限额领料单,实行班组核算。施工预算的直接费与施工图预算的直接费进行对比,以改进企业管理。

施工预算所采用的主要表格可参考 5-1 ~ 表 5-4。

表 5-1　施工预算工程量汇总表

序号	定额	分项工程名称	单位	数量	备注

表 5-2　施工预算工料分析表

定额编号	分部分项工程名称	单位	工程量	工料名称					
				水泥		钢材		木材	
				单位用量	合计用量	单位用量	合计用量	单位用量	合计用量

表 5-3 单位工程材料或机械汇总表

序号	分部工程名称	材料或机械名称	规格	单位	数量	单价(元)	复价(元)

表 5-4 施工预算表

<table>
<tr><th rowspan="3">序号</th><th rowspan="3">定额编号</th><th rowspan="3">分部分项工程名称</th><th rowspan="3">单位</th><th rowspan="3">数量</th><th colspan="5">预算价格(元)</th></tr>
<tr><th rowspan="2">单价</th><th rowspan="2">合计</th><th colspan="3">其中</th></tr>
<tr><th>人工</th><th>材料</th><th>机械</th></tr>
<tr><td></td><td></td><td></td><td></td><td></td><td></td><td></td><td></td><td></td><td></td></tr>
<tr><td></td><td></td><td></td><td></td><td></td><td></td><td></td><td></td><td></td><td></td></tr>
</table>

任务 4 施工预算与施工图预算的对比

施工预算和施工图预算(以下简称“两算”)对比是建筑企业加强经营管理的手段,通过对比分析,找出节约、超支的原因,研究解决措施,防止人工、材料和机械使用费的超支,避免发生计划成本亏损。

5.4.1 “两算”区别

5.4.1.1 编制阶段、单位和依据的定额不同

施工预算是在施工阶段,由施工单位依据施工定额编制的。施工图预算是在施工图设计阶段,由设计单位依据预算定额编制的。预算定额的机械台时耗用量是综合考虑的;施工定额要求根据实际情况计算,即根据施工组织设计或施工方案规定的进场施工的机械种类、型号、数量、工期计算。

5.4.1.2 投资额、预备费大小不同

施工预算投资额小于施工图预算,它不列预备费或按合同列部分预备费。施工图预算投资额小于概算,大于施工预算,基本预备费费率为3%~5%。

5.4.1.3 编制精度不同

施工预算项目划分比施工图预算要细,施工图预算按施工图工程量计算,不用细部结构指标;而施工预算要用细部结构指标。

5.4.2 “两算”对比方法

“两算”对比方法有实物对比法和实物金额对比法两种方法。

5.4.2.1 实物对比法

将施工预算计算的工程量,套用施工定额中的人工、材料、机械台时定额,分析出人

工、主要材料和机械台时数量，然后按施工图预算计算的工程量套用预算定额中的人工、材料、机械台时定额，得出人工、主要材料和机械台时数量，对两者人工、主要材料和机械台时数量进行对比。

5.4.2.2　实物金额对比法

将施工预算的人工、主要材料和机械台时数量分别乘以相应的基础单价，汇总成人工、材料和机械使用费，与施工图预算相应的人工、材料和机械使用费进行对比。

5.4.3　"两算"对比内容

"两算"对比一般只限于直接费，间接费不做对比。直接费对比内容如下：

(1)人工。一般施工预算应低于施工图预算的 10%~15%。因为施工定额反映平均先进水平，预算定额反映社会平均水平，且预算定额考虑的因素比施工定额多。

(2)材料。施工预算消耗量总体上低于施工图预算。因为施工操作损耗一般低于预算定额中的材料损耗，且施工预算中扣除了节约材料措施所节约的材料用量。

(3)机械台时。预算定额的机械台时耗用量是综合考虑的；施工定额要求根据实际情况计算，即根据施工组织设计或施工方案规定的进场施工的机械种类、型号、数量、工期计算。

思政故事

湘江长歌：韶山灌区的红色水脉

1965 年，十万湖湘儿女肩扛"为毛主席家乡添光彩"的信念，在湘潭姜畲镇打响韶山灌区建设大会战。总工程师吴震亚带领技术团队，以"竹筋混凝土"土法攻克建材短缺难题；宁乡"铁娘子连"在涟水渡槽工地创下单日砌石 80 m^3 的纪录，磨破的草鞋堆成小山。灌区主干渠穿越毛泽东少年游泳的银田渡，工人们在谢觉哉题词的"云湖天河"隧洞石壁上，刻下"献给祖国的未来"誓言。如今，灌区智能调度中心内，大屏实时监测 50 万亩良田的"数字孪生灌区"，湘潭大学水利系师生在"青年毛泽东水利考察之路"研学中，用 AI 复原 1927 年《湖南农民运动考察报告》中的塘坝治理智慧。

精神图谱

韶山灌区用"竹筋混凝土"的创造性转化彰显独立自主的湖湘风骨；借"铁娘子磨破千双草鞋"诠释"妇女能顶半边天"的劳动美学；以"灌区+数字"的迭代跃升注解"把论文写在大地上"的科技报国情怀；更通过银田渡"红绿融合"发展模式，在润泽田畴间书写"守护一江碧水"的新时代答卷，让红色水脉成为滋养初心、激活匠魂的精神源头。

项目6　水利工程结算与决算编制

学习指导

知识目标：

1. 掌握完工结算的编制方法；
2. 掌握竣工决算的编制方法；
3. 理解完工结算和竣工决算的关系。

技能目标：

1. 能够以甲方身份对实际水利工程进行竣工决算编制；
2. 能够以乙方身份对实际水利工程进行完工结算编制。

重　点：

1. 完工结算的编制；
2. 竣工决算的编制。

工程竣工后，施工企业要按照双方签订的工程合同，根据现场施工记录和设计变更通知单，在原定合同的基础上及时编制完工结算书，向建设单位结算工程价款；建设单位应组织人员在竣工结算书的基础上编写竣工决算报告，报上级主管部门验收、核定新增固定资产价值并交付使用。

任务1　完工结算编制

完工结算是施工单位在工程竣工验收后，向建设单位结算工程价款的过程，通常通过编制竣工结算书来办理。

码6-1　微课：完工结算编制

码6-2　竞赛真题

工程项目或单位工程竣工验收后，施工单位应及时整理提交竣工技术资料，绘制主要工程竣工图，编制竣工结算书，经监理机构提出审查意见后报送建设单位，建设单位在收到完工结算报告后在规定时间内予以批准或提出修改意见并在批准承包人结算后，按专用合同条款在规定时间内办理工程结算。

完工结算是施工单位确定工程建筑安装施工产值和实物工程完成情况的依据，是建设单位落实投资额、拨付工程价款的依据,是施工单位确定工程的最终收入、进行经济核算及考核工程成本的依据。

完工结算是最终结算,在施工过程中进行的结算属于中间结算。完工结算的支付方式有按月结算、竣工后一次结算、分阶段结算三种方式。

6.1.1　完工结算的编制依据

完工结算需准备以下资料,作为完工结算编制的依据:

(1)工程竣工报告及工程竣工验收单。

(2)施工单位和建设单位签订的工程合同或协议书。

(3)施工图纸、设计变更通知单、工程签证单及施工现场记录。

(4)预算定额、材料价格、基础单价及其他费用标准。

(5)工程量清单报价表、施工图预算。

(6)其他有关资料。

6.1.2　完工结算的编制内容与方法

完工结算书的编制内容、项目划分与工程量清单报价表基本相同。其编制步骤为:

(1)以单位工程为基础,根据现场施工情况,对工程量清单的主要内容逐项检查和核对,尤其应注意以下几方面的内容:

①工程量清单(施工图预算)所列工程量与实际完成工程量不符合时应做调整。其中包括:因设计修改和增减项而引起的工程量增减,应根据设计修改通知单进行调整;因现场情况变更而引起的工程量增减,例如基础开挖后遇到古墓,施工方法发生某些变更等,应根据现场记录按合同规定进行调整;工程量清单(施工图预算)发生的某些错误,应做调整。

②材料预算价格与实际价格不符时应做调整。其中包括因材料供应或其他原因,发生材料短缺时,需以大代小,以优代劣,这部分代用材料应根据工程材料代用通知单计算材料代用价差进行调整;材料价格发生较大变动时,应根据合同中关于价差调整规定的条款对价格进行调整。

③间接费和其他费用,应根据工程量的变化做相应的调整。由于管理不善或其他原因,造成窝工、浪费等所发生的费用,应根据有关规定,由承担责任的一方负担,一般不能够由工程费用列支。

(2)核对工程量清单项目单价、变更项目单价,并计算总价。

(3)核对并计算索赔费用、合同约定的其他费用。

(4)对各单位工程结算进行汇总,编制全部合同工程的完工结算书。

(5)编写完工结算说明,其中包括编制依据、编制范围及其他情况。

工程完工结算书编制完成后,送监理单位审查,提出审查意见后报送建设单位批准,并与建设单位办理工程价款结算。

任务 2　竣工决算编制

工程竣工决算是指工程竣工验收交付使用阶段,由建设单位编制的建设项目从筹建到竣工验收、交付使用全过程中实际支付的全部费用。竣工决算是整个建设工程的最终价格,是工程竣工验收、交付使用的重要依据,也是正确核定固定资产、考核建设项目的投资经济效益的重要手段。

码 6-3　微课:竣工决算编制

码 6-4　竞赛真题

竣工决算应依据《水利基本建设项目竣工财务决算编制规程》(SL 19—2014)编制。

6.2.1　竣工决算的编制依据

(1)国家有关法律、法规。

(2)经批准的设计文件、项目概(预)算。

(3)主管部门下达的年度投资计划,基本建设支出预算。

(4)经主管部门批复的年度基本建设财务决算。

(5)项目合同或协议。

(6)会计核算及财务管理资料。

(7)工程价款结算、物资消耗等有关资料。

(8)水库淹没处理补偿费的总结和验收文件,以及水土保持与环境保护工程的实施过程和总结资料。

(9)其他有关项目管理文件。

竣工决算是建设项目重要的经济档案,内容和数据必须真实、可靠,项目法人应对竣工决算的真实性、完整性负责。

6.2.2　竣工决算的编制内容与方法

竣工决算在编制前应对建设项目所有财产和投资进行逐项清仓盘点,核实账物。

竣工决算主要由竣工决算报告、竣工决算报告说明书和竣工决算报告表格三部分组成。

6.2.2.1　竣工决算报告

竣工决算报告的内容有:

(1)竣工决算报告的封面及目录。

(2)竣工工程的平面示意图及主体工程照片。

(3)竣工决算报告说明书。

(4)全套竣工决算报告表格。

6.2.2.2 竣工决算报告说明书

竣工决算报告说明书是总结反映竣工工程建设成果,全面考核分析工程投资与造价的书面文件,是竣工决算报告的重要组成部分,其主要内容包括:

(1)工程概况。包括工程的一般情况、建设工程、设计效益、主体建筑物特征及主要设备的特性、工程质量等。

(2)概预算与工程计划执行情况。包括概预算批复及调整情况,概预算执行情况,工程计划执行情况,主要实物工程量完成、变动情况及原因。

(3)投资来源。包括投资主体、投资性质及投资构成分析。

(4)投资使用和基建支出情况。

(5)工程效益。包括因工程建设发生的直接效益和可预见的间接效益。

(6)投资包干和招标投标的执行情况及分析。

(7)包干结余资金分配情况。

(8)工程费用分配情况和投资分摊情况。

(9)交付使用财产情况。

(10)移民及库区淹没处理情况。

(11)财务管理情况。

(12)存在的主要问题及处理意见。

(13)其他有关说明。

6.2.2.3 竣工决算报告表格

按现行规定,竣工决算全部表格共 20 种,第一部分竣工工程概况表为专用表格,由建设单位根据工程的不同性质和特点选用,其余部分为通用表格。各部分表格名称如下:

(1)竣工工程概况表。该类表格综合反映工程新增固定资产、生产能力、建设成本及主要技术经济指标,应根据设计概预算文件、基本建设计划和实际执行结果填列。

(2)竣工工程决算表。该类表格反映竣工建设项目的投资、造价,并考核概预算及投资包干情况。

(3)移交资产、投资及工程表。该类表格反映建设单位移交给管理单位和其他单位的固定资产、流动资产、转出工程及投资、未完工程及投资等。

(4)竣工工程财务决算表。该类表格反映了建设项目历年基本建设投资来源、投资支出、结余资金及大型临时建筑工程回收等综合财务情况。

竣工决算编制完毕以后,要报送业主(或上级主管部门)审查,同时抄送设计单位和开户建设银行。大、中型建设项目的竣工决算,还应抄送主管部门、财政部和有关省、直辖市、自治区的财政部门。

竣工决算是在整个工程竣工结算的基础上进行的,竣工结算的款项不包括建设单位为工程建设所花费的管理费、勘测设计费、土地征用费、移民与环境保护费等费用,这些费用都应在决算中按规定进行分摊。水利工程的实际造价是由竣工决算确定的。

6.2.3 完工结算与竣工决算对比

完工结算和竣工决算是完全不同的两个概念,其主要区别在于:一是行为主体不同,完工结算是建设单位和施工企业之间的事,竣工决算则是建设单位和业主(或主管部门)之间的事;二是范围不同,结算的范围只是承建的工程项目,是基本建设项目的局部,而决算的范围则是基本建设项目的整体;三是成本内容不同,完工结算只是承包合同范围内的工程成本,而竣工决算是完整的工程成本,它还要计入工程建设的其他费用开支、临时工程设施费和建设期融资利息等工程成本和费用。

项目实训与思考

背景材料:该水库工程的概算总表及工程基本情况。

问题:讲述该工程的竣工决算与完工结算的区别与联系。

思政故事

欧阳海灌区:英雄名讳映照的安澜史诗

1966 年,湘江支流舂陵河畔,十万军民以“继承欧阳海精神”为号,启动湖南省最大灌区建设。抗洪烈士欧阳海曾在此地勇拦惊马救列车,其弟欧阳湖带领“海燕突击队”,在青石滩用钢钎打出第一方导流洞。女工程师林雪梅发明“竹笼卵石围堰法”,将欧阳海生前训练的军马编队运输建材,创下单日筑堤 300 m 的纪录。灌区主干渠穿越欧阳海牺牲地时,建设者在峭壁凿刻“惊马回眸处,天河自此生”摩崖石刻。今日灌区智慧调度中心内,大屏实时监控 85 万亩农田的“三生用水”,衡阳师范学院将 VR 课堂搬至欧阳海纪念馆,学生通过数字孪生技术重现 1963 年那场改写命运的拦马瞬间。

精神图谱

欧阳海灌区以英雄之名铸魂,用“惊马精神”升华水利建设的使命伦理;以“军马运输+竹笼技术”的军民融合实践诠释因地制宜的创新智慧;借“渠首摩崖”与 VR 课堂实现红色记忆的时空对话;更通过生态流量监控与灌区民主管水会制度,在润泽湘南大地的同时,让“舍身为民”的英雄气概化作新时代治水者的精神基因,书写“英雄命名地,长河守初心”的永恒叙事。

附 录

附录1 水利水电工程等级划分标准

根据《水利水电工程等级划分及洪水标准》(SL 252—2017)及其他现行水利水电工程等级划分的相关规范,汇总工程等别划分标准如下。若规范有变化,应进行相应调整。

(1)水利水电工程的等别应根据其工程规模、效益及在国民经济中的重要性按附表1-1确定。

附表1-1 水利水电工程分等指标

工程等别	工程规模	水库总库容(亿 m^3)	防洪		治涝	灌溉	供水	发电
			保护城镇及工矿企业的重要性	保护农田(万亩)	治涝面积(万亩)	灌溉面积(万亩)	供水对象重要性	装机容量(万kW)
Ⅰ	大(1)型	≥10	特别重要	≥500	≥200	≥150	特别重要	≥120
Ⅱ	大(2)型	10~1.0	重要	500~100	200~60	150~50	重要	120~30
Ⅲ	中型	1.0~0.10	中等	100~30	60~15	50~5	中等	30~5
Ⅳ	小(1)型	0.10~0.01	一般	30~5	15~3	5~0.5	一般	5~1
Ⅴ	小(2)型	0.01~0.001		<5	<3	<0.5		<1

注:1亩=1/15 hm^2。

对综合利用的水利水电工程,当按各综合利用项目的分等指标确定的等别不同时,其工程等别应按其中最高等别确定。

(2)拦河水闸工程的等别,应根据其过闸流量,按附表1-2确定。

附表1-2 拦河水闸工程分等指标

工程等别	工程规模	过闸流量(m^3/s)	工程等别	工程规模	过闸流量(m^3/s)
Ⅰ	大(1)型	≥5 000	Ⅳ	小(1)型	100~20
Ⅱ	大(2)型	5 000~1 000	Ⅴ	小(2)型	<20
Ⅲ	中型	1 000~100			

(3)灌溉、排水泵站的等别,应根据其装机流量与装机功率,按附表1-3确定。工业、城镇供水泵站的等别,应根据其供水对象的重要性按附表1-1确定。

附表 1-3　灌溉、排水泵站分等指标

工程等别	工程规模	分等指标	
		装机流量(m^3/s)	装机功率(万 kW)
Ⅰ	大(1)型	≥200	≥3
Ⅱ	大(2)型	200~50	3~1
Ⅲ	中型	50~10	1~0.1
Ⅳ	小(1)型	10~2	0.1~0.01
Ⅴ	小(2)型	<2	<0.01

注:1. 装机流量、装机功率系指包括备用机组在内的单站指标。
2. 当泵站按分等指标分属两个不同等别时,其等别按其中高的等别确定。
3. 由多级或多座泵站联合组成的泵站系统工程的等别,可按其系统的指标确定。

根据《灌溉与排水工程设计规范》(GB 50288—99),汇总灌溉渠道及建筑物工程级别标准如下。若规范有变化,应进行相应调整。

(1)灌溉渠道或排水沟的级别应根据灌溉或排水流量的大小,按附表 1-4 确定。对灌排结合的渠道工程,当按灌溉和排水流量分属两个不同工程级别时,应按其中较高的级别确定。

附表 1-4　灌排沟渠工程分级指标

工程级别	1	2	3	4	5
灌溉流量(m^3/s)	>300	300~100	100~20	20~5	<5
排水流量(m^3/s)	>500	500~200	200~50	50~10	<10

(2)水闸、渡槽、倒虹吸、涵洞、隧洞、跌水与陡坡等灌排建筑物的级别,应根据过水流量的大小,按附表 1-5 确定。

附表 1-5　灌排建筑物分级指标

工程级别	1	2	3	4	5
过水流量(m^3/s)	>300	300~100	100~20	20~5	<5

附录 2 水利水电工程项目划分

附表 2-1 第一部分 建筑工程

序号	一级项目	二级项目	三级项目	备注
Ⅰ	枢纽工程			
一	挡水工程			
1		混凝土坝(闸)工程		
			土方开挖	
			石方开挖	
			土石方回填	
			模板	
			混凝土	
			钢筋	
			防渗墙	
			灌浆孔	
			灌浆	
			排水孔	
			砌石	
			喷混凝土	
			锚杆(索)	
			启闭机室	
			温控措施	
			细部结构工程	
2		土(石)坝工程		
			土方开挖	
			石方开挖	
			土料填筑	
			砂砾料填筑	
			斜(心)墙土料填筑	
			反滤料、过渡料填筑	
			坝体堆石填筑	

续附表 2-1

序号	一级项目	二级项目	三级项目	备注
2		土(石)坝工程		
			铺盖填筑	
			土工膜(布)	
			沥青混凝土	
			模板	
			混凝土	
			钢筋	
			防渗墙	
			灌浆孔	
			灌浆	
			排水孔	
			砌石	
			喷混凝土	
			锚杆(索)	
			面(趾)板止水	
			细部结构工程	
二	泄洪工程			
1		溢洪道工程		
			土方开挖	
			石方开挖	
			土石方回填	
			模板	
			混凝土	
			钢筋	
			灌浆孔	
			灌浆	
			排水孔	
			砌石	
			喷混凝土	
			锚杆(索)	
			启闭机室	
			温控措施	
			细部结构工程	

续附表 2-1

序号	一级项目	二级项目	三级项目	备注
2		泄洪洞工程		
			土方开挖	
			石方开挖	
			模板	
			混凝土	
			钢筋	
			灌浆孔	
			灌浆	
			排水孔	
			砌石	
			喷混凝土	
			锚杆(索)	
			钢筋网	
			钢拱架、钢格栅	
			细部结构工程	
3		冲砂孔(洞)工程		
4		放空洞工程		
5		泄洪闸工程		
三	引水工程			
1		引水明渠工程		
			土方开挖	
			石方开挖	
			模板	
			混凝土	
			钢筋	
			砌石	
			锚杆(索)	
			细部结构工程	
2		进(取)水口工程		
			土方开挖	
			石方开挖	

续附表 2-1

序号	一级项目	二级项目	三级项目	备注
2		进(取)水口工程		
			模板	
			混凝土	
			钢筋	
			砌石	
			锚杆(索)	
			细部结构工程	
3		引水隧洞工程		
			土方开挖	
			石方开挖	
			模板	
			混凝土	
			钢筋	
			灌浆孔	
			灌浆	
			排水孔	
			砌石	
			喷混凝土	
			锚杆(索)	
			钢筋网	
			钢拱架、钢格栅	
			细部结构工程	
4		调压井工程		
			土方开挖	
			石方开挖	
			模板	
			混凝土	
			钢筋	
			灌浆孔	
			灌浆	
			砌石	
			喷混凝土	
			锚杆(索)	
			细部结构工程	

续附表 2-1

序号	一级项目	二级项目	三级项目	备注
5		高压管道工程		
			土方开挖	
			石方开挖	
			模板	
			混凝土	
			钢筋	
			灌浆孔	
			灌浆	
			砌石	
			锚杆(索)	
			钢筋网	
			钢拱架、钢格栅	
			细部结构工程	
四	发电厂(泵站)工程			
1		地面厂房工程		
			土方开挖	
			石方开挖	
			土石方回填	
			模板	
			混凝土	
			钢筋	
			灌浆孔	
			灌浆	
			砌石	
			锚杆(索)	
			温控措施	
			厂房建筑	
			细部结构工程	
2		地下厂房工程		
			石方开挖	
			模板	
			混凝土	
			钢筋	

续附表 2-1

序号	一级项目	二级项目	三级项目	备注
2		地下厂房工程		
			灌浆孔	
			灌浆	
			排水孔	
			喷混凝土	
			锚杆(索)	
			钢筋网	
			钢拱架、钢格栅	
			温控措施	
			厂房装修	
			细部结构工程	
3		交通洞工程		
			土方开挖	
			石方开挖	
			模板	
			混凝土	
			钢筋	
			灌浆孔	
			灌浆	
			喷混凝土	
			锚杆(索)	
			钢筋网	
			钢拱架、钢格栅	
			细部结构工程	
4		出线洞(井)工程		
5		通风洞(井)工程		
6		尾水洞工程		
7		尾水调压井工程		
8		尾水渠工程		
			土方开挖	
			石方开挖	

续附表 2-1

序号	一级项目	二级项目	三级项目	备注
8		尾水渠工程		
			土石方回填	
			模板	
			混凝土	
			钢筋	
			砌石	
			锚杆(索)	
			细部结构工程	
五	升压变电站工程			
1		变电站工程		
			土方开挖	
			石方开挖	
			土石方回填	
			模板	
			混凝土	
			钢筋	
			砌石	
			钢材	
			细部结构工程	
2		开关站工程		
			土方开挖	
			石方开挖	
			土石方回填	
			模板	
			混凝土	
			钢筋	
			砌石	
			钢材	
			细部结构工程	
六	航运工程			
1		上游引航道工程		
			土方开挖	
			石方开挖	

续附表 2-1

序号	一级项目	二级项目	三级项目	备注
1		上游引航道工程		
			土石方回填	
			模板	
			混凝土	
			钢筋	
			砌石	
			锚杆(索)	
			细部结构工程	
2		船闸(升船机)工程		
			土方开挖	
			石方开挖	
			土石方回填	
			模板	
			混凝土	
			钢筋	
			灌浆孔	
			灌浆	
			锚杆(索)	
			控制室	
			温控措施	
			细部结构工程	
3		下游引航道工程		
七	鱼道工程			
八	交通工程			
1		公路工程		
2		铁路工程		
3		桥梁工程		
4		码头工程		
九	房屋建筑工程			
1		辅助生产建筑		
2		仓库		
3		办公用房		
4		值班宿舍及文化福利建筑		
5		室外工程		

续附表 2-1

序号	一级项目	二级项目	三级项目	备注
十	供电设施工程			
十一	其他建筑工程			
1		安全监测设施工程		
2		照明线路工程		
3		通信线路工程		
4		厂坝(闸、泵站)区供水、供热、排水等公用设施工程		
5		劳动安全与工业卫生设施工程		
6		水文、泥沙监测设施工程		
7		水情自动测报系统工程		
8		其他		
Ⅱ	引水工程			
一	渠(管)道工程			
1		××—××段干渠(管)工程		
			土方开挖	
			石方开挖	
			土石方回填	
			模板	
			混凝土	
			钢筋	
			输水管道	各类管道(含钢管)
			管道附件及阀门	项目较多时可另附表
			管道防腐	
			砌石	
			垫层	
			土工布	
			草皮护坡	
			细部结构工程	
2		××—××段支渠(管)工程		

续附表 2-1

序号	一级项目	二级项目	三级项目	备注
二	建筑物工程			
1		泵站工程(扬水站、排灌站)		
			土方开挖	
			石方开挖	
			土石方回填	
			模板	
			混凝土	
			钢筋	
			砌石	
			厂房建筑	
			细部结构工程	
2		水闸工程		
			土方开挖	
			石方开挖	
			土石方回填	
			模板	
			混凝土	
			灌浆孔	
			灌浆	
			砌石	
			启闭机室	
			细部结构工程	
3		渡槽工程		
			土方开挖	
			石方开挖	
			土石方回填	
			模板	
			混凝土	
			钢筋	
			预应力锚索(筋)	钢绞线、钢丝束、钢筋
			渡槽支撑	或高大跨度渡槽措施费
			砌石	
			细部结构工程	

续附表 2-1

序号	一级项目	二级项目	三级项目	备注
4		隧洞工程		
			土方开挖	
			石方开挖	
			土石方回填	
			模板	
			混凝土	
			钢筋	
			灌浆孔	
			灌浆	
			砌石	
			喷混凝土	
			锚杆(索)	
			钢筋网	
			钢拱架、钢格栅	
			细部结构工程	
5		倒虹吸工程		含附属调压、检修设施
6		箱涵(暗渠)工程		含附属调压、检修设施
7		跌水工程		
8		动能回收电站工程		
9		调蓄水库工程		
10		排水涵(渡槽)		或排洪涵(渡槽)
11		公路交叉(穿越)建筑物		
12		铁路交叉(穿越)建筑物		
13		其他建筑物工程		
三	交通工程			
1		对外公路工程		
2		运行管理维护道路		
四	房屋建筑工程			
1		辅助生产建筑		
2		仓库		
3		办公用房		

续附表 2-1

序号	一级项目	二级项目	三级项目	备注
4		值班宿舍及文化福利建筑		
5		室外工程		
五	供电设施工程			
六	其他建筑工程			
1		安全监测施工工程		
2		照明线路工程		
3		通信线路工程		
4		厂坝(闸、泵站)区供水、供热、排水等公用设施工程		
5		劳动安全与工业卫生设施		
6		水文、泥沙监测设施工程		
7		水情自动测报系统工程		
8		其他		
Ⅲ	河道工程			
一	河湖整治与堤防工程			
1		××—××段堤防工程		
			土方开挖	
			土方填筑	
			模板	
			混凝土	
			砌石	
			土工布	
			防渗墙	
			灌浆	
			草皮护坡	
			细部结构工程	

续附表 2-1

序号	一级项目	二级项目	三级项目	备注
2		××—××段河道（湖泊）整治工程		
3		××—××段河道疏浚工程		
二	灌溉工程			
1		××—××段渠（管）道工程		
			土方开挖	
			土方填筑	
			模板	
			混凝土	
			砌石	
			土工布	
			输水管道	
			细部结构工程	
三	田间工程			
1		××—××段渠（管）道工程		
2		田间土地平整		
3		其他建筑物		
四	建筑物工程			
1		水闸工程		
2		泵站工程（扬水站、排灌站）		
3		其他建筑物		
五	交通工程			
六	房屋建筑工程			
1		辅助生产厂房		
2		仓库		
3		办公用房		
4		值班宿舍及文化福利建筑		
5		室外工程		
七	供电设施工程			

续附表 2-1

序号	一级项目	二级项目	三级项目	备注
八	其他建筑工程			
1		安全监测设施工程		
2		照明线路工程		
3		通信线路工程		
4		厂坝(闸、泵站)区供水、供热、排水等公用设施工程		
5		劳动安全与工业卫生设施工程		
6		水文、泥沙监测设施工程		
7		其他		

附表 2-2　三级项目划分要求及技术经济指标

序号	三级项目			经济技术指标
	分类	名称示例	说明	
1	土石方开挖	土方开挖	土方开挖与砂砾石开挖分列	元/m^3
		石方开挖	明挖与暗挖,平洞与斜井、竖井分列	元/m^3
2	土石方回填	土方填筑		元/m^3
		石方填筑		元/m^3
		砂砾料填筑		元/m^3
		斜(心)墙土料填筑		元/m^3
		反滤料、过渡料填筑		元/m^3
		坝体(坝趾)堆石填筑		元/m^3
		铺盖填筑		元/m^3
		土工膜		元/m^2
		土工布		元/m^2
3	砌石	砌石	干砌石、浆砌石、抛石、铅丝(钢筋)笼块石等分列	元/m^3
		砖墙		元/m^2
4	混凝土与模板	模板	不同规格形状和材质的模板分列	元/m^2
		混凝土	不同工程部位、不同标号、不同级配的混凝土分列	元/m^3
		沥青混凝土		元/m^3(m^2)

续附表 2-2

序号	三级项目			技术经济指标
	分类	名称示例	说明	
5	钻孔与灌浆	防渗墙		元/m^2
		灌浆孔	使用不同钻孔机械及钻孔的不同用途分列	元/m
		灌浆	不同灌浆种类分列	元/m(m^2)
		排水孔		元/m
6	锚固工程	锚杆		元/根
		锚索		元/束(根)
		喷混凝土		元/m^3
7	钢筋	钢筋		元/t
8	钢结构	钢衬		元/t
		构架		元/t
9	止水	面(趾)板止水		元/m
10	其他	启闭机室		元/m^2
		控制室(楼)		元/m^2
		温控措施		元/m^3
		厂房装修		元/m^2
		细部结构工程		元/m^3

附表 2-3 第二部分 机电设备及安装工程

序号	一级项目	二级项目	三级项目	技术经济指标
I	枢纽工程			
一	发电设备及安装工程			
1		水轮机设备及安装工程		
			水轮机	元/台
			调速器	元/台
			油压装置	元/台套
			过速限制器	元/台套
			自动化元件	元/台套
			透平油	元/t

续附表 2-3

序号	一级项目	二级项目	三级项目	技术经济指标
2		发电机设备及安装工程		
			发电机	元/台
			励磁装置	元/台套
			自动化元件	元/台套
3		主阀设备及安装工程		
			蝴蝶阀(球阀、锥形阀)	元/台
			油压装置	元/台
4		起重设备及安装工程		
			桥式起重机	元/t(台)
			转子吊具	元/t(具)
			平衡梁	元/t(副)
			轨道	元/双 10 m
			滑触线	元/三相 10 m
5		水力机械辅助设备及安装工程		
			油系统	
			压气系统	
			水系统	
			水力量测系统	
			管路(管子、附件、阀门)	
6		电气设备及安装工程		
			发电电压装置	
			控制保护系统	
			直流系统	
			厂用电系统	
			电工试验设备	
			35 kV 及以下动力电缆	
			控制和保护电缆	
			母线	
			电缆架	
			其他	

续附表 2-3

序号	一级项目	二级项目	三级项目	技术经济指标
二	升压变电设备及安装工程			
1		主变压器设备及安装工程		
			变压器	元/台
			轨道	元/双 10 m
2		高压电气设备及安装工程		
			高压断路器	
			电流互感器	
			电压互感器	
			隔离开关	
			110 kV 及以上高压电缆	
3		一次拉线及其他安装工程		
三	公用设备及安装工程			
1		通信设备及安装工程		
			卫星通信	
			光缆通信	
			微波通信	
			载波通信	
			生产调度通信	
			行政管理通信	
2		通风采暖设备及安装工程		
			通风机	
			空调机	
			管路系统	
3		机修设备及安装工程		
			机床	
			刨床	
			钻床	
4		计算机监控系统		
5		工业电视系统		
6		管理自动化系统		
7		全厂接地及保护网		

续附表 2-3

序号	一级项目	二级项目	三级项目	技术经济指标
8		电梯设备及安装工程		
			大坝电梯	
			厂房电梯	
9		坝区馈电设备及安装工程		
			变压器	
			配电装置	
10		厂坝区供水、排水、供热设备及安装工程		
11		水文、泥沙监测设备及安装工程		
12		水情自动测报系统设备及安装工程		
13		视频安防监控设备及安装工程		
14		安全监测设备及安装工程		
15		消防设备		
16		劳动安全与工业卫生设备及安装工程		
17		交通设备		
Ⅱ	引水工程及河道工程			
一	泵站设备及安装工程			
1		水泵设备及安装工程		
2		电动机设备及安装工程		
3		主阀设备及安装工程		
4		起重设备及安装工程		
			桥式起重机	元/t(台)
			平衡梁	元/t(副)
			轨道	元/双 10 m
			滑触线	元/三相 10 m

续附表 2-3

序号	一级项目	二级项目	三级项目	技术经济指标
5		水力机械辅助设备及安装工程		
			油系统	
			压气系统	
			水系统	
			水力量测系统	
			管路（管子、附件、阀门）	
6		电气设备及安装工程		
			控制保护系统	
			盘柜	
			电缆	
			母线	
二	水闸设备及安装工程			
1		电气一次设备及安装工程		
2		电气二次设备及安装工程		
三	电站设备及安装工程			
四	供电设备及安装工程			
1		变电站设备及安装工程		
五	公用设备及安装工程			
1		通信设备及安装工程		
			卫星通信	
			光缆通信	
			微波通信	
			载波通信	
			生产调度通信	
			行政管理通信	

续附表 2-3

序号	一级项目	二级项目	三级项目	技术经济指标
2		通风采暖设备及安装工程		
			通风机	
			空调机	
			管路系统	
3		机修设备及安装工程		
			车床	
			刨床	
			钻床	
4		计算机监控系统		
5		管理自动化系统		
6		全厂接地及保护网		
7		厂坝区供水、排水、供热设备及安装工程		
8		水文、泥沙监测设备及安装工程		
9		水情自动测报系统设备及安装工程		
10		视频安防监控设备及安装工程		
11		安全监测设备及安装工程		
12		消防设备		
13		劳动安全与工业卫生设备及安装工程		
14		交通设备		

附表 2-4 第三部分 金属结构设备及安装工程

序号	一级项目	二级项目	三级项目	技术经济指标
I	枢纽工程			
一	挡水工程			
1		闸门设备及安装工程		
			平板门	元/t
			弧形门	元/t
			埋件	元/t
			闸门、埋件防腐	元/t(m^2)
2		启闭设备及安装工程		
			卷扬式启闭机	元/t(台)
			门式启闭机	元/t(台)
			油压启闭机	元/t(台)
			轨道	元/双 10 m
3		拦污设备及安装工程		
			拦污栅	元/t
			清污机	元/t(台)
二	泄洪工程			
1		闸门设备及安装工程		
2		启闭设备及安装工程		
3		拦污设备及安装工程		
三	引水工程			
1		闸门设备及安装工程		
2		启闭设备及安装工程		
3		拦污设备及安装工程		
4		压力钢管制作及安装工程		
四	发电厂工程			
1		闸门设备及安装工程		
2		启闭设备及安装工程		
五	航运工程			
1		闸门设备及安装工程		
2		启闭设备及安装工程		
3		升船机设备及安装工程		
六	鱼道工程			

续附表 2-4

序号	一级项目	二级项目	三级项目	技术经济指标
Ⅱ	引水工程及河道工程			
一	泵站工程			
1		闸门设备及安装工程		
2		启闭设备及安装工程		
3		拦污设备及安装工程		
二	水闸(涵)工程			
1		闸门设备及安装工程		
2		启闭设备及安装工程		
3		拦污设备及安装工程		
三	小水电站工程			
1		闸门设备及安装工程		
2		启闭设备及安装工程		
3		拦污设备及安装工程		
4		压力钢管制作及安装工程		
四	调蓄水库工程			
五	其他建筑物工程			

附表 2-5　第四部分　施工临时工程

序号	一级项目	二级项目	三级项目	技术经济指标
一	导流工程			
1		导流明渠工程		
			土方开挖	元/m^3
			石方开挖	元/m^3
			模板	元/m^2
			混凝土	元/m^3
			钢筋	元/t
			锚杆	元/根
2		导流洞工程		
			土方开挖	元/m^3
			石方开挖	元/m^3
			模板	元/m^2
			混凝土	元/m^3
			钢筋	元/t
			喷混凝土	元/m^3
			锚杆(索)	元/根(束)

续附表 2-5

序号	一级项目	二级项目	三级项目	技术经济指标
3		土石围堰工程		
			土方开挖	元/m^3
			石方开挖	元/m^3
			堰体填筑	元/m^3
			砌石	元/m^3
			防渗	元/m^3(m^2)
			堰体拆除	元/m^3
			其他	
4		混凝土围堰工程		
			土方开挖	元/m^3
			石方开挖	元/m^3
			模板	元/m^2
			混凝土	元/m^3
			防渗	元/m^3(m^2)
			堰体拆除	元/m^3
			其他	
5		蓄水期下游断流补偿设施工程		
6		金属结构设备及安装工程		
二	施工交通工程			
1		公路工程		元/km
2		铁路工程		元/km
3		桥梁工程		元/延米
4		施工支洞工程		
5		码头工程		
6		转运站工程		
三	施工供电工程			
1		220 kV 供电线路		元/km
2		110 kV 供电线路		元/km
3		35 kV 供电线路		元/km
4		10 kV 供电线路(引水及河道)		元/km
5		变配电设施设备(场内除外)		元/座
四	施工房屋建筑工程			
1		施工仓库		
2		办公、生活及文化福利建筑		
五	其他施工临时工程			

注:凡永久与临时相结合的项目列入相应永久工程项目内。

附表 2-6　第五部分　独立费用

序号	一级项目	二级项目	三级项目	技术经济指标
一	建设管理费			
二	工程建设监理费			
三	联合试运转费			
四	生产准备费			
1		生产及管理单位提前进厂费		
2		生产职工培训费		
3		管理用具购置费		
4		备品备件购置费		
5		工器具及生产家具购置费		
五	科研勘测设计费			
1		工程科学研究试验费		
2		工程勘测设计费		
六	其他			
1		工程保险费		
2		其他税费		

附录 3　概算表格

一、工程概算总表

工程概算总表见附表 3-1。

附表 3-1　工程概算总表　　单位:万元

序号	工程或费用名称	建安工程费	设备购置费	独立费用	合计
Ⅰ	工程部分投资				
	第一部分　建筑工程				
	第二部分　机电设备及安装工程				
	第三部分　金属结构设备及安装工程				
	第四部分　施工临时工程				
	第五部分　独立费用				
	一至五部分投资合计				
	基本预备费				
	静态投资				
Ⅱ	建设征地移民补偿投资				
一	农村部分补偿费				
二	城(集)镇部分补偿费				
三	工业企业补偿费				
四	专业项目补偿费				
五	防护工程费				
六	库底清理费				
七	其他费用				
	一至七项小计				
	基本预备费				
	有关税费				
	静态投资				
Ⅲ	环境保护工程投资　静态投资				
Ⅳ	水土保持工程投资　静态投资				
Ⅴ	工程投资总计				
	静态总投资(Ⅰ~Ⅳ合计)				
	价差预备费				
	建设期融资利息				
	总投资				

二、工程部分概算表

(一)工程部分总概算表

按项目划分的五部分填表并列至一级项目,见附表3-2。

附表3-2 工程部分总概算表

单位:万元

序号	工程或费用名称	建安工程费	设备购置费	独立费用	合计	占一至五部分投资比例(%)
	各部分投资					
	一至五部分投资合计					
	基本预备费					
	静态总投资					

(二)建筑工程概算表

按项目划分列示至三级项目,见附表3-3。

本表适用于编制建筑工程概算、施工临时工程概算和独立费用概算。

附表3-3 建筑工程概算表

序号	工程或费用名称	单位	数量	单价(元)	合计(万元)

(三)设备及安装工程概算表

按项目划分列示至三级项目,见附表3-4。

本表适用于编制机电设备和金属结构设备及安装工程概算。

附表3-4 设备及安装工程概算表

序号	名称及规格	单位	数量	单价(元)		合计(万元)	
				设备费	安装费	设备费	安装费

(四)分年度投资表

按附表3-5编制分年度投资,可视不同情况按项目划分列示至一级项目或二级项目。

附表 3-5　分年度投资表

单位：万元

序号	项目	合计	建设工期(年)						
			1	2	3	4	5	6	…
Ⅰ	工程部分投资								
一	建筑工程								
1	建筑工程								
	×××工程(一级项目)								
2	施工临时工程								
	×××工程(一级项目)								
二	安装工程								
1	机电设备安装工程								
	×××工程(一级项目)								
2	金属结构设备安装工程								
	×××工程(一级项目)								
三	设备购置费								
1	机电设备								
	×××设备								
2	金属结构设备								
	×××设备								
四	独立费用								
1	建设管理费								
2	工程建设监理费								
3	联合试运转费								
4	生产准备费								
5	科研勘测设计费								
6	其他								
	一至四项合计								
	基本预备费								
	静态投资								
Ⅱ	建设征地移民补偿投资								
	⋮								
	静态投资								

续附表 3-5

序号	项目	合计	建设工期(年)						
			1	2	3	4	5	6	…
Ⅲ	环境保护工程投资								
	⋮								
	静态投资								
Ⅳ	水土保持工程投资								
	⋮								
	静态投资								
Ⅴ	工程投资总计								
	静态总投资(Ⅰ~Ⅳ合计)								
	价差预备费								
	建设期融资利息								
	总投资								

(五)资金流量表

需要编制资金流量表的项目可按附表3-6编制。

可视不同情况按项目划分列示至一级项目或二级项目。项目排列方法同分年度投资表。资金流量表应汇总征地移民、环境保护、水土保持部分投资,并计算总投资。资金流量表是资金流量计算表的成果汇总。

附表 3-6　资金流量表　　单位:万元

序号	项目	合计	建设工期(年)						
			1	2	3	4	5	6	…
Ⅰ	工程部分投资								
一	建筑工程								
(一)	建筑工程								
	×××工程(一级项目)								
(二)	施工临时工程								
	×××工程(一级项目)								
二	安装工程								
(一)	机电设备安装工程								
	×××工程(一级项目)								
(二)	金属结构设备安装工程								
	×××工程(一级项目)								

续附表 3-6

序号	项目	合计	建设工期(年)						
			1	2	3	4	5	6	…
三	设备购置费								
	⋮								
四	独立费用								
	⋮								
	一至四项合计								
	基本预备费								
	静态投资								
Ⅱ	建设征地移民补偿投资								
	⋮								
	静态投资								
Ⅲ	环境保护工程投资								
	⋮								
	静态投资								
Ⅳ	水土保持工程投资								
	⋮								
	静态投资								
Ⅴ	工程投资总计								
	静态总投资(Ⅰ~Ⅳ合计)								
	价差预备费								
	建设期融资利息								
	总投资								

三、工程部分概算附表

工程部分概算附表包括建筑工程单价汇总表、安装工程单价汇总表、主要材料预算价格汇总表、其他材料预算价格汇总表、施工机械台时费汇总表、主要工程量汇总表、主要材料量汇总表、工时数量汇总表。

(1)建筑工程单价汇总表见附表 3-7。

附表 3-7　建筑工程单价汇总表

单价编号	名称	单位	单价(元)	其中							
				人工费	材料费	机械使用费	其他直接费	间接费	利润	材料补差	税金

(2)安装工程单价汇总表见附表 3-8。

附表 3-8　安装工程单价汇总表

单价编号	名称	单位	单价(元)	其中								
				人工费	材料费	机械使用费	其他直接费	间接费	利润	材料补差	未计价装置性材料费	税金

(3)主要材料预算价格汇总表见附表 3-9。

附表 3-9　主要材料预算价格汇总表

序号	名称及规格	单位	预算价格(元)	其中			
				原价	运杂费	运输保险费	采购及保管费

(4)其他材料预算价格汇总表见附表 3-10。

附表 3-10　其他材料预算价格汇总表

序号	名称及规格	单位	原价(元)	运杂费(元)	合计(元)

(5)施工机械台时费汇总表见附表 3-11。

附表 3-11　施工机械台时费汇总表

序号	名称及规格	台时费(元)	其中				
			折旧费	修理及替换设备费	安拆费	人工费	动力燃料费

(6)主要工程量汇总表见附表 3-12。

附表 3-12　主要工程量汇总表

序号	项目	土石方明挖 (m^3)	石方洞挖 (m^3)	土石方填筑 (m^3)	混凝土 (m^3)	模板 (m^2)	钢筋 (t)	帷幕灌浆 (m^3)	固结灌浆 (m^3)

注：表中统计的工程类别可根据工程实际情况调整。

(7)主要材料量汇总表见附表 3-13。

附表 3-13　主要材料量汇总表

序号	项目	水泥 (t)	钢筋 (t)	钢材 (t)	木材 (m^3)	炸药 (t)	沥青 (t)	粉煤灰 (t)	汽油 (t)	柴油 (t)

注：表中统计的主要材料种类可根据工程实际情况调整。

(8)工时数量汇总表见附表 3-14。

附表 3-14　工时数量汇总表

序号	项目	工时数量	备注

四、工程部分概算附件附表

工程部分概算附件附表包括人工预算单价计算表、主要材料运输费用计算表、主要材料预算价格计算表、混凝土材料单价计算表、建筑工程单价表、安装工程单价表、资金流量计算表。

(1)人工预算单价计算表见附表 3-15。

附表 3-15　人工预算单价计算表

<table>
<tr><td>艰苦边远地区类别</td><td></td><td>定额人工等级</td><td></td></tr>
<tr><td>序号</td><td>项目</td><td>计算公式</td><td>单价(元)</td></tr>
<tr><td>1</td><td>人工工时预算单价</td><td></td><td></td></tr>
<tr><td>2</td><td>人工工日预算单价</td><td></td><td></td></tr>
</table>

(2)主要材料运输费用计算表见附表 3-16。

附表 3-16　主要材料运输费用计算表

<table>
<tr><td colspan="2">编号</td><td>1</td><td colspan="2">2</td><td>3</td><td>材料名称</td><td colspan="3"></td><td>材料编号</td><td></td></tr>
<tr><td colspan="2">交货条件</td><td></td><td colspan="2"></td><td></td><td>运输方式</td><td>火车</td><td>汽车</td><td>船运</td><td colspan="2">火车</td></tr>
<tr><td colspan="2">交货地点</td><td></td><td colspan="2"></td><td></td><td>货物等级</td><td></td><td></td><td></td><td>整车</td><td>零担</td></tr>
<tr><td colspan="2">交货比例(%)</td><td></td><td colspan="2"></td><td></td><td>装载系数</td><td></td><td></td><td></td><td></td><td></td></tr>
<tr><td>编号</td><td colspan="3">运输费用项目</td><td colspan="2">运输起讫地点</td><td>运输距离(km)</td><td colspan="4">计算公式</td><td>合计(元)</td></tr>
<tr><td rowspan="4">1</td><td colspan="3">铁路运杂费</td><td colspan="2"></td><td></td><td colspan="4"></td><td></td></tr>
<tr><td colspan="3">公路运杂费</td><td colspan="2"></td><td></td><td colspan="4"></td><td></td></tr>
<tr><td colspan="3">水路运杂费</td><td colspan="2"></td><td></td><td colspan="4"></td><td></td></tr>
<tr><td colspan="3">综合运杂费</td><td colspan="2"></td><td></td><td colspan="4"></td><td></td></tr>
<tr><td rowspan="4">2</td><td colspan="3">铁路运杂费</td><td colspan="2"></td><td></td><td colspan="4"></td><td></td></tr>
<tr><td colspan="3">公路运杂费</td><td colspan="2"></td><td></td><td colspan="4"></td><td></td></tr>
<tr><td colspan="3">水路运杂费</td><td colspan="2"></td><td></td><td colspan="4"></td><td></td></tr>
<tr><td colspan="3">综合运杂费</td><td colspan="2"></td><td></td><td colspan="4"></td><td></td></tr>
<tr><td rowspan="4">3</td><td colspan="3">铁路运杂费</td><td colspan="2"></td><td></td><td colspan="4"></td><td></td></tr>
<tr><td colspan="3">公路运杂费</td><td colspan="2"></td><td></td><td colspan="4"></td><td></td></tr>
<tr><td colspan="3">水路运杂费</td><td colspan="2"></td><td></td><td colspan="4"></td><td></td></tr>
<tr><td colspan="3">综合运杂费</td><td colspan="2"></td><td></td><td colspan="4"></td><td></td></tr>
<tr><td colspan="7">每吨运杂费</td><td colspan="4"></td><td></td></tr>
</table>

(3)主要材料预算价格计算表见附表 3-17。

附表 3-17 主要材料预算价格计算表

编号	名称及规格	单位	原价依据	单位毛重(t)	每吨运费(元)	价格(元)				
						原价	运杂费	采购及保管费	运输保险费	预算价格

(4)混凝土材料单价计算表见附表 3-18。

附表 3-18 混凝土材料单价计算表

编号	名称及规格	单位	预算量	调整系数	单价(元)	合计(元)

注:1."名称及规格"栏要求标明混凝土强度等级及级配、水泥强度等级等。

2."调整系数"为卵石换碎石、粗砂换中细砂及其他调整配合比材料用量系数。

(5)建筑工程单价表见附表 3-19。

附表 3-19 建筑工程单价表

单价编号		项目名称			
定额编号				定额单位	
施工方法	(填写施工方法、土或岩石类别、运距等)				
编号	名称及规格	单位	数量	单价(元)	合计(元)

(6)安装工程单价表见附表 3-20。

附表 3-20 安装工程单价表

单价编号		项目名称			
定额编号				定额单位	
型号规格					
编号	名称及规格	单位	数量	单价(元)	合计(元)

(7)资金流量计算表见附表 3-21。

资金流量计算表可视不同情况按项目划分列示至一级或二级项目。项目排列方法同分年度投资表。资金流量计算表应汇总征地移民、环境保护、水土保持等部分投资,并计算总投资。

附表 3-21　资金流量计算表

单位:万元

序号	项目	合计	建设工期(年)						
			1	2	3	4	5	6	…
Ⅰ	工程部分投资								
一	建筑工程								
(一)	×××工程								
1	分年度完成工作量								
2	预付款								
3	扣回预付款								
4	保留金								
5	偿还保留金								
(二)	×××工程								
	⋮								
二	安装工程								
	⋮								
三	设备购置费								
	⋮								
四	独立费用								
	⋮								
五	一至四项合计								
1	分年度费用								
2	预付款								
3	扣回预付款								
4	保留金								
5	偿还保留金								
	基本预备费								
	静态投资								
Ⅱ	建设征地移民补偿投资								
	⋮								
	静态投资								
Ⅲ	环境保护工程投资								
	⋮								
	静态投资								
Ⅳ	水土保持工程投资								
	⋮								
	静态投资								
Ⅴ	工程投资总计								
	静态总投资(Ⅰ~Ⅳ合计)								
	价差预备费								
	建设期融资利息								
	总投资								

五、投资对比分析报告附表

(一)总投资对比表

总投资对比表格式参见附表3-22,可根据工程情况进行调整。可视不同情况按项目划分列示至一级项目或二级项目。

附表3-22　总投资对比表

单位:万元

序号	工程或费用名称	可行性研究阶段	初步设计阶段	增减额度	增减幅度(%)	备注
(1)	(2)	(3)	(4)	(4)-(3)	[(4)-(3)]/(3)	
Ⅰ	工程部分投资 第一部分　建筑工程 ⋮ 第二部分　机电设备及安装工程 ⋮ 第三部分　金属结构设备及安装工程 ⋮ 第四部分　施工临时工程 ⋮ 第五部分　独立费用 ⋮ 一至五部分投资合计 基本预备费 静态投资					
Ⅱ	建设征地移民补偿投资 一　农村部分补偿费 二　城(集)镇部分补偿费 三　工业企业补偿费 四　专业项目补偿费 五　防护工程费 六　库底清理费 七　其他费用 一至七项小计 基本预备费 有关税费 静态投资					
Ⅲ	环境保护工程投资　静态投资					
Ⅳ	水土保持工程投资　静态投资					

续附表 3-22

序号	工程或费用名称	可行性研究阶段	初步设计阶段	增减额度	增减幅度（%）	备注
（1）	（2）	（3）	（4）	（4）-（3）	[（4）-（3）]/（3）	
Ⅴ	工程投资总计 静态总投资（Ⅰ～Ⅳ合计） 价差预备费 建设期融资利息 总投资					

（二）主要工程量对比表

主要工程量对比表格式参见附表 3-23，可根据工程情况进行调整。应列示主要工程项目的主要工程量。

附表 3-23　主要工程量对比表

序号	工程或费用名称	单位	可行性研究阶段	初步设计阶段	增减额度	增减幅度（%）	备注
（1）	（2）	（3）	（4）	（5）	（5）-（4）	[（5）-（4）]/（4）	
1	挡水工程						
	石方开挖						
	混凝土						
	钢筋						
	⋮						

（三）主要材料和设备价格对比表

主要材料和设备价格对比表格式参见附表 3-24，可根据工程情况进行调整。设备投资较少时，可不附设备价格对比。

附表 3-24　主要材料和设备价格对比表　　单位：元

序号	工程或费用名称	单位	可行性研究阶段	初步设计阶段	增减额度	增减幅度（%）	备注
（1）	（2）	（3）	（4）	（5）	（5）-（4）	[（5）-（4）]/（4）	
1	主要材料价格						
	水泥						
	油料						
	钢筋						
	⋮						
2	主要设备价格						
	水轮机						
	⋮						

附录4 艰苦边远地区类别划分

一、新疆维吾尔自治区(99个)

一类区(1个)

乌鲁木齐市:米东区。

二类区(11个)

乌鲁木齐市:天山区、沙依巴克区、新市区、水磨沟区、头屯河区、达坂城区、乌鲁木齐县。

石河子市。

昌吉回族自治州:昌吉市、阜康市。

三类区(29个)

五家渠市。

阿拉尔市。

阿克苏地区:阿克苏市、温宿县、库车县、沙雅县。

吐鲁番地区:吐鲁番市、鄯善县。

哈密地区:哈密市。

博尔塔拉蒙古自治州:博乐市、精河县。

克拉玛依市:克拉玛依区、独山子区、白碱滩区、乌尔禾区。

昌吉回族自治州:呼图壁县、玛纳斯县、奇台县、吉木萨尔县。

巴音郭楞蒙古自治州:库尔勒市、轮台县、博湖县、焉耆回族自治县。

伊犁哈萨克自治州:奎屯市、伊宁市、伊宁县。

塔城地区:乌苏市、沙湾县、塔城市。

四类区(37个)

图木舒克市。

喀什地区:喀什市、疏附县、疏勒县、英吉沙县、泽普县、麦盖提县、岳普湖县、伽师县、巴楚县。

阿克苏地区:新和县、拜城县、阿瓦提县、乌什县、柯坪县。

吐鲁番地区:托克逊县。

克孜勒苏柯尔克孜自治州:阿图什市。

博尔塔拉蒙古自治州:温泉县。

昌吉回族自治州:木垒哈萨克自治县。

巴音郭楞蒙古自治州:尉犁县、和硕县、和静县。

伊犁哈萨克自治州:霍城县、巩留县、新源县、察布查尔锡伯自治县、特克斯县、尼勒克县。

塔城地区:额敏县、托里县、裕民县、和布克赛尔蒙古自治县。

阿勒泰地区:阿勒泰市、布尔津县、富蕴县、福海县、哈巴河县。

五类区(16个)

喀什地区:莎车县。

和田地区:和田市、和田县、墨玉县、洛浦县、皮山县、策勒县、于田县、民丰县。

哈密地区:伊吾县、巴里坤哈萨克自治县。

巴音郭楞蒙古自治州:若羌县、且末县。

伊犁哈萨克自治州:昭苏县。

阿勒泰地区:青河县、吉木乃县。

六类区(5个)

克孜勒苏柯尔克孜自治州:阿克陶县、阿合奇县、乌恰县。

喀什地区:塔什库尔干塔吉克自治县、叶城县。

二、宁夏回族自治区(19个)

一类区(11个)

银川市:兴庆区、灵武市、永宁县、贺兰县。

石嘴山市:大武口区、惠农区、平罗县。

吴忠市:利通区、青铜峡市。

中卫市:沙坡头区、中宁县。

三类区(8个)

吴忠市:盐池县、同心县。

固原市:原州区、西吉县、隆德县、泾源县、彭阳县。

中卫市:海原县。

三、青海省(43个)

二类区(6个)

西宁市:城中区、城东区、城西区、城北区。

海东地区:乐都县、民和回族土族自治县。

三类区(8个)

西宁市:大通回族土族自治县、湟源县、湟中县。

海东地区:平安县、互助土族自治县、循化撒拉族自治县。

海南藏族自治州:贵德县。

黄南藏族自治州:尖扎县。

四类区(12个)

海东地区:化隆回族自治县。

海北藏族自治州:海晏县、祁连县、门源回族自治县。

海南藏族自治州:共和县、同德县、贵南县。

黄南藏族自治州:同仁县。

海西蒙古族藏族自治州:德令哈市、格尔木市、乌兰县、都兰县。

五类区(10个)

海北藏族自治州:刚察县。

海南藏族自治州:兴海县。

黄南藏族自治州:泽库县、河南蒙古族自治县。

果洛藏族自治州:玛沁县、班玛县、久治县。

玉树藏族自治州:玉树县、囊谦县。

海西蒙古族藏族自治州:天峻县。

六类区(7个)

果洛藏族自治州:甘德县、达日县、玛多县。

玉树藏族自治州:杂多县、称多县、治多县、曲麻莱县。

四、甘肃省(83个)

一类区(14个)

兰州市:红古区。

白银市:白银区。

天水市:秦州区、麦积区。

庆阳市:西峰区、庆城县、合水县、正宁县、宁县。

平凉市:崆峒区、泾川县、灵台县、崇信县、华亭县。

二类区(40个)

兰州市:永登县、皋兰县、榆中县。

嘉峪关市。

金昌市:金川区、永昌县。

白银市:平川区、靖远县、会宁县、景泰县。

天水市:清水县、秦安县、甘谷县、武山县。

武威市:凉州区。

酒泉市:肃州区、玉门市、敦煌市。

张掖市:甘州区、临泽县、高台县、山丹县。

定西市:安定区、通渭县、临洮县、漳县、岷县、渭源县、陇西县。

陇南市:武都区、成县、宕昌县、康县、文县、西和县、礼县、两当县、徽县。

临夏回族自治州:临夏市、永靖县。

三类区(18个)

天水市:张家川回族自治县。

武威市:民勤县、古浪县。

酒泉市:金塔县、安西县。

张掖市:民乐县。

庆阳市:环县、华池县、镇原县。

平凉市:庄浪县、静宁县。

临夏回族自治州:临夏县、康乐县、广河县、和政县。

甘南藏族自治州:临潭县、舟曲县、迭部县。

四类区(9个)

武威市:天祝藏族自治县。

酒泉市:肃北蒙古族自治县、阿克塞哈萨克族自治县。

张掖市:肃南裕固族自治县。

临夏回族自治州:东乡族自治县、积石山保安族东乡族撒拉族自治县。

甘南藏族自治州:合作市、卓尼县、夏河县。

五类区(2个)

甘南藏族自治州:玛曲县、碌曲县。

五、陕西省(48个)

一类区(15个)

延安市:延长县、延川县、子长县、安塞县、志丹县、吴起县、甘泉县、富县、宜川县。

铜川市：宜君县。

渭南市：白水县。

咸阳市：永寿县、彬县、长武县、旬邑县、淳化县。

宝鸡市：陇县、太白县。

汉中市：宁强县、略阳县、镇巴县、留坝县、佛坪县。

榆林市：榆阳区、神木县、府谷县、横山县、靖边县、绥德县、吴堡县、清涧县、子洲县。

安康市：汉阴县、石泉县、宁陕县、紫阳县、岚皋县、平利县、镇坪县、白河县。

商洛市：商州区、商南县、山阳县、镇安县、柞水县。

二类区（3个）

榆林市：定边县、米脂县、佳县。

六、云南省（120个）

一类区（36个）

昆明市：东川区、晋宁县、富民县、宜良县、嵩明县、石林彝族自治县。

曲靖市：麒麟区、宣威市、沾益县、陆良县。

玉溪市：江川县、澄江县、通海县、华宁县、易门县。

保山市：隆阳县、昌宁县。

昭通市：水富县。

普洱市：翠云区、潜尔哈尼族彝族自治县、景谷彝族傣族自治县。

临沧市：临翔区、云县。

大理白族自治州：永平县。

楚雄彝族自治州：楚雄市、南华县、姚安县、永仁县、元谋县、武定县、禄丰县。

红河哈尼族彝族自治州：蒙自县、开远市、建水县、弥勒县。

文山壮族苗族自治州：文山县。

二类区（59个）

昆明市：禄劝彝族苗族自治县、寻甸回族自治县。

曲靖市：马龙县、罗平县、师宗县、会泽县。

玉溪市：峨山彝族自治县、新平彝族傣族自治县、元江哈尼族彝族傣族自治县。

保山市：施甸县、腾冲县、龙陵县。

昭通市：昭阳区、绥江县、威信县。

丽江市：古城区、永胜县、华坪县。

普洱市：墨江哈尼族自治县、景东彝族自治县、镇沅彝族哈尼族拉祜族自治县、江城哈尼族彝族自治县、澜沧拉祜族自治县。

临沧市：凤庆县、永德县。

德宏傣族景颇族自治州：潞西市、瑞丽市、梁河县、盈江县、陇川县。

大理白族自治州：祥云县、宾川县、弥渡县、云龙县、洱源县、剑川县、鹤庆县、漾濞彝族自治县、南涧彝族自治县、巍山彝族回族自治县。

楚雄彝族自治州：双柏县、牟定县、大姚县。

红河哈尼族彝族自治州：绿春县、石屏县、泸西县、金平苗族瑶族傣族自治县、河口瑶族自治县、屏边苗族自治县。

文山壮族苗族自治州：砚山县、西畴县、麻栗坡县、马关县、丘北县、广南县、富宁县。

西双版纳傣族自治州：景洪市、勐海县、勐腊县。

三类区(20 个)

曲靖市:富源县。

昭通市:鲁甸县、盐津县、大关县、永善县、镇雄县、彝良县。

丽江市:玉龙纳西族自治县、宁蒗彝族自治县。

普洱市:孟连傣族拉祜族佤族自治县、西盟佤族自治县。

临沧市:镇康县、双江拉祜族佤族布朗族傣族自治县、耿马傣族佤族自治县、沧源佤族自治县。

怒江傈僳族自治州:泸水县、福贡县、兰坪白族普米族自治县。

红河哈尼族彝族自治州:元阳县、红河县。

四类区(3 个)

昭通市:巧家县。

怒江傈僳族自治州:贡山独龙族怒族自治县。

迪庆藏族自治州:维西傈僳族自治县。

五类区(1 个)

迪庆藏族自治州:香格里拉县。

六类区(1 个)

迪庆藏族自治州:德钦县。

七、贵州省(77 个)

一类区(34 个)

贵阳市:清镇市、开阳县、修文县、息烽县。

六盘水市:六枝特区。

遵义市:赤水市、遵义县、绥阳县、凤冈县、湄潭县、余庆县、习水县。

安顺市:西秀区、平坝县、普定县。

毕节地区:金沙县。

铜仁地区:江口县、石阡县、思南县、松桃苗族自治县。

黔东南苗族侗族自治州:凯里市、黄平县、施秉县、三穗县、镇远县、岑巩县、锦屏县、麻江县。

黔南布依族苗族自治州:都匀市、贵定县、瓮安县、独山县、龙里县。

黔西南布依族苗族自治州:兴义市。

二类区(36 个)

六盘水市:钟山区、盘县。

遵义市:仁怀市、桐梓县、正安县、道真仡佬族苗族自治县、务川仡佬族苗族自治县。

安顺市:关岭布依族苗族自治县、镇宁布依族苗族自治县、紫云苗族布依族自治县。

毕节地区:毕节市、大方县、黔西县。

铜仁地区:德江县、印江土家族苗族自治县、沿河土家族自治县、万山特区。

黔东南苗族侗族自治州:天柱县、剑河县、台江县、黎平县、榕江县、从江县、雷山县、丹寨县。

黔南布依族苗族自治州:荔波县、平塘县、罗甸县、长顺县、惠水县、三都水族自治县。

黔西南布依族苗族自治州:兴仁县、贞丰县、望谟县、册亨县、安龙县。

三类区(7 个)

六盘水市:水城县。

毕节地区:织金县、纳雍县、赫章县、威宁彝族回族苗族自治县。

黔西南布依族苗族自治州:普安县、晴隆县。

八、四川省(77 个)

一类区(24 个)

广元市:朝天区、旺苍县、青川县。

泸州市:叙永县、古蔺县。

宜宾市:筠连县、珙县、兴文县、屏山县。

攀枝花市:东区、西区、仁和区、米易县。

巴中市:通江县、南江县。

达州市:万源市、宣汉县。

雅安市:荥经县、石棉县、天全县。

凉山彝族自治州:西昌市、德昌县、会理县、会东县。

二类区(13 个)

绵阳市:北川羌族自治县、平武县。

雅安市:汉源县、芦山县、宝兴县。

阿坝藏族羌族自治州:汶川县、理县、茂县。

凉山彝族自治州:宁南县、普格县、喜德县、冕宁县、越西县。

三类区(9 个)

乐山市:金口河区、峨边彝族自治县、马边彝族自治县。

攀枝花市:盐边县。

阿坝藏族羌族自治州:九寨沟县。

甘孜藏族自治州:泸定县。

凉山彝族自治州:盐源县、甘洛县、雷波县。

四类区(20 个)

阿坝藏族羌族自治州:马尔康县、松潘县、金川县、小金县、黑水县。

甘孜藏族自治州:康定县、丹巴县、九龙县、道孚县、炉霍县、新龙县、德格县、白玉县、巴塘县、乡城县。

凉山彝族自治州:布拖县、金阳县、昭觉县、美姑县、木里藏族自治县。

五类区(8 个)

阿坝藏族羌族自治州:壤塘县、阿坝县、若尔盖县、红原县。

甘孜藏族自治州:雅江县、甘孜县、稻城县、得荣县。

六类区(3 个)

甘孜藏族自治州:石渠县、色达县、理塘。

九、重庆市(11 个)

一类区(4 个)

黔江区、武隆县、巫山县、云阳县。

二类区(7 个)

城口县、巫溪县、奉节县、石柱土家族自治县、彭水苗族土家族自治县、酉阳土家族苗族自治县、秀山土家族苗族自治县。

十、海南省(7个)

一类区(7个)

五指山市、昌江黎族自治县、白沙黎族自治县、琼中黎族苗族自治县、陵水黎族自治县、保亭黎族苗族自治县、乐东黎族自治县。

十一、广西壮族自治区(58个)

一类区(36个)

南宁市:横县、上林县、隆安县、马山县。
桂林市:全州县、灌阳县、资源县、平乐县、恭城瑶族自治县。
柳州市:柳城县、鹿寨县、融安县。
梧州市:蒙山县。
防城港市:上思县。
崇左市:江州区、扶绥县、天等县。
百色市:右江区、田阳县、田东县、平果县、德保县、田林县。
河池市:金城江区、宜州市、南丹县、天峨县、罗城仫佬族自治县、环江毛南族自治县。
来宾市:兴宾区、象州县、武宣县、忻城县。
贺州市:昭平县、钟山县、富川瑶族自治县。

二类区(22个)

桂林市:龙胜各族自治县。
柳州市:三江侗族自治县、融水苗族自治县。
防城港市:港口区、防城区、东兴市。
崇左市:凭祥市、大新县、宁明县、龙州县。
百色市:靖西县、那坡县、凌云县、乐业县、西林县、隆林各族自治县。
河池市:凤山县、东兰县、巴马瑶族自治县、都安瑶族自治县、大化瑶族自治县。
来宾市:金秀瑶族自治县。

十二、湖南省(14个)

一类区(6个)

张家界市:桑植县。
永州市:江华瑶族自治县。
邵阳市:城步苗族自治县。
怀化市:麻阳苗族自治县、新晃侗族自治县、通道侗族自治县。

二类区(8个)

湘西土家族苗族自治州:吉首市、泸溪县、凤凰县、花垣县、保靖县、古丈县、永顺县、龙山县。

十三、湖北省(18个)

一类区(10个)

十堰市:郧县、竹山县、房县、郧西县、竹溪县。
宜昌市:兴山县、秭归县、长阳土家族自治县、五峰土家族自治县。
神农架林区。

二类区(8个)

恩施土家族苗族自治州:恩施市、利川市、建始县、巴东县、宣恩县、咸丰县、来凤县、鹤峰县。

十四、黑龙江省(104个)

一类区(32个)

哈尔滨市:尚志市、五常市、依兰县、方正县、宾县、巴彦县、木兰县、通河县、延寿县。

齐齐哈尔市:龙江县、依安县、富裕县。

大庆市:肇州县、肇源县、林甸县。

伊春市:铁力市。

佳木斯市:富锦市、桦南县、桦川县、汤原县。

双鸭山市:友谊县。

七台河市:勃利县。

牡丹江市:海林市、宁安市、林口县。

绥化市:北林区、安达市、海伦市、望奎县、青冈县、庆安县、绥棱县。

二类区(67个)

齐齐哈尔市:建华区、龙沙区、铁锋区、昂昂溪区、富拉尔基区、碾子山区、梅里斯达斡尔族区、讷河市、甘南县、克山县、克东县、拜泉县。

黑河市:爱辉区、北安市、五大连池市、嫩江县。

大庆市:杜尔伯特蒙古族自治县。

伊春市:伊春区、南岔区、友好区、西林区、翠峦区、新青区、美溪区、金山屯区、五营区、乌马河区、汤旺河区、带岭区、乌伊岭区、红星区、上甘岭区、嘉荫县。

鹤岗市:兴山区、向阳区、工农区、南山区、兴安区、东山区、萝北县、绥滨县。

佳木斯市:同江市、抚远县。

双鸭山市:尖山区、岭东区、四方台区、宝山区、集贤县、宝清县、饶河县。

七台河市:桃山区、新兴区、茄子河区。

鸡西市:鸡冠区、恒山区、滴道区、梨树区、城子河区、麻山区、虎林市、密山市、鸡东县。

牡丹江市:穆棱市、绥芬河市、东宁县。

绥化市:兰西县、明水县。

三类区(5个)

黑河市:逊克县、孙吴县。

大兴安岭地区:呼玛县、塔河县、漠河县。

十五、吉林省(25个)

一类区(14个)

长春市:榆树市。

白城市:大安市、镇赉县、通榆县。

松原市:长岭县、乾安县。

吉林市:舒兰市。

四平市:伊通满族自治县。

辽源市:东辽县。

通化市:集安市、柳河县。

白山市：八道江区、临江市、江源区。

二类区(11 个)

白山市：抚松县、靖宇县、长白朝鲜族自治县。

延边朝鲜族自治州：延吉市、图们市、敦化市、珲春市、龙井市、和龙市、汪清县、安图县。

十六、辽宁省(14 个)

一类区(14 个)

沈阳市：康平县。

朝阳市：北票市、凌源市、朝阳县、建平县、喀喇沁左翼蒙古族自治县。

阜新市：彰武县、阜新蒙古族自治县。

铁岭市：西丰县、昌图县。

抚顺市：新宾满族自治县。

丹东市：宽甸满族自治县。

锦州市：义县。

葫芦岛市：建昌县。

十七、内蒙古自治区(95 个)

一类区(23 个)

呼和浩特市：赛罕区、托克托县、土默特左旗。

包头市：石拐区、九原区、土默特右旗。

赤峰市：红山区、元宝山区、松山区、宁城县、巴林右旗、敖汉旗。

通辽市：科尔沁区、开鲁县、科尔沁左翼后旗。

鄂尔多斯市：东胜区、达拉特旗。

乌兰察布市：集宁区、丰镇市。

巴彦淖尔市：临河区、五原县、磴口县。

兴安盟：乌兰浩特市。

二类区(39 个)

呼和浩特市：武川县、和林格尔县、清水河县。

包头市：白云矿区、固阳县。

乌海市：海勃湾区、海南区、乌达区。

赤峰市：林西县、阿鲁科尔沁旗、巴林左旗、克什克腾旗、翁牛特旗、喀喇沁旗。

通辽市：库伦旗、奈曼旗、扎鲁特旗、科尔沁左翼中旗。

呼伦贝尔市：海拉尔区、满洲里市、扎兰屯市、阿荣旗。

鄂尔多斯市：准格尔旗、鄂托克旗、杭锦旗、乌审旗、伊金霍洛旗。

乌兰察布市：卓资县、兴和县、凉城县、察哈尔右翼前旗。

巴彦淖尔市：乌拉特前旗、杭锦后旗。

兴安盟：突泉县、科尔沁右翼前旗、科尔沁右翼中旗、扎赉特旗。

锡林郭勒盟：锡林浩特市、二连浩特市。

三类区(24 个)

包头市：达尔罕茂明安联合旗。

通辽市：霍林郭勒市。

呼伦贝尔市：牙克石市、额尔古纳市、新巴尔虎右旗、新巴尔虎左旗、陈巴尔虎旗、鄂伦春自治旗、鄂温克族自治旗、莫力达瓦达斡尔族自治旗。

鄂尔多斯市：鄂托克前旗。

乌兰察布市：化德县、商都县、察哈尔右翼中旗、察哈尔右翼后旗。

巴彦淖尔市：乌拉特中旗。

兴安盟：阿尔山市。

锡林郭勒盟：多伦县、东乌珠穆沁旗、西乌珠穆沁旗、太仆寺旗、镶黄旗、正镶白旗、正蓝旗。

四类区（9个）

呼伦贝尔市：根河市。

乌兰察布市：四子王旗。

巴彦淖尔市：乌拉特后旗。

锡林郭勒盟：阿巴嘎旗、苏尼特左旗、苏尼特右旗。

阿拉善盟：阿拉善左旗、阿拉善右旗、额济纳旗。

十八、山西省（44个）

一类区（41个）

太原市：娄烦县。

大同市：阳高县、灵丘县、浑源县、大同县。

朔州市：平鲁区。

长治市：平顺县、壶关县、武乡县、沁县。

晋城市：陵川县。

忻州市：五台县、代县、繁峙县、宁武县、静乐县、神池县、五寨县、岢岚县、河曲县、保德县、偏关县。

晋中市：榆社县、左权县、和顺县。

临汾市：古县、安泽县、浮山县、吉县、大宁县、永和县、隰县、汾西县。

吕梁市：中阳县、兴县、临县、方山县、柳林县、岚县、交口县、石楼县。

二类区（3个）

大同市：天镇县、广灵县。

朔州市：右玉县。

十九、河北省（28个）

一类区（21个）

石家庄市：灵寿县、赞皇县、平山县。

张家口市：宣化县、蔚县、阳原县、怀安县、万全县、怀来县、涿鹿县、赤城县。

承德市：承德县、兴隆县、平泉县、滦平县、隆化县、宽城满族自治县。

秦皇岛市：青龙满族自治县。

保定市：涞源县、涞水县、阜平县。

二类区（4个）

张家口市：张北县、崇礼县。

承德市：丰宁满族自治县、围场满族蒙古族自治县。

三类区（3个）

张家口市：康保县、沽源县、尚义县。

附录5 西藏自治区特殊津贴地区类别

二类区

拉萨市:拉萨市城关区及所属办事处,达孜县,尼木县县驻地、尚日区、吞区、尼木区,曲水县,墨竹工卡县(不含门巴区和直孔区),堆龙德庆县。

昌都地区:昌都县(不含妥坝区、拉多区、面达区),芒康县(不含戈波区),贡觉县县驻地、波洛区、香具区、哈加区,八宿县(不含邦达区、同卡区、夏雅区),左贡县(不含川妥区、美玉区),边坝县(不含恩来格区),洛隆县(不含腊久区),江达县(不含德登区、青泥洞区、字嘎区、邓柯区、生达区),类乌齐县县驻地、桑多区、尚卡区、甲桑卡区、丁青县(不含嘎塔区),察雅县(不含括热区、宗沙区)。

山南地区:乃东县,琼结县(不含加麻区),措美县当巴区、乃西区,加查县,贡嘎县(不含东拉区),洛扎县(不含色区和蒙达区),曲松县(不含贡康沙区、邛多江区),桑日县(不含真纠区),扎囊县,错那县勒布区、觉拉区,隆子县县驻地、加玉区、三安曲林区、新巴区,浪卡子县卡拉区。

日喀则地区:日喀则市,萨迦县孜松区、吉定区,江孜县卡麦区、重孜区,拉孜县拉孜区、扎西岗区、彭错林区,定日县卡选区、绒辖区,聂拉木县县驻地,吉隆县吉隆区,亚东县县驻地、下司马镇、下亚东区、上亚东区,谢通门县县驻地、恰嘎区,仁布县县驻地、仁布区、德吉林区,白朗县(不含汪丹区),南木林县多角区、艾玛岗区、土布加区,樟木口岸。

林芝地区:林芝县,朗县,米林县,察隅县,波密县,工布江达县(不含加兴区、金达乡)。

三类区

拉萨市:林周县,尼木县安岗区、帕古区、麻江区,当雄县(不含纳木错区),墨竹工卡县门巴区、直孔区。

那曲地区:嘉黎县尼屋区,巴青县县驻地、高口区、益塔区、雅安多区,比如县(不含下秋卡区、恰则区),索县。

昌都地区:昌都县妥坝区、拉多区、面达区,芒康县戈波区,贡觉县则巴区、拉妥区、木协区、罗麦区、雄松区,八宿县邦达区、同卡区、夏雅区,左贡县田妥区、美玉区,边坝县恩来格区,洛隆县腊久区,江达县德登区、青泥洞区、字嘎区、邓柯区、生达区,类乌齐县长毛岭区、卡玛多(巴夏)区、类乌齐区,察雅县括热区、宗沙区。

山南地区:琼结县加麻区,措美县县驻地、当许区,洛扎县色区、蒙达区,曲松县贡康沙区、邛多江区,桑日县真纠区,错那县县驻地、洞嘎区、错那区,隆子县甘当区、扎日区、俗坡下区、雪萨区,浪卡子县(不含卡拉区、张达区、林区)。

日喀则地区:定结县县驻地、陈塘区、萨尔区、定结区、金龙区,萨迦县(不含孜松区、吉定区),江孜县(不含卡麦区、重孜区),拉孜县县驻地、曲下区、温泉区、柳区,定日县(不含卡达区、绒辖区),康马县,聂拉木县(不含县驻地),吉隆县(不含吉隆区),亚东县帕里镇、堆纳区,谢通门县塔玛区、查拉区、德来区,昂仁县(不含桑桑区、查孜区、措麦区),萨噶县旦嘎区,仁布县帕当区、然巴区、亚德区,白朗县汪丹区,南木林县(不舍多角区、艾玛岗区、土布加区)。

林芝地区:墨脱县,工布江达县加兴区、金达乡。

四类区

拉萨市:当雄县纳木错区。

那曲地区:那曲县,嘉黎县(不含尼屋区),申扎县,巴青县江绵区、仓来区、巴青区、本索区,聂荣县,尼玛县,比如县下秋卡区,恰则区,班戈县,安多县。

昌都地区:丁青县嘎塔区。

山南地区:措美县哲古区,贡嘎县东拉区,隆子县雪萨乡,浪卡子县张达区、林区。

日喀则地区:定结县德吉(日屋区),谢通门县春哲(龙桑)区、南木切区,昂仁县桑桑区、查孜区、措麦区,岗巴县,仲巴县,萨嘎县(不含旦嘎区)。

阿里地区:噶尔县,措勒县,普兰县,革吉县,日土县,札达县,改则县。

参考文献

[1] 水利部.水利工程设计概(估)算编制规定[M].北京:中国水利水电出版社,2014.
[2] 水利部.水利工程营业税改征增值税计价依据调整办法(办水总〔2016〕132 号).2016.
[3] 水利部.水利建筑工程概算定额[M].郑州:黄河水利出版社,2002.
[4] 水利部.水利建筑工程预算定额[M].郑州:黄河水利出版社,2002.
[5] 水利部.水利水电设备安装工程概算定额[M].郑州:黄河水利出版社,1999.
[6] 水利部.水利水电设备安装工程预算定额[M].郑州:黄河水利出版社,1999.
[7] 水利部.水利工程施工机械台时定额[M].郑州:黄河水利出版社,2002.
[8] 水利部.水利工程概预算补充定额[M].郑州:黄河水利出版社,2005.
[9] 周召梅,徐凤永.工程造价与招投标[M].北京:中国水利水电出版社,2007.
[10] 中国水利工程协会.水利水电工程造价与计价控制[M].北京:中国水利水电出版社,2012.